21世纪高等学校计算机专业
核心课程规划教材

Java EE
程序设计与应用开发

（第2版）

◎ 郭克华 唐雅媛 扈乐华 主编

清华大学出版社
北京

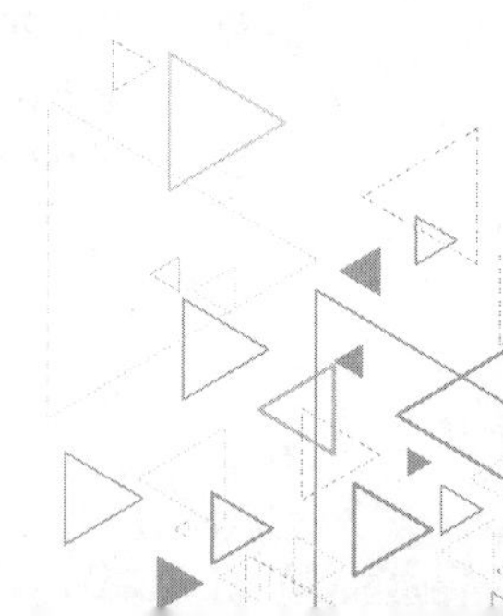

内 容 简 介

本书共 20 章可分为 6 部分，包括 Java EE 开发环境配置、JDBC 开发、Web 开发、轻量级框架开发、重量级框架开发和其他内容。本书使用的开发环境是 JDK 1.8+MyEclipse 2016+Tomcat v9.0/WebLogic 12c，内容由浅入深，并辅以大量的实例说明，最后还提供了一些课程设计的内容。

本书提供了所有实例的源代码以及开发过程中用到的软件，供读者学习和参考。

本书为学校教学量身定做，每个章节都有建议的课时。本书可供高校 Java EE 开发相关课程使用，也可供有 Java SE 基础但没有 Java Web 开发基础的程序员作为入门用书使用，更可以为社会 Java 嵌入式培训班作为教材使用，还可使缺乏项目实战经验的程序员快速积累项目开发经验。

图书在版编目（CIP）数据

Java EE 程序设计与应用开发/郭克华，唐雅媛，扈乐华主编. —2 版. —北京：清华大学出版社，2017（2023.7重印）
（21 世纪高等学校计算机专业核心课程规划教材）
ISBN 978-7-302-47418-0

Ⅰ.①J… Ⅱ.①郭… ②唐… ③扈… Ⅲ.①JAVA 语言-程序设计-高等学校-教材 Ⅳ.①TP312.8

中国版本图书馆 CIP 数据核字（2017）第 129377 号

责任编辑： 魏江江　薛　阳
封面设计： 刘　键
责任校对： 胡伟民
责任印制： 沈　露

出版发行： 清华大学出版社
网　　址： http://www.tup.com.cn, http://www.wqbook.com
地　　址： 北京清华大学学研大厦 A 座　　**邮　　编：** 100084
社 总 机： 010-83470000　　**邮　　购：** 010-62786544
投稿与读者服务： 010-62776969，c-service@tup.tsinghua.edu.cn
质 量 反 馈： 010-62772015，zhiliang@tup.tsinghua.edu.cn
印 装 者： 三河市铭诚印务有限公司
经　　销： 全国新华书店
开　　本： 185mm×260mm　　**印　张：** 22.25　　**字　　数：** 550 千字
版　　次： 2011 年 1 月第 1 版　2017 年 9 月第 2 版　　**印　　次：** 2023 年 7 月第 9 次印刷
印　　数： 30001~31000
定　　价： 49.50 元

产品编号：075185-01

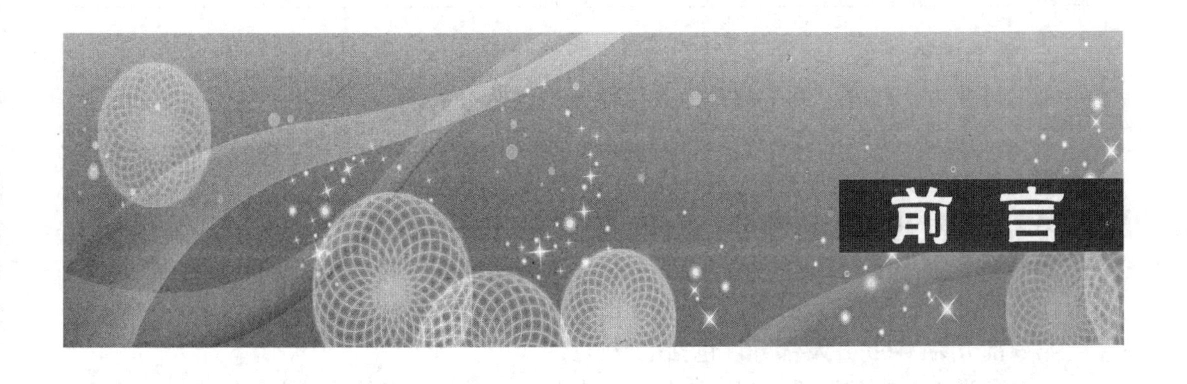

前言

Java EE 技术是比较流行的软件开发体系架构，是企业级应用开发的重要可选技术标准，在软件开发领域占有一席之地。本书针对 Java EE 技术标准编程进行了详细的讲解，以简单、通俗易懂的案例，逐步引领读者从基础到各个知识点进行学习。本书涵盖了 Java EE 开发环境配置、JDBC 开发、Web 开发、轻量级框架开发、重量级框架开发和其他内容等。每章后面都有上机习题，用于对该章内容进行总结演练。

作者长期从事教学工作，积累了丰富的经验，其中的“实战教学法”也取得了很好的效果。本书的特点如下。

（1）实战性。所有内容都用案例引入，通俗易懂。

（2）流行性。书中讲解的都是 Java EE 开发过程中最流行的方法、框架和模式等，紧扣学生的就业。

（3）适合教学。书中每一个章节安排适当，并且确定了建议的课时，教师可以根据情况选用，也可以进行适当增减。

1．本书知识体系

学习 Java EE 应用开发最好能有 Java 面向对象编程的基础以及 HTML 和 JavaScript 入门的知识。本书知识体系结构如下。遵循循序渐进的原则。

第 1 部分：入门（建议 2 学时）
第 1 章 Java EE 介绍和环境配置

第 2 部分：JDBC 编程（建议 4 学时）
第 2 章 JDBC

第 3 部分：Web 开发（建议 18 学时）
第 3 章 JSP 基础编程
第 4 章 JSP 内置对象
第 5 章 JSP 和 JavaBean
第 6 章 Servlet 基础编程
第 7 章 Servlet 高级编程
第 8 章 EL&JSTL
第 9 章 Ajax

第 4 部分：轻量级框架开发（建议 16 学时）
第 10 章 MVC 和 Struts 基本原理
第 11 章 Struts 标签和错误处理
第 12 章 Struts 2 基础开发
第 13 章 Hibernate 基础编程
第 14 章 Hibernate 高级编程
第 15 章 Spring 基础编程
第 16 章 Struts、Spring、Hibernate 的整合

第 5 部分：重量级框架开发（建议 4 学时）
第 17 章 EJB 3.2：会话 Bean
第 18 章 EJB 3.2：实体 Bean

第 6 部分：其他内容（建议 4 学时）
第 19 章 log4j&Ant
第 20 章 DOM 和 SAX

2. 章节内容介绍

全书可分为 6 部分，**第 1 部分为入门部分，包括一章。**

第 1 章为 Java EE 介绍和环境配置，建议 2 学时。本章首先介绍 Java EE 的基本理论，然后对本书将要使用的软件安装进行介绍。

第 2 部分为 JDBC 编程部分，包括一章。

第 2 章为 JDBC，建议 4 学时。本章基于 JDBC 技术，讲解对数据库的增、删、改、查操作，并讲解对数据库的各种连接方法，最后阐述了连接池技术。

第 3 部分为 Web 开发部分，包括七章。

第 3 章为 JSP 基础编程，建议 4 学时。本章首先学习 B/S 结构的主要特点，接着建立简单的 Web 项目，并了解 Web 项目的结构；然后学习编写 JSP 页面、使用注释、编写表达式、程序段、声明的方法以及常见的指令；最后学习表单。

第 4 章为 JSP 内置对象，建议 4 学时。本章将重点学习 JSP 中的内置对象 out、request、response、session 和 application。

第 5 章为 JSP 和 JavaBean，建议 2 学时。本章首先学习 JavaBean 的概念和编写，特别对属性的编写重点进行强调；然后学习在 JSP 中使用 JavaBean 以及 JavaBean 的范围；最后学习 DAO 和 VO 的应用。

第 6 章为 Servlet 基础编程，建议 2 学时。本章将介绍 Servelt 的作用，如何创建一个 Servlet，Servlet 的生命周期，在 Servlet 中如何使用 JSP 页面中常用的内置对象等内容。

第 7 章为 Servlet 高级编程，建议 2 学时。本章将学习 Web 容器中 Servlet 经常使用的高级功能，主要包括在 Servlet 内实现跳转、ServletContext 的高级功能、过滤器和异常处理等。

第 8 章为 EL&JSTL，建议 2 学时。本章首先学习 EL 在 JSP 中常用的功能，然后讨论 JSTL，介绍 JSTL 标签库中的常用标签。

第 9 章为 Ajax，建议 2 学时。本章将学习 Ajax 的基础知识，首先通过一些实际的案例，学习 Ajax 技术的必要性，了解 Ajax 技术的原理，接下来将学习 Ajax 技术的基础 API 编程。

第 4 部分为轻量级框架开发，包括七章。

第 10 章为 MVC 和 Struts 基本原理，建议 2 学时。本章首先讲解 MVC 思想，然后基于 MVC 思想的 Struts 框架，阐述其基本原理，并举例说明 Struts 框架下用例的开发方法。

第 11 章为 Struts 标签和错误处理，建议 4 学时。本章介绍 Struts 标签库常用的标签、资源文件和错误处理。

第 12 章为 Struts 2 基础开发，建议 2 学时。本章讲解 Struts 2 的基本原理，并使用 Struts 2 来实现简单的案例。

第 13 章为 Hibernate 基础编程，建议 2 学时。本章介绍 Hibernate 的作用，创建一个基于 Hibernate 框架的程序，讲解 Hibernate 的配置以及如何使用 Hibernate 对数据进行增、删、改、查。

第 14 章为 Hibernate 高级编程，建议 2 学时。本章分析了 Hibernate 内部的 API，然后讲解批量查询的两种方法，接下来对主键生成策略和复合主键进行讲解，最后讲解动态实体模型。

第 15 章为 Spring 基础编程，建议 2 学时。本章介绍 Spring 的作用，创建一个基于 Spring 框架的程序，讲解 Spring 的配置。

第 16 章为 Struts、Spring、Hibernate 的整合，建议 2 学时。本章用一个案例讲解这三种框架之间的整合。

第 5 部分为重量级框架开发，包括两章。

第 17 章为 EJB 3.2:会话 Bean，建议 2 学时。本章介绍 EJB 的作用，创建一个基于 EJB 的程序，讲解 EJB 的配置以及会话 Bean 的使用。

第 18 章为 EJB 3.2:实体 Bean，建议 2 学时。本章介绍实体 Bean 的作用，创建一个基于实体 Bean 框架的程序，讲解如何使用实体 Bean 对数据进行增、删、改、查以及实体 Bean 的其他问题。

第 6 部分为其他内容，包括两章。

第 19 章为 log4j&Ant，建议 2 学时。本章首先讲解 log4j 的作用，然后讲解其配置文件的编写，以及日志的级别操作，还讲解了如何利用 Ant 来进行项目的部署。

第 20 章为 DOM 和 SAX，建议选学或者 2 学时。本章学习两个灵活、快捷的 XML 解析器：DOM 和 SAX，它们功能强大，而且十分易用。

本书为学校教学量身定做，可供高校 Java EE 应用开发相关课程使用，也可供有 Java SE 基础但没有 Java EE 应用开发基础的程序员作为入门用书，更可以为社会 Java 技术培训班作为教材使用，还可为缺乏项目实战经验的程序员快速积累项目开发经验。

本书提供了全书所有实例的源代码，供读者学习参考使用，所有程序均经过了作者精心的调试。

由于时间仓促和作者的水平有限，书中的疏漏和不妥之处在所难免，敬请读者批评指正。

有关本书的意见反馈和咨询，读者可在清华大学出版社网站相关板块中与作者进行交流。

本书配套光盘中的内容，读者也可以在清华大学出版社网站相关版面中下载。

郭克华

2017 年 1 月

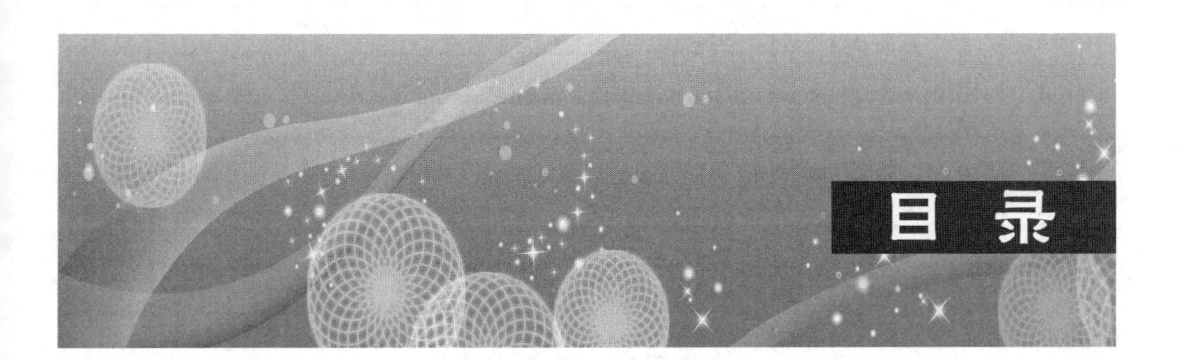

目录

第1部分　入门

第2部分　JDBC 编程

第3部分 Web 开发

第 4 部分　轻量级框架开发

第 5 部分 重量级框架开发

第 6 部分 其他内容

第 1 部分

入门

第1章

Java EE 介绍和环境配置

建议学时：2

Java EE 是目前比较流行的企业级应用开发架构，它不是一种技术，而是一个含有多种技术标准的集合。本章首先介绍 Java EE 的基本理论，然后对本书将要使用的软件安装进行介绍。

1.1 Java EE 简介

1.1.1 Java 技术系列的三个版本

提起 Java EE，需要介绍 Java 技术系列的三个版本。

（1）Java SE：Java Standard Edition，Java 技术标准版，以界面程序、Java 小程序和其他一些典型的应用为目标。

（2）Java EE：Java Enterprise Edition，Java 技术企业版，以服务器端程序和企业软件的开发为目标。

（3）Java ME：Jave Micro Edition，Java 技术微型版，为小型设备、独立设备、互连移动设备、嵌入式设备程序开发而设计。

这三个版本在技术上的应用可以用图 1-1 表示。

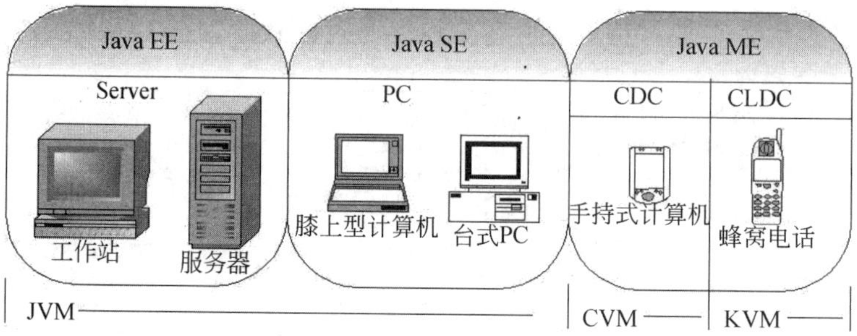

图 1-1 Java SE、Java EE、Java ME 之间的关系

从图 1-1 中可以看出，Java SE 程序运行在台式 PC 或膝上型计算机上。例如，利用 Applet 编写的小程序，可以理解成为 Java SE 程序，这种程序在 Java 虚拟机（JVM）中运行。学习 Java EE，Java SE 的基础是应该具备的。

在图 1-1 最左边的是 Java EE，是本书的重点。Java EE 的程序运行在工作站或服务器上。例如，如果要开发一个大型电子商务网站，就可以在服务器端编写 Java EE 程序。同样，Java EE 程序也是运行在 JVM 中。

在图 1-1 最右边的是 Java ME，不是本书学习的重点，在此不再叙述。

值得一提的是，Java EE 在早期名为 J2EE。2005 年，Sun 公司公开 Java SE 6。此时，Java 的各种版本已经更名，主要体现在：J2SE 更名为 Java SE、J2EE 更名为 Java EE、J2ME 更名为 Java ME。

本书使用的 Java EE 版本是 Java EE 7.0。

1.1.2 Java EE 的特点

业界对 Java EE 的一般定义是：Java EE 是一个开放的、基于标准的平台，用以开发、部署和管理 N 层结构、面向 Web 的、以服务器为中心的企业级应用。

从上述定义可以看出，Java EE 的核心思想体现在以下几个方面。

1. 用来开发 N 层结构的程序

为什么需要 N 层结构呢？要了解 N 层结构，就必须了解软件开发模式的演进。

最简单的软件开发模式是单机形式，如图 1-2 所示。

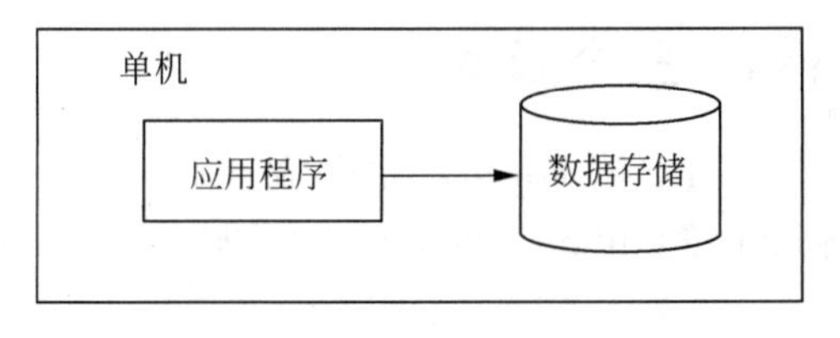

图 1-2 最简单的开发模式

在这种结构中，数据访问、表示和业务逻辑在一个应用程序中，功能紧紧耦合在一起，代码复用、代码可维护性和代码的修改十分困难，并且，它不是分布式的，不具有可伸缩性。

因此，在网络流行之后，可以在各个客户端上面运行应用程序，各个客户端都可以访问服务器端的数据库，该模式称为“胖客户端”开发模式，如图 1-3 所示。

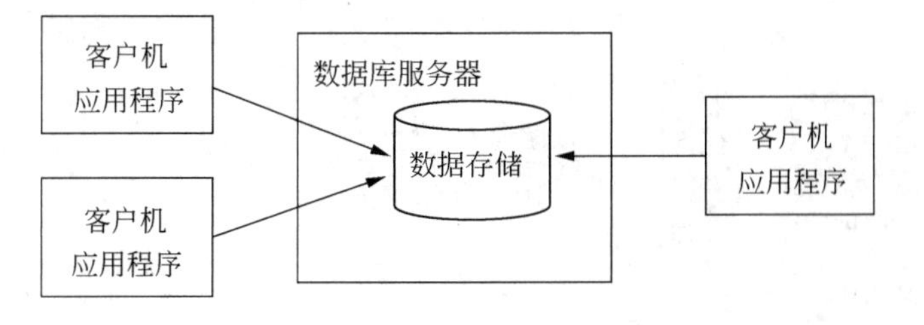

图 1-3 胖客户端开发模式

在胖客户端开发模式中，支持了分布式的应用。但是，应用程序的任何更新，要对每一客户端进行部署，数据模型“紧耦合”在每一客户端，数据库结构改变将导致全体客户端改变，原始数据通过网络传递，加重网络负担。

于是，开发模式又进行了演进，将数据访问和业务逻辑放在服务器端，如图 1-4 所示。

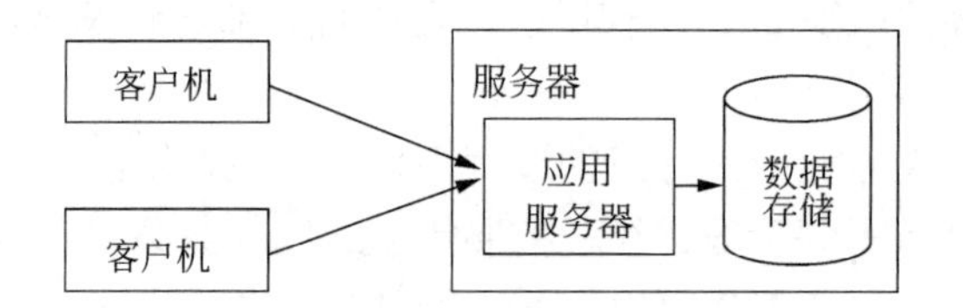

图 1-4　改进的开发模式

在该结构中，数据访问和业务逻辑放在服务器端，当进行改变时，不需要通知客户机。如果客户机使用的是浏览器，那么连表示逻辑都可以存放在服务器端，称为“瘦客户端”，如图 1-5 所示。

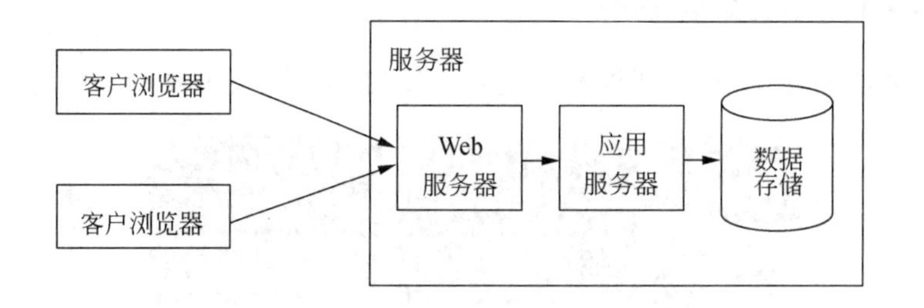

图 1-5　基于 Web 的瘦客户端开发模式

在这种结构中，计算方式向服务器端的集中转化。

从前面的篇幅可以看出，开发模式不断演进，层次越来越多，每一层可以被单独改变，而无须其他层的改变，降低了部署与维护的开销，提高了灵活性、可伸缩性。

不过，在多层结构中，对企业级应用开发人员的要求较高，如熟悉分布式协议、进行一致性事务处理、负载平衡、安全等问题，都要进行考虑。而 Java EE 技术就可以提供这些功能的支持。

2. Java EE 是一个基于标准的开放的平台

“标准”的概念来自于企业开发的实践。在企业级应用中，很多模块都是通用模块，如数据库访问、事务处理、安全机制等，如果这些模块每次由开发人员自己来完成，开发周期长，代码可靠性差。于是，就有团队或组织（或者称为“第三方厂商”）专门开发了质量较高的通用模块，发布出去，这些被发布的模块，统称为中间件。

但是，对于同一个功能，不同的团队，中间件的编写风格各异，为了方便用户的使用，就必然需要制定标准。Java EE 就是这样一套标准。

Java EE 不是一门技术，而是一系列的技术标准。Java EE 的核心是一组技术规范，其中所包含的各类组件、服务架构，均有共同的标准及规格，按照该标准和规格编写的组件，就可以实现 Java EE 相应组件的功能。

在企业应用开发的过程中，企业必须适应新的商业需求，项目的开发是渐进的，基于 Java EE 平台的产品，几乎能够在任何操作系统和硬件配置上运行，如果平台升级，只要是支持 Java EE 的平台，项目开发的成果都可以直接移植过去，不需要重新开发。基于 Java EE 的程序只需开发一次就可部署到各种平台。例如，按照 Java EE 规范编写的 JSP，在企业规模较小时，可以运行在免费的 Tomcat 服务器上，当企业规模变大之后，采用了 WebLogic 服务器，此时几乎不需要改变 JSP 的代码，就可以将其部署到 WebLogic 服务器中，进而提高可移植性、安全与再用价值。

另外，如前所述，在企业应用开发的过程中，有一些通用的、很烦琐的服务端任务是不能忽视的，如安全性、事务管理、线程控制等，这些任务必须要做，但是和业务逻辑往往无关。在 Java EE 中，这些工作可以交给中间件供应商去完成，开发人员可以集中精力在如何创建商业逻辑上，相应地缩短了开发时间。让开发人员用最简单的代码编制高性能的系统，极大地提高了整体部署的伸缩性。

开放性是 Java 技术的生命之源，目前，有很多厂商，如 IBM、Oracle 等，参与制定了 Java EE 技术的规范，并开发了相应的产品，使得 Java EE 的使用得到了大量支持。

1.1.3 Java EE 的技术结构

图 1-6 展现了 Java EE 的技术结构，这是引用自 Java 官方网站的一张经典的结构图。

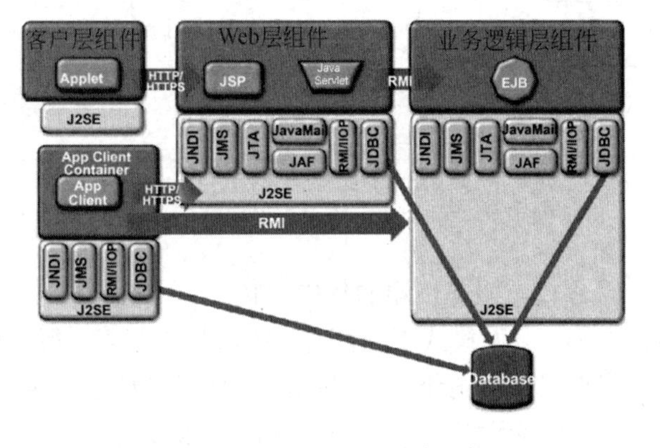

图 1-6 Java EE 的技术结构

图 1-6 中展现了 Java EE 的三层结构。

（1）运行在客户端机器上的客户层组件。如应用客户端程序和 Applets，是客户层组件，它们可以直接访问数据库。

（2）运行在 Java EE 服务器上的 Web 层组件。Java Servlet 和 Java Server Pages（JSP）是 Web 层组件，它们也可以访问数据库，运行在服务器中的 Web 容器中。

（3）运行在 Java EE 服务器上的业务逻辑层组件。Enterprise JavaBeans（EJB）是业务层组件，也可以访问数据库，运行在服务器中的 EJB 容器中。

从图中可以看出，Java EE 平台中包含多种技术规范，这些在本书中都会讲解。下面对 Java EE 中的重要技术规范进行简单描述。

（1）JDBC（Java Database Connectivity）：JDBC API 为访问不同的数据库提供了一种统一的途径。

（2）JNDI（Java Name and Directory Interface）：JNDI API 被用于执行名称和目录服务，它提供了一致的模型来存取和操作企业级的资源或应用服务器中的对象。

（3）EJB（Enterprise JavaBean）：EJB 提供了一个框架来开发和实施分布式商务逻辑，显著地简化了具有可伸缩性和高度复杂的企业级应用的开发。

（4）RMI（Remote Method Invoke）：RMI 协议调用远程对象上的方法，是被 EJB 使用的更底层的协议。

（5）JSP（Java Server Pages）：JSP 页面由 HTML 代码和嵌入其中的 Java 代码所组成。服务器在页面被客户端请求以后，对这些 Java 代码进行处理，然后将生成的 HTML 页面返回给客户端的浏览器。

（6）Java Servlet: Servlet 是一种小型的 Java 程序，是比 JSP 更加底层的组件，完成的功能和 JSP 类似。

（7）XML（Extensible Markup Language）：XML 是一种标记语言，它被用来在不同的商务过程中共享数据，或者对系统功能进行配置，实际上，它和 Java EE 没有包含关系。

（8）JMS（Java Message Service）：JMS 是用于和面向消息的中间件相互通信的应用程序接口。

（9）JTA（Java Transaction Architecture）：JTA 定义了一种标准的 API，应用系统由此可以访问各种事务。

（10）JavaMail 和 JAF（JavaBeans Activation Framework）：JavaMail 是用于存取邮件服务器的 API，JavaMail 利用 JAF 来处理 MIME 编码的邮件附件。

1.2 JDK 安装

在进行 Java EE 开发时会使用一系列软件，如服务器、IDE 等。这些软件的运行，都需要有 Java SE 的支持；但是，并不是所有的软件都自带了 Java SE 开发环境（JDK）。因此，需要进行 JDK 的安装，方便以后开发的进行。

1. 获取 JDK

在浏览器地址栏中输入“http://www.oracle.com/technetwork/java/javase/downloads/index.html”，可以看到 Java SE SDK 的可下载版本，如图 1-7 所示。目前最流行的版本是 Java SE 8，单击 Java Download 图标，可以根据提示进行下载。

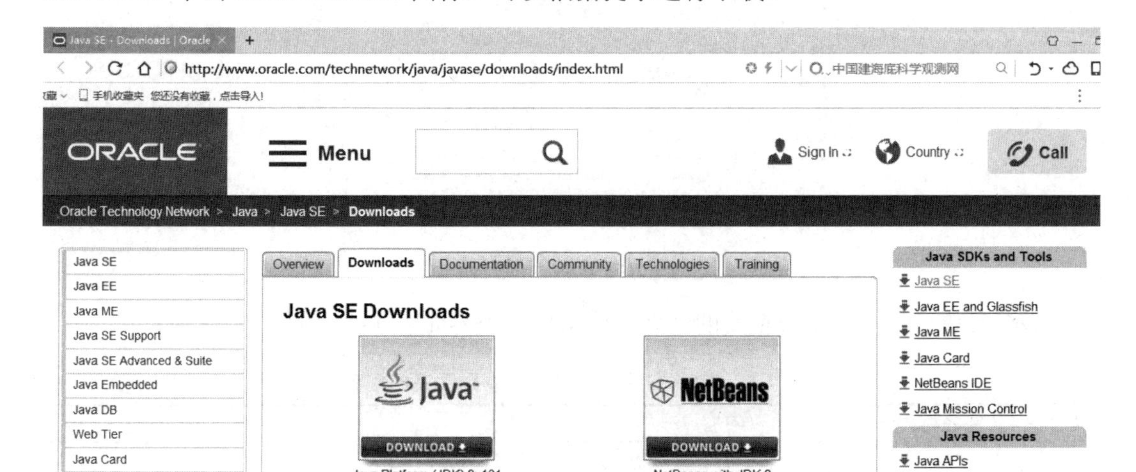

图 1-7 Java SE 8 下载页面

注意，如果是在 Windows 平台下进行开发，请务必下载 Windows 版本。下载之后，得到一个可执行文件，在本章中为 jdk-8u111-windows-x64.exe。如果是在 Linux 下开发，方法类似。

读者访问此页面时，可能显示的界面会稍有不同，可自行下载最新的版本应用。

2. 安装 JDK

双击下载后的安装文件，得到如图 1-8 所示的安装界面。

单击“下一步”按钮，得到如图 1-9 所示的界面。该界面中，需要选择安装的组件，一般情况下，只需要选择“开发工具”即可，如果需要安装额外功能，可以选用后面两个选项。本章中使用默认选项，单击“下一步”按钮，程序即进行安装，注意，安装过程中可能有一些需要选择的选项，使用默认即可。

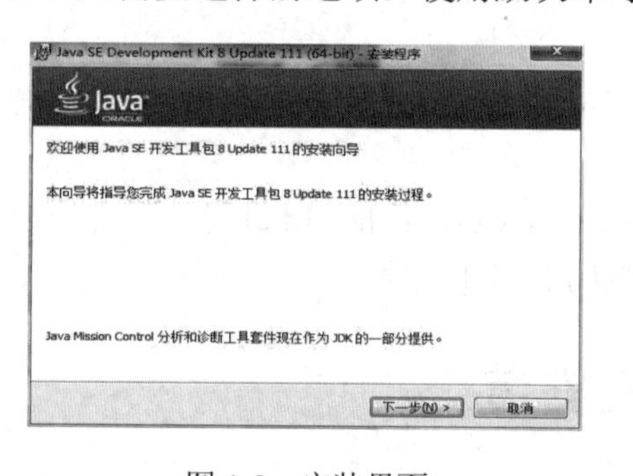

图 1-8　安装界面

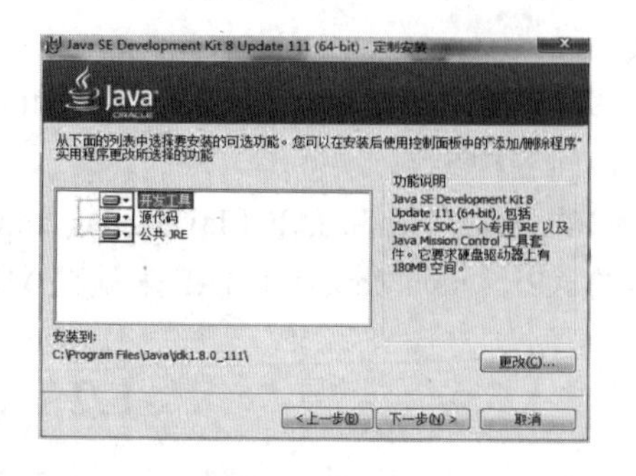

图 1-9　安装组件选择

JDK 安装完毕之后，在 C:\Program Files\Java\jdk1.8.0_111 下可以找到安装的目录，如图 1-10 所示。

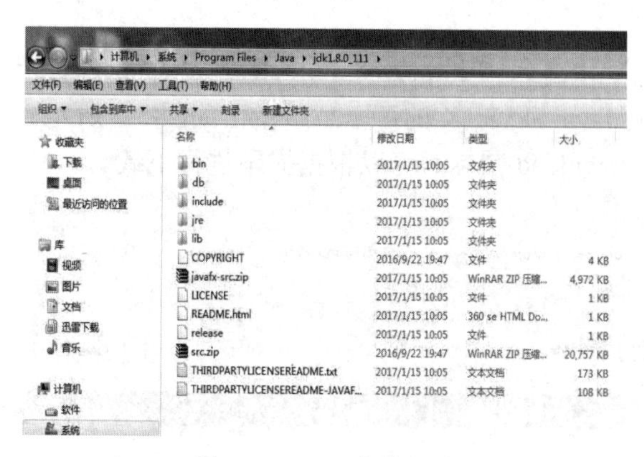

图 1-10　JDK 安装目录

JDK 安装目录中，比较重要的文件夹或文件的内容如表 1-1 所示。

表 1-1　JDK 安装目录中文件或文件夹的内容

文件夹/文件名称	内容
Bin	支持 Java 应用程序运行的常见的 exe 文件
Demo	系统自带的一些示例程序，包含源代码
Jre	Java 运行环境的一些支持核心库
Src	源代码

3. 环境变量设置

在本章后面将会安装服务器和 IDE，这些软件安装时可能没有自带 JDK，但它们的运行必须依赖于 Java 运行环境。为了方便以后相关软件的运行，最好将 JDK 的常用环境变量进行配置。在这里，主要配置 Path 环境变量。

在桌面上右击“我的电脑”，选择“属性”命令，得到如图 1-11 所示的界面；在“高级”选项卡中单击“环境变量”按钮，得到如图 1-12 所示的界面。

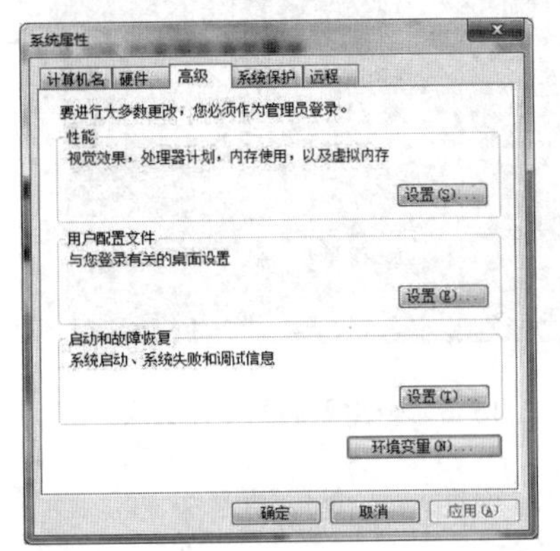

图 1-11　“我的电脑”-“属性”

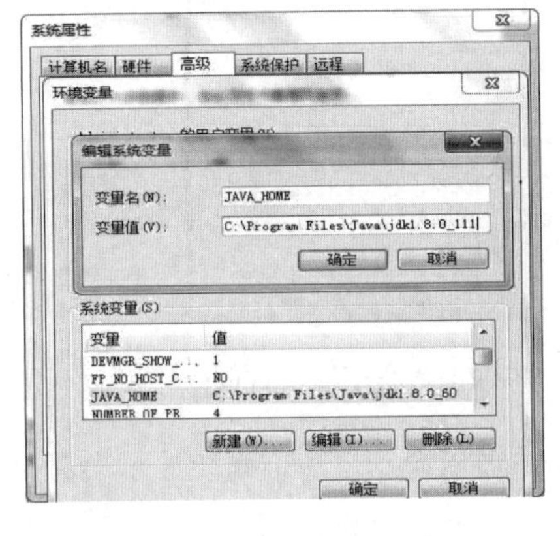

图 1-12　环境变量界面

在“系统变量”中找到 Path，单击“编辑”按钮，将 C:\Program Files\Java\jdk1.8.0_111\bin 目录添加到变量内容的最后，注意，该路径和前面的一些路径要用分号隔开，如图 1-13 所示。

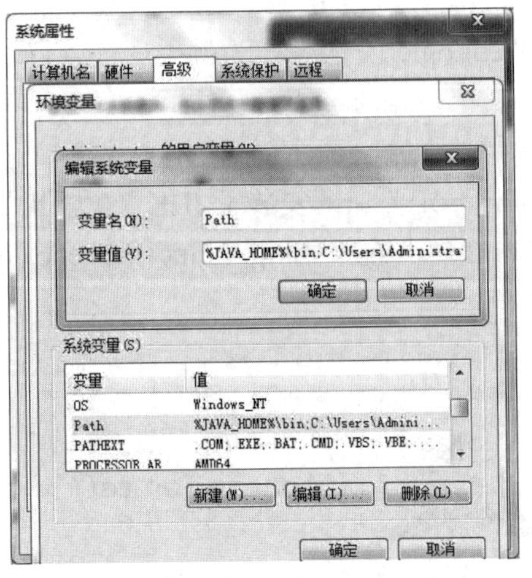

图 1-13　环境变量配置

单击“确定”按钮完成设置。

可以利用命令提示符来测试环境变量设置的正确性。在“开始”菜单中搜索框中输入 cmd.exe，回车后的结果如图 1-14 所示。

在命令提示符下输入如下命令：

java –version

回车后的结果如图 1-15 所示。

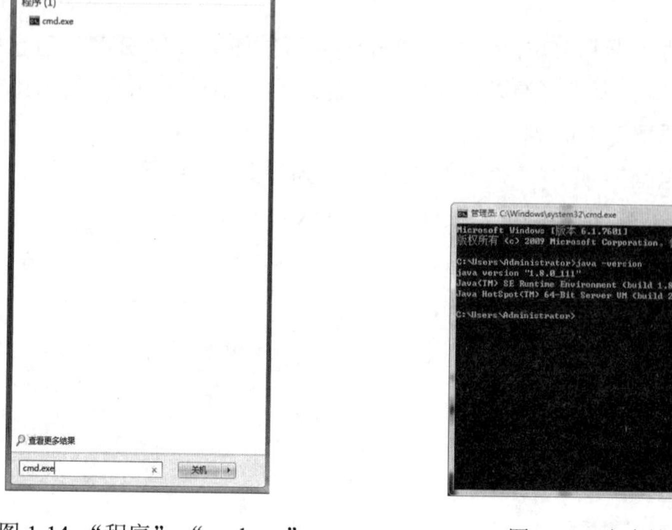

图 1-14 “程序”-“cmd.exe”　　图 1-15 命令输入后的测试效果

如果输入命令之后，系统显示当前 JDK 的版本，说明环境变量设置成功。

1.3 服务器安装

服务器提供了 Java EE 组件运行的环境，注意，此处所讲的服务器是软件服务器，不是硬件服务器。Java EE 系列的服务器很多，如 Tomcat、Resin、JBoss、WebLogic、WebSphere 等。本节以 Tomcat 9.0 和 WebLogic 12 服务器为例来进行讲解。

1.3.1 安装 Tomcat

在安装 Tomcat 9.0 之前，一定要保证安装了 JDK 7.0 或其以上版本，并配置了环境变量（如 Path 等）。在浏览器地址栏中输入“http://tomcat.apache.org”，可以看到 Tomcat 的可下载版本，如图 1-16 所示。

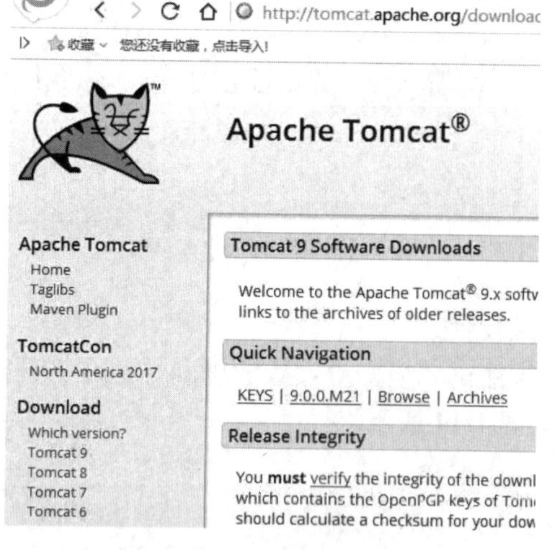

图 1-16 Tomcat 下载版本

单击 Tomcat 9.x，出现如图 1-17 所示的页面（此处显示的是页面底部的部分）。

9.0.0.M15

Please see the README file for packaging information. It explains what every distribution contain:

Binary Distributions

- Core:
  - zip (pgp, md5, sha1)
  - tar.gz (pgp, md5, sha1)
  - 32-bit Windows zip (pgp, md5, sha1)
  - 64-bit Windows zip (pgp, md5, sha1)
  - 32-bit/64-bit Windows Service Installer (pgp, md5, sha1)

图 1-17　Tomcat 9.x 下载页面

在 Windows 环境下，选择 32-bit/64-bit Windows Service Installer，即可下载安装版本。下载之后，得到一个可执行文件，在本章中为 apache-tomcat-9.0.0.M15exe。注意，也可以下载压缩包，直接解压之后即可运行。

读者访问此页面时，可能显示的界面会稍有不同，读者可自行下载相应版本应用。

解压下载后的安装包，得到如图 1-18 所示的界面。

图 1-18　Tomcat 安装包

在 Tomcat 安装目录中，比较重要的文件夹或文件的内容如表 1-2 所示。

表 1-2　Tomcat 安装目录中重要文件夹或文件内容

文件夹/文件名称	内容
bin	支持 Tomcat 运行的常见的 exe 文件
conf	Tomcat 系统的一些配置文件
logs	系统日志文件
webapps	网站资源文件

进入 Tomcat 安装目录下的 bin 目录，会发现如图 1-19 所示的文件。

计算机 ▸ 软件 ▸ Program Files ▸ apache-tomcat-9.0.0.M15 ▸ bin
文件(F) 编辑(E) 查看(V) 工具(T) 帮助(H)
组织 ▾ 打开 打印 刻录 新建文件夹
收藏夹 下载 桌面 最近访问的位置 库 视频 图片 文档 迅雷下载 音乐 计算机 软件 系统 网络

名称	修改日期	类型	大小
bootstrap.jar	2016/12/5 13:45	Executable Jar File	32 KB
catalina.bat	2016/12/5 13:45	Windows 批处理...	15 KB
catalina.sh	2016/12/5 13:45	SH 文件	22 KB
catalina-tasks.xml	2016/12/5 13:45	XML 文档	2 KB
commons-daemon.jar	2016/12/5 13:45	Executable Jar File	24 KB
commons-daemon-native.tar.gz	2016/12/5 13:45	WinRAR 压缩文件	201 KB
configtest.bat	2016/12/5 13:45	Windows 批处理...	2 KB
configtest.sh	2016/12/5 13:45	SH 文件	2 KB
daemon.sh	2016/12/5 13:45	SH 文件	8 KB
digest.bat	2016/12/5 13:45	Windows 批处理...	3 KB
digest.sh	2016/12/5 13:45	SH 文件	2 KB
service.bat	2016/12/5 13:45	Windows 批处理...	7 KB
setclasspath.bat	2016/12/5 13:45	Windows 批处理...	4 KB
setclasspath.sh	2016/12/5 13:45	SH 文件	4 KB
shutdown.bat	2016/12/5 13:45	Windows 批处理...	2 KB
shutdown.sh	2016/12/5 13:45	SH 文件	2 KB
startup.bat	2016/12/5 13:45	Windows 批处理...	2 KB
startup.sh	2016/12/5 13:45	SH 文件	2 KB
tcnative-1.dll	2016/12/5 13:45	应用程序扩展	2,056 KB
tomcat9.exe	2016/12/5 13:45	应用程序	108 KB
tomcat9w.exe	2016/12/5 13:45	应用程序	108 KB
tomcat-juli.jar	2016/12/5 13:45	Executable Jar File	41 KB
tomcat-native.tar.gz	2016/12/5 13:45	WinRAR 压缩文件	383 KB
tool-wrapper.bat	2016/12/5 13:45	Windows 批处理...	4 KB
tool-wrapper.sh	2016/12/5 13:45	SH 文件	5 KB

图 1-19 bin 目录中的文件

其中，startup.bat 文件可以打开 Tomcat 服务器，shutdown.bat 文件可以关闭 Tomcat 服务器。

双击 startup.bat，出现控制台界面，如图 1-20 所示。

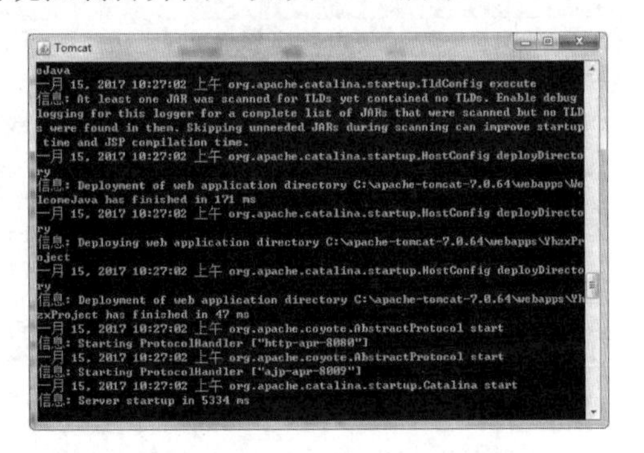

图 1-20 Tomcat 控制台界面

✍经验

Tomcat 的启动信息中，包含以下重要信息。

信息：Starting Coyote HTTP/1.1 on http-8080 提示在 8080 端口启动了 Tomcat 服务。

信息：Serverstartup in 48611 ms 提示 Tomcat 已经启动完成。

然后打开浏览器，在浏览器地址栏中输入“http://localhost:8080/index.jsp”，正常情况下，能够得到如图 1-21 所示的页面。

实际上，该页面在硬盘上位于：Tomcat 安装目录\webapps\ROOT 中。

注意，在上面的安装中，使用的是 8080 端口。但是 8080 端口可能会被别的程序占用。这种情况下，通常会出现如图 1-22 所示的提示。

因此，可以配置服务器，将服务器运行的端口号改为别的端口（如 8888）。

方法很简单，首先找到 Tomcat 安装目录\conf\server.xml，用记事本或者写字板打开，找到“Connector port="8080"”，如图 1-23 所示。

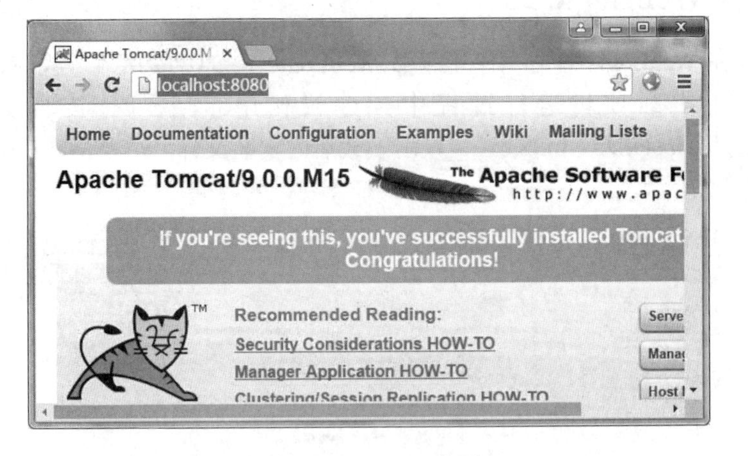

图 1-21　Tomcat 首页

图 1-22　Tomcat 错误提示

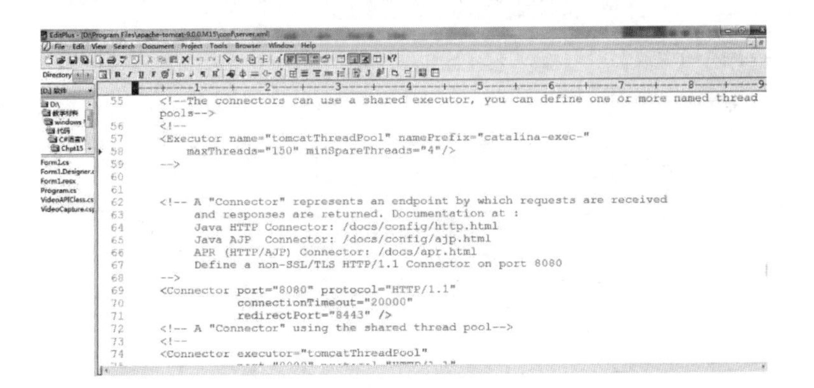

图 1-23　server.xml

将 8080 改为 8888 即可。

改为 8888 之后，保存配置，重启服务器，测试时，输入的网址为 http://localhost:8888/index.jsp。

1.3.2 安装 WebLogic 12

读者可以在 WebLogic 官方网站上下载 WebLogic 12 的免费版本。当然，WebLogic 是商用软件，在实际项目运行过程中，建议使用正版。本章下载的文件名为 oepe-12.1.3-kepler-installer-win32.exe，双击下载后的安装文件，进入 WebLogic 安装的欢迎界面，如图 1-24 所示。

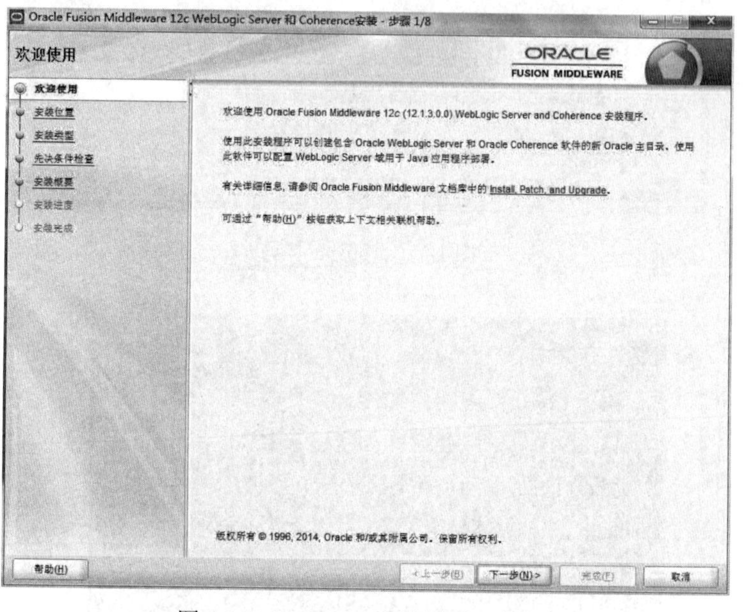

图 1-24 WebLogic 安装界面—步骤 1

单击“下一步”按钮，得到如图 1-25 所示界面。

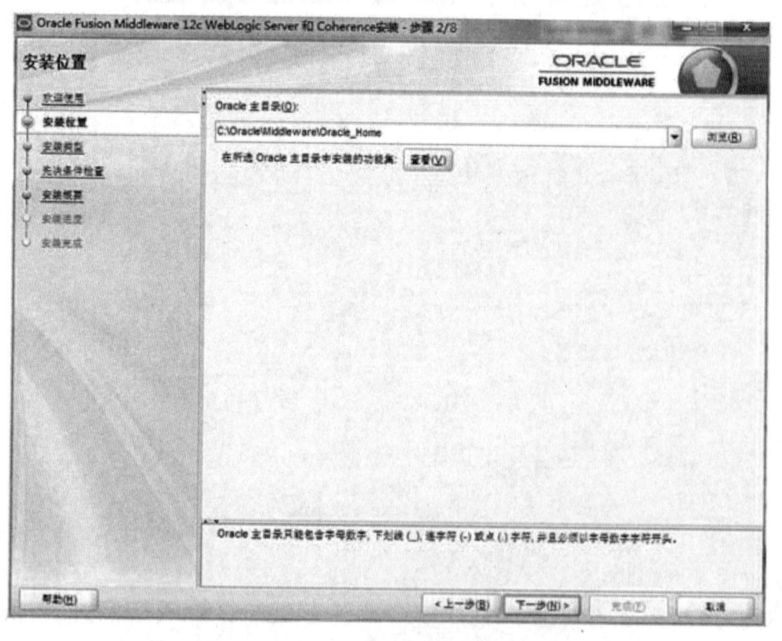

图 1-25 WebLogic 安装界面—步骤 2

单击“浏览”按钮，选择 Oracle 产品安装的路径，它默认的路径是“C:\Oracle\Middleware\Oracle_Home”，其中，Oracle 表示产品系列的名称。WebLogic 是该系列的一个产品。单击“下一步”按钮，出现如图 1-26 所示的界面。

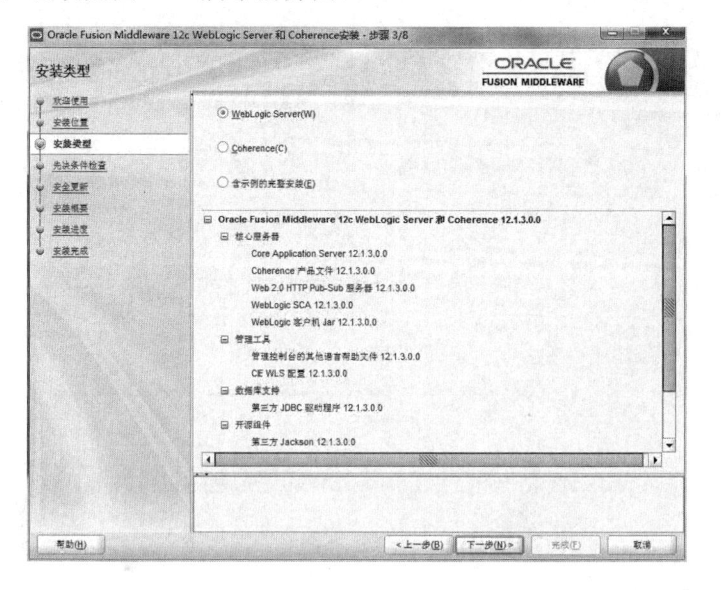

图 1-26　WebLogic 安装界面—步骤 3

选择 WebLogic Server，无须安装中间件和示例。单击“下一步”按钮，得到如图 1-27 所示的界面。

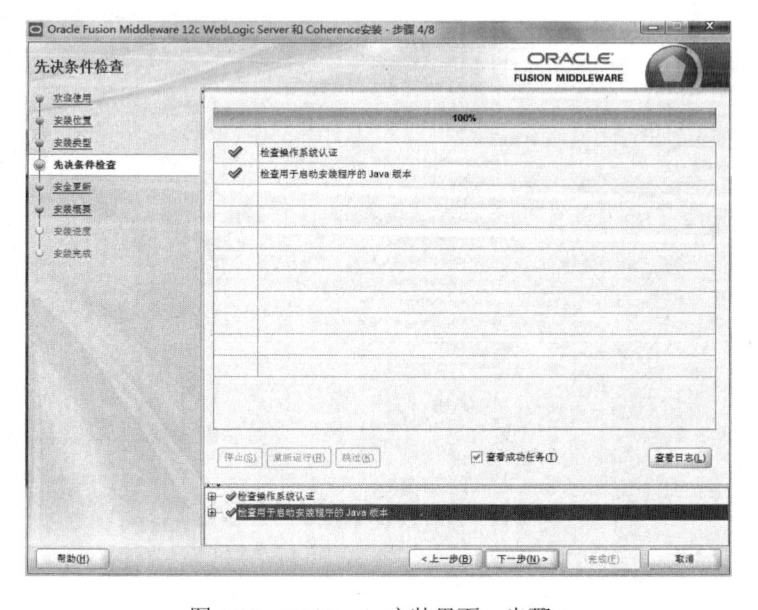

图 1-27　WebLogic 安装界面—步骤 4

这个界面显示安装之前是否满足先决条件。检查完成后，单击“下一步”按钮，出现如图 1-28 所示界面。

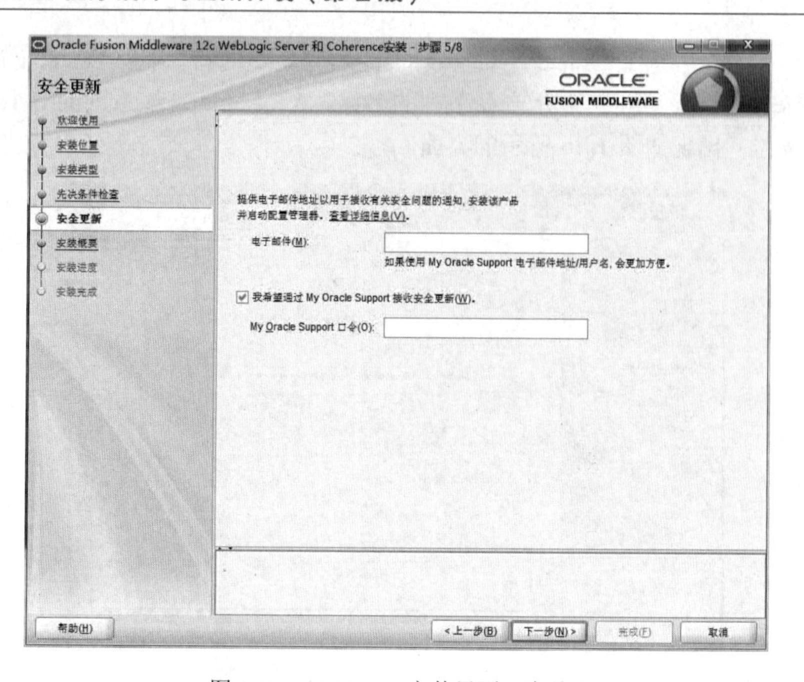

图 1-28　WebLogic 安装界面—步骤 5

该界面设置更新提醒，可以选择接受或不接受更新的提醒。单击“下一步”按钮，出现如图 1-29 所示的界面。

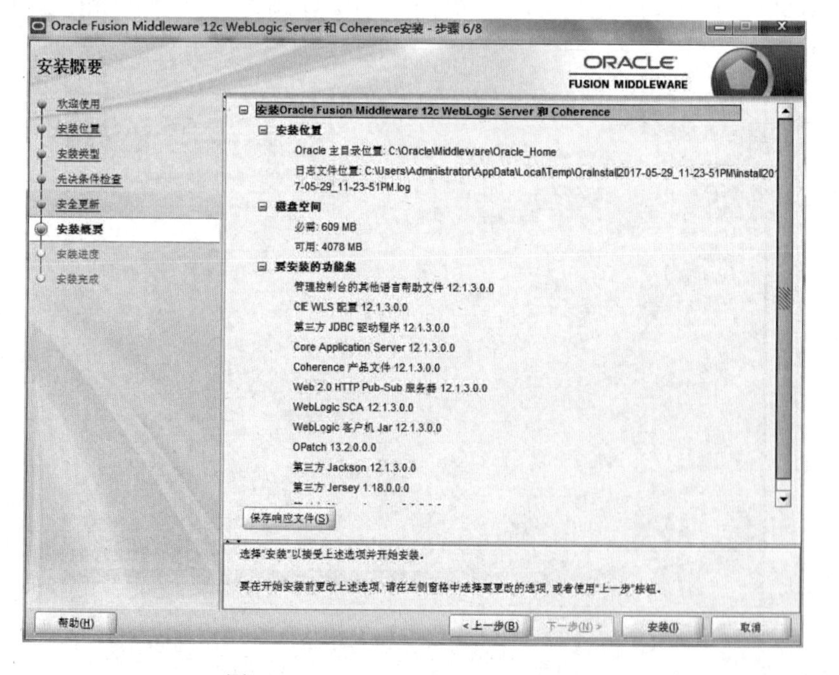

图 1-29　WebLogic 安装界面—步骤 6

该界面显示安装概要、磁盘空间及安装日志记录等。单击“安装”按钮，出现如图 1-30 所示的界面。

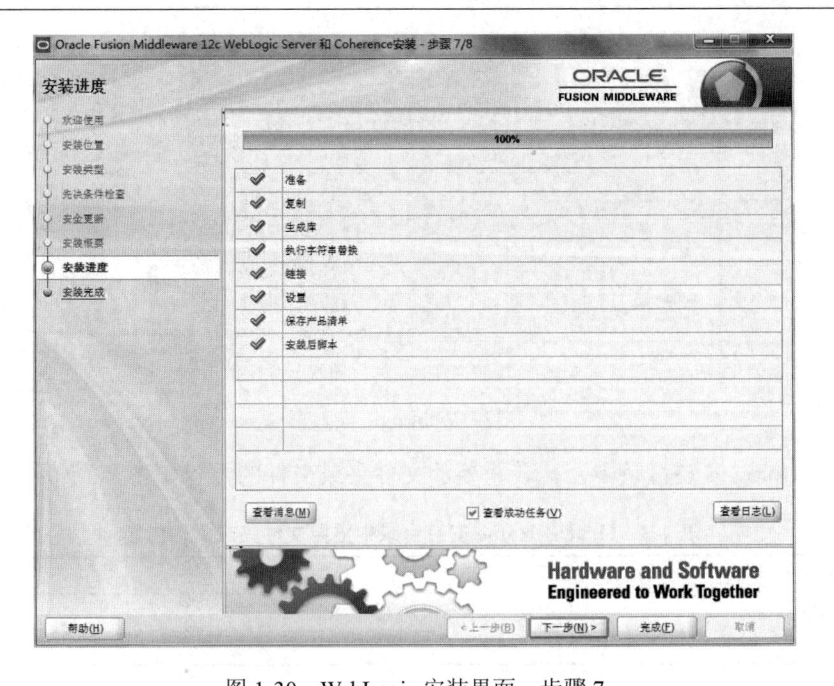

图 1-30　WebLogic 安装界面—步骤 7

安装进度条完成后，出现如图 1-31 所示的界面。

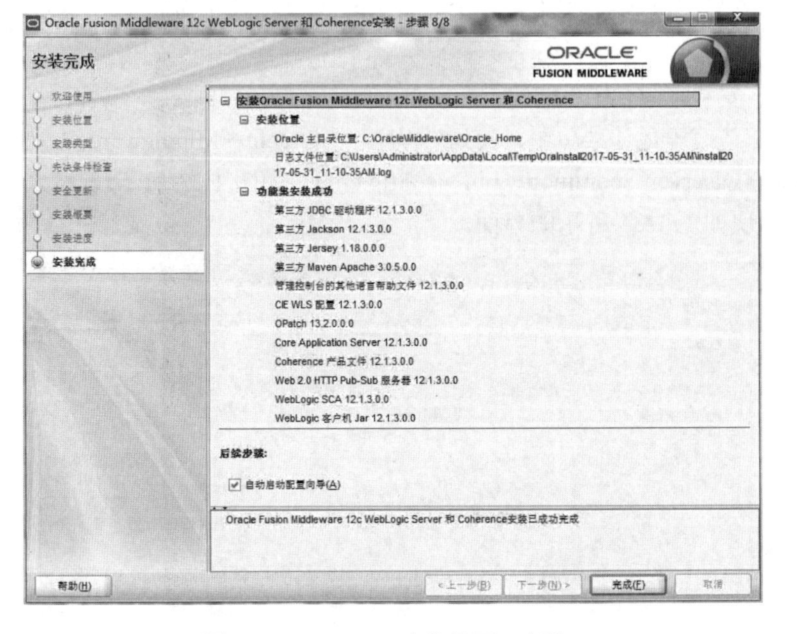

图 1-31　WebLogic 安装界面—步骤 8

在图 1-31 的界面中，不勾选“自动启动配置向导”复选框，单击“完成”按钮，就完成了 WebLogic 的安装。

如果是默认安装，WebLogic 安装完毕之后，可以在 C:\Oracle\Middleware\Oracle_Home 下找到安装的目录，如图 1-32 所示。

图 1-32　WebLogic 安装目录

Oracle_Home 安装目录中，比较重要的文件夹或文件的内容如表 1-3 所示。

表 1-3　Oracle_Home 安装目录中重要文件夹或文件内容

文件夹/文件名称	内容
User_projects	用户建立的项目所在目录
wlserver	WebLogic 所在目录

值得注意的是，wlserver\server\lib 中，安装了 WebLogic 支持的一些包。其中特别值得注意的是一个文件 weblogic.jar，这个文件实际上是 WebLogic 的 Java EE 支持包，也就是说，以后要调用 Java EE 的 API 的话，这个包必须要在 classpath 下面。

WebLogic 安装完毕，还不能使用，还必须要为用户项目创建一个域，才能进行使用。在“开始”菜单中，找到“程序”→Oracle→Middleware→Oracle_Home→wlserver→common→bin→config.cmd，如图 1-33 所示。

Tools
Configuration Wizard
Domain Template Builc
Reconfiguration Wizarc
WebLogic Scripting To

图 1-33　新建域

单击，出现如图 1-34 所示的界面。

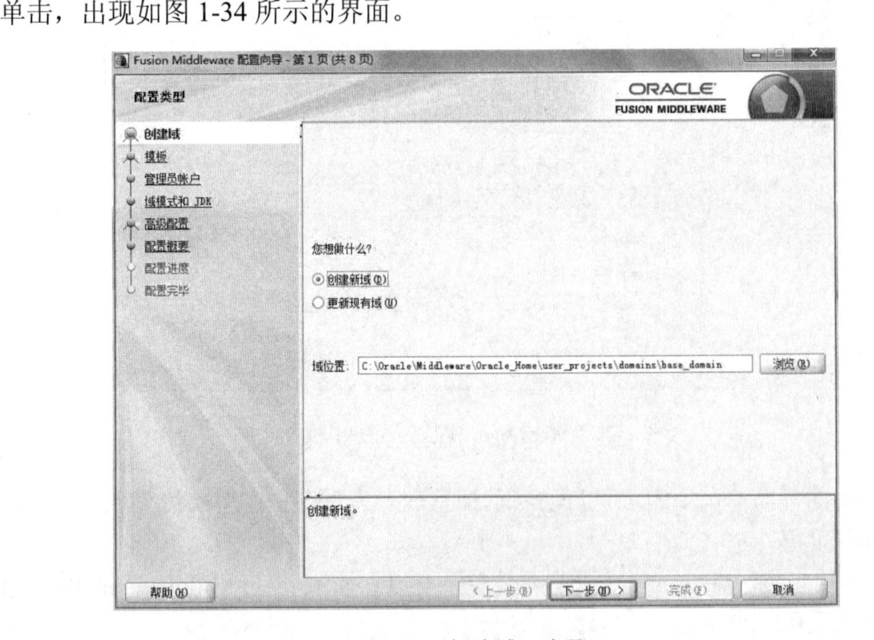

图 1-34　新建域—步骤 1

选择“创建新域”，单击“下一步”按钮，出现如图 1-35 所示的界面。

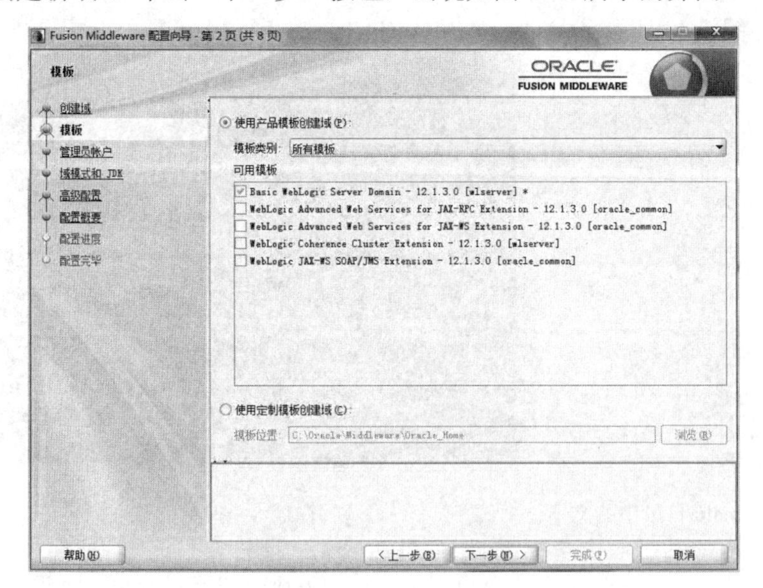

图 1-35　新建域—步骤 2

在图 1-35 的界面中，可以选择新建实例使用的模板，此处默认，单击“下一步”按钮，出现如图 1-36 所示的界面。

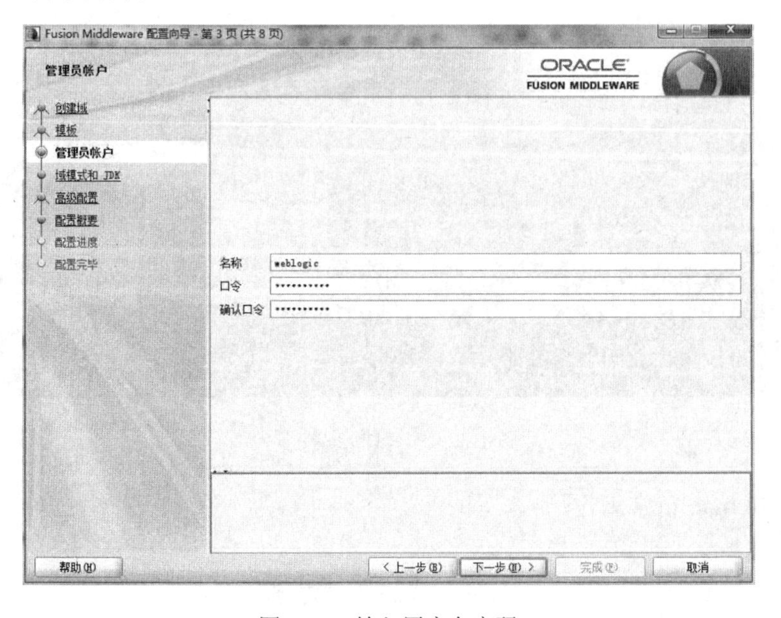

图 1-36　输入用户名密码

在图 1-36 的界面中，设置这个域的用户名和密码，在此都写为“weblogic”，单击“下一步”按钮，后面的选择使用默认即可。详细设置，读者可以参考相关文档。

新建 WebLogic 域后，在 C:\Oracle\Middleware\Oracle_Home\user_projects\domains 下就多了一个 base_domain 文件夹，这里面有一个重要的文件，如图 1-37 所示。

该文件都可以打开新建域对应的 WebLogic 服务器。双击 startWebLogic.cmd，出现控制台界面，如图 1-38 所示。

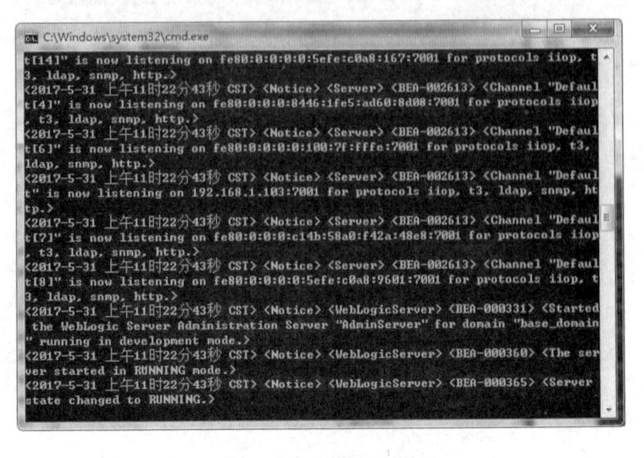

图 1-37 base_domain 目录中的文件　　　　图 1-38 控制台界面

然后打开浏览器，在浏览器地址栏中输入“http://localhost:7001/console”，正常情况下，能够得到如图 1-39 所示的页面。

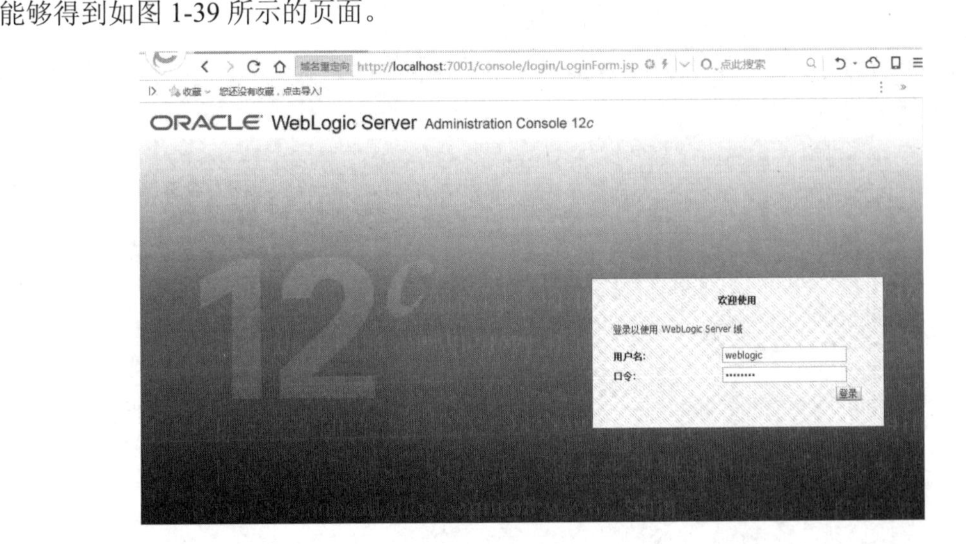

图 1-39 WebLogic 控制台

说明 WebLogic 正常工作。

1.4 IDE 安装

1.4.1 IDE 的作用

要开发 Java EE 组件，理论上，可以直接用记事本编写。然而，在大型项目中，如果都用记事本编写，效率较慢，更重要的是，出现错误后记事本无法给出提示，因此，可以使用相应的 IDE 软件帮助编写。

IDE（Integrated Development Environment，集成开发环境）是帮助用户进行快速开发的软件，如 JCreator、Eclipse、Dreamweaver，都属于 IDE。

Java 系列的 IDE 很多，如 JBuilder、JCreator、NetBeans、Eclipse、MyEclipse 等。其中，MyEclipse 是收费软件，但是对 Java EE 应用开发进行了很多支持，功能比较强大，本书以 MyEclipse 2016 为例来进行讲解。

MyEclipse 2016 中，虽然内置了 JDK 和 Tomcat 服务器，但可以不使用，通过进行相应配置，使用自行安装的 JDK 7.0 和 Tomcat 9.0。

1.4.2　安装 MyEclipse

在浏览器地址栏中输入“https://www.genuitec.com/products/myeclipse/”，能够看到 MyEclipse 的各个版本，可以根据提示下载。本章中，下载之后，得到一个可执行文件为 myeclipse-2016-ci-7-offline-installer-windows.exe。双击下载后的安装文件，可以根据提示进行安装，其中不需要进行太多的配置。

安装完毕，可以在“开始”菜单中打开 MyEclipse，如图 1-40 所示。

单击 MyEclipse 图标，打开如图 1-41 所示的界面。

图 1-40　打开 MyEclipse

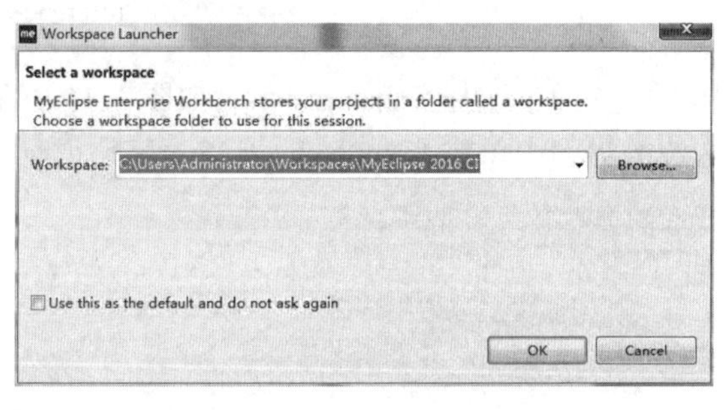

图 1-41　选择工作空间

在打开的过程中，程序可能需要选择路径，也就是以后工程存放的默认路径，可以通过 Browse 按钮改变路径，也可以用默认路径。本处使用默认路径。

单击 OK 按钮，打开的结果如图 1-42 所示。

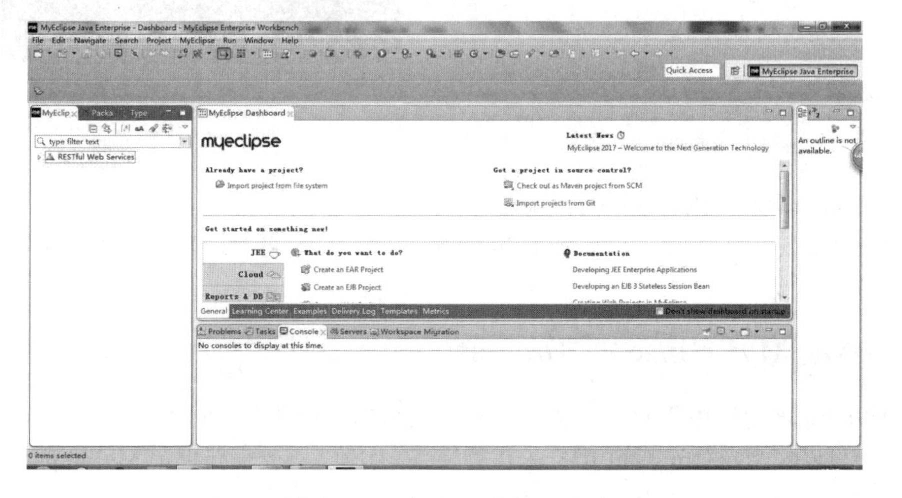

图 1-42　MyEclipse 的打开界面

注意，在打开界面时，有时候会出现欢迎标签，可以直接关闭该标签，也会得到图 1-42 的界面。

由于 MyEclipse 是收费软件，需要进行注册才能够使用。单击 Window→Preferences 命令，如图 1-43 所示。

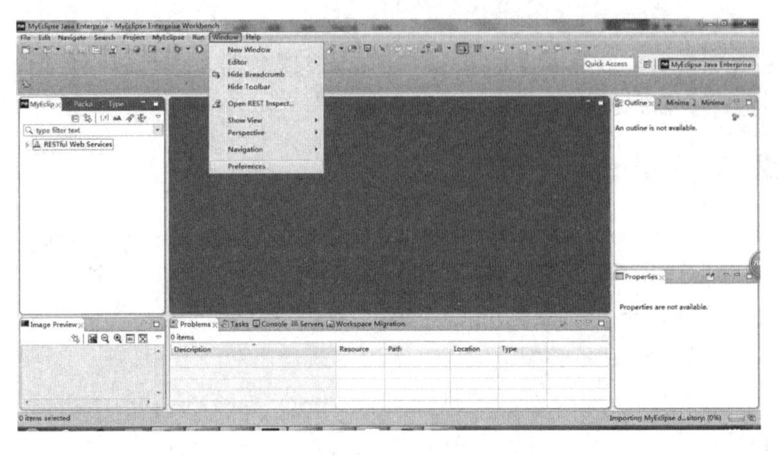

图 1-43　单击 Preferences 选项

在弹出的界面中选择 Subscription，如图 1-44 所示。

在右边的界面中单击 Enter Subscription...，得到如图 1-45 所示界面。

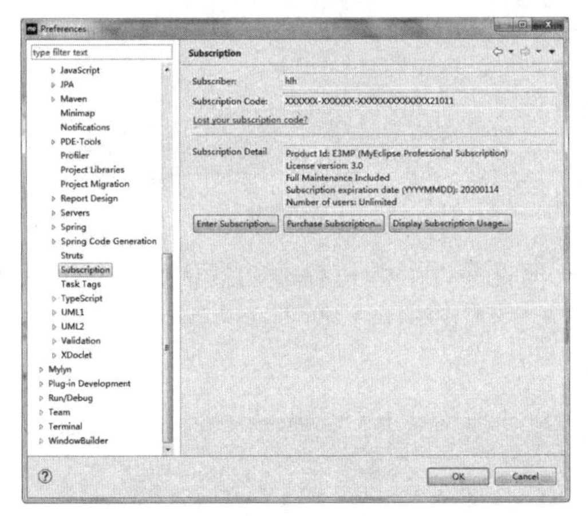

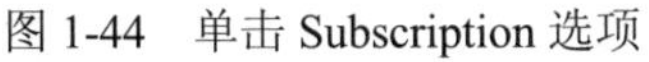
图 1-44　单击 Subscription 选项

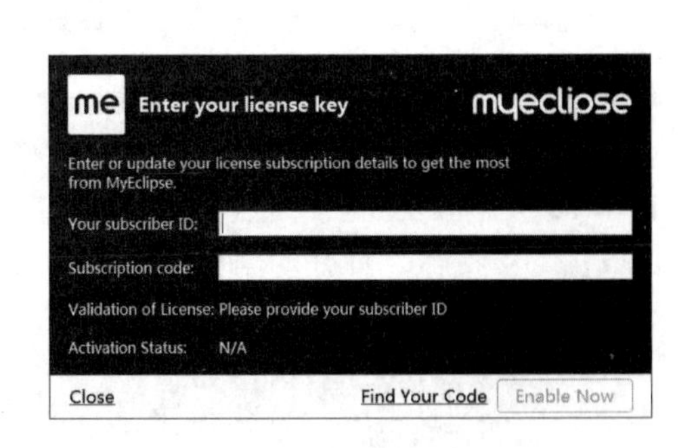

图 1-45　注册界面

输入 Subscriber 和 Subscription Code 即可。

MyEclipse 安装好之后，可以通过 File→New 菜单建立各种项目，如普通 Java 项目、Web 项目等。

1.4.3　绑定 MyEclipse 和 Tomcat

在 MyEclipse 中使用 Tomcat，需要首先绑定 JDK。虽然 MyEclipse 下已经内置了 Java 环境，但仍可以使用自行安装的 JDK 来进行支持。因此，首先需要绑定 MyEclipse 和 JDK。

打开 MyEclipse，选择 Window→Preferences，得到如图 1-46 所示的界面。选择 Java

→Installed JREs，可以看到 MyEclipse 已经和 JDK 绑定。

然而，该 JDK 可能不是自行安装的 JDK，因此，可以单击右边的 Add 按钮，进行更改，如图 1-47 所示。

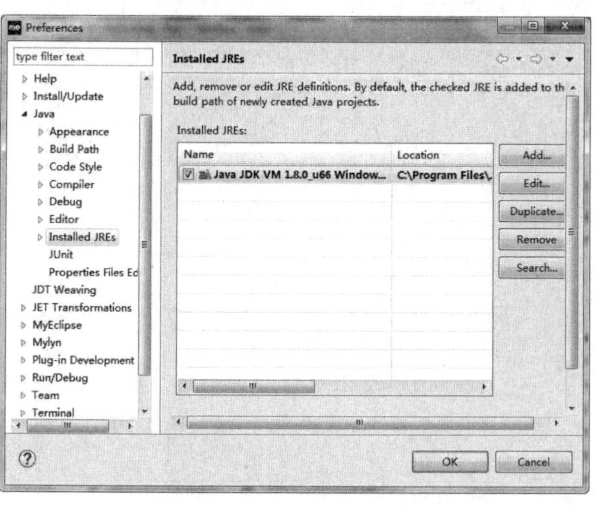

图 1-46 绑定 MyEclipse 和 JDK

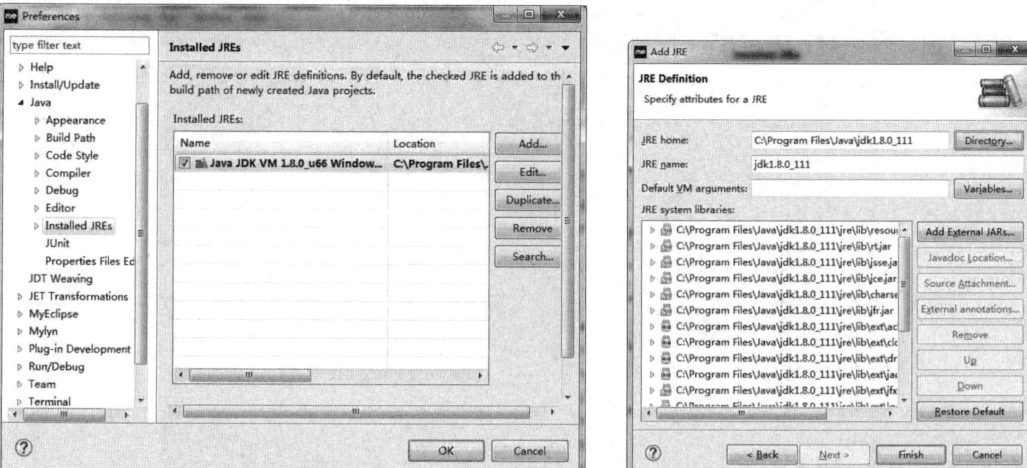

图 1-47 更改 JDK-步骤 1

选择右边的 Directory，选择 JDK 安装目录（如 C:\Program Files\Java\jdk1.8.0_111），结果如图 1-48 所示。

图 1-48 更改 JDK-步骤 2

单击 OK 按钮，完成，关闭 Preferences 界面。

接下来配置服务器，需要在 MyEclipse 中配置自行安装的 Tomcat v9.0。

选择 Window→Preferences→Servers→myeclipse→Runtime Environments，得到如

图 1-49 所示的界面。

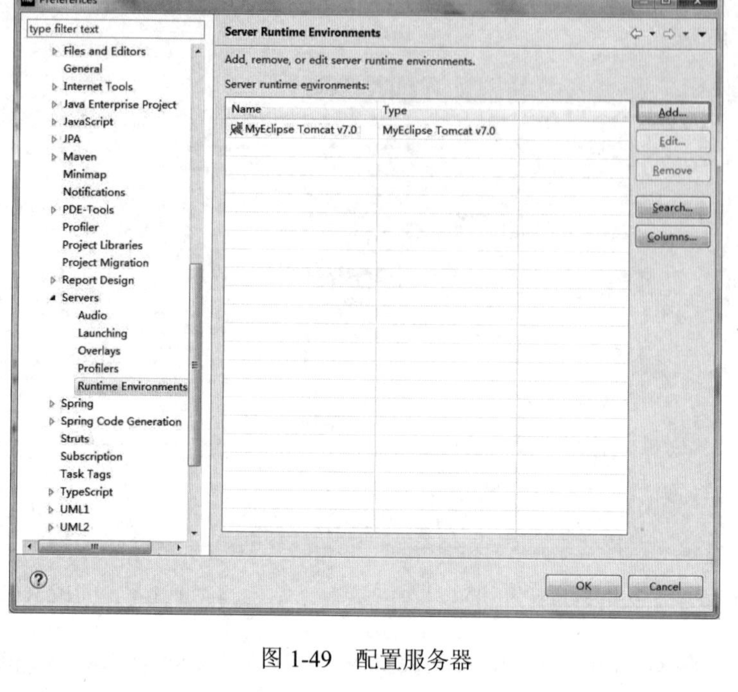

图 1-49　配置服务器

然后，单击 Add 按钮，得到如图 1-50 所示的界面。

选择需要配置的版本 Apache Tomcat v9.0 后，单击 Next 按钮，得到如图 1-51 所示的界面。

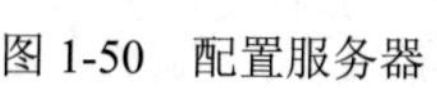

图 1-50　配置服务器

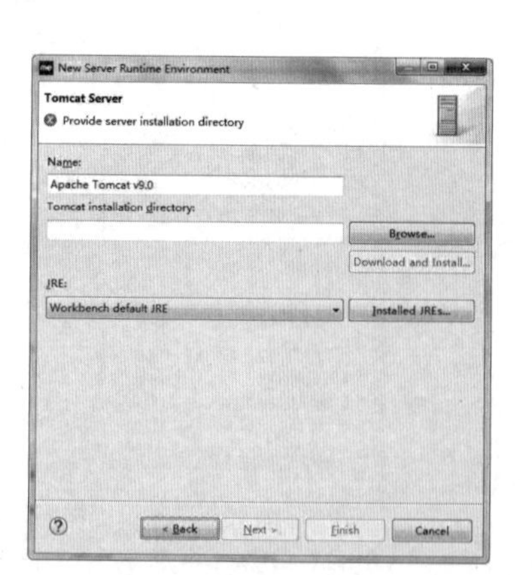

图 1-51　配置服务器

单击 Browse 按钮，选择 Tomcat 的安装位置，得到如图 1-52 所示的界面。

单击 Installed JREs 按钮，选择需要安装的 JDK 版本 jdk1.8.0_111，单击 Finish 按钮，完成配置。关闭 New Server Runtime Environment 界面。

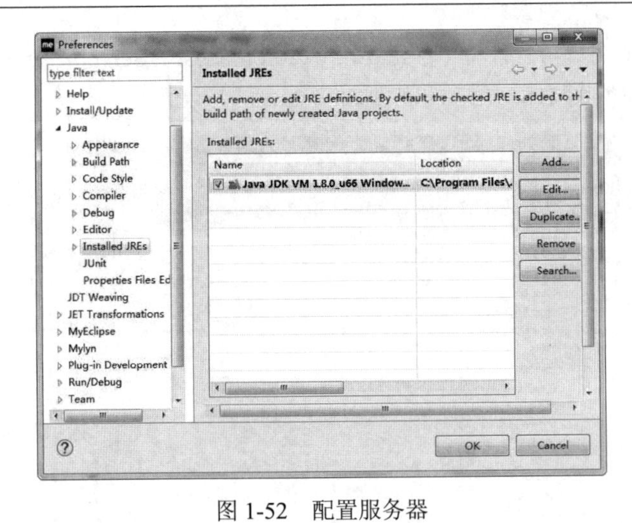

图 1-52　配置服务器

至此，成功地在 MyEclipse 2016 中绑定了 JDK 和 Tomcat，单击工具条上的如图 1-53 所示的图标。

单击右边的箭头，可以弹出服务器的选择，选择 Tomcat v9.0 Server at localhost→Start，可以打开 Tomcat 服务器，如图 1-54 所示。

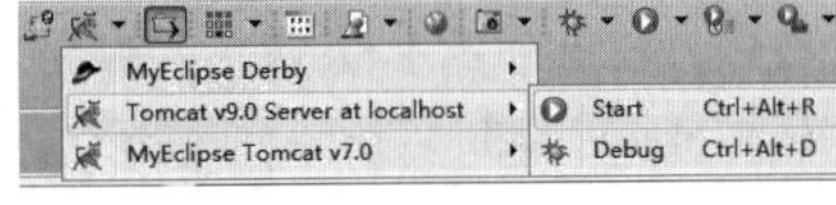

图 1-53　操作服务器按钮　　图 1-54　启动服务器

打开之后，在浏览器地址栏中输入“http://localhost:8080/index.jsp”，照样可以看到测试页面。当然，也可以通过 Stop 按钮停掉 Tomcat 服务器，如图 1-55 所示。

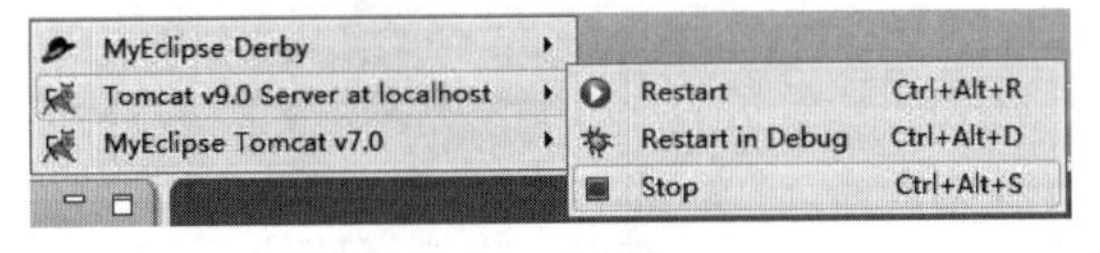

图 1-55　关闭服务器

1.4.4　绑定 MyEclipse 和 WebLogic

为了运行稳定，在 MyEclipse 中使用 WebLogic，需要绑定 WebLogic 自带的 JDK。首先按照 1.4.3 节绑定 JDK 的方法，绑定 WebLogic 自带的 JDK，结果如图 1-56 所示。

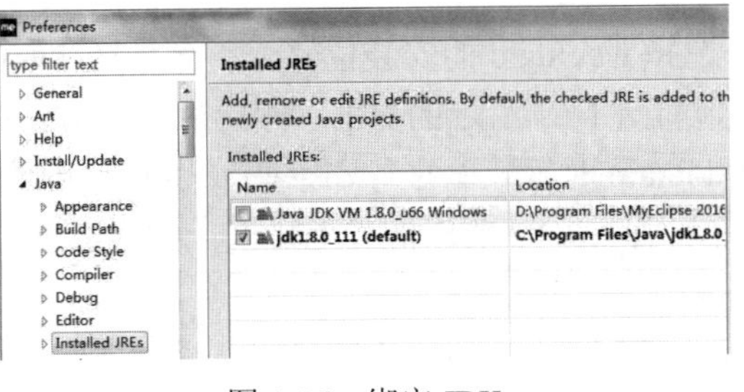

图 1-56　绑定 JDK

接下来配置服务器，选择 Window → Preferences → Servers → myeclipse → Runtime Environments，得到如图 1-57 所示的界面。

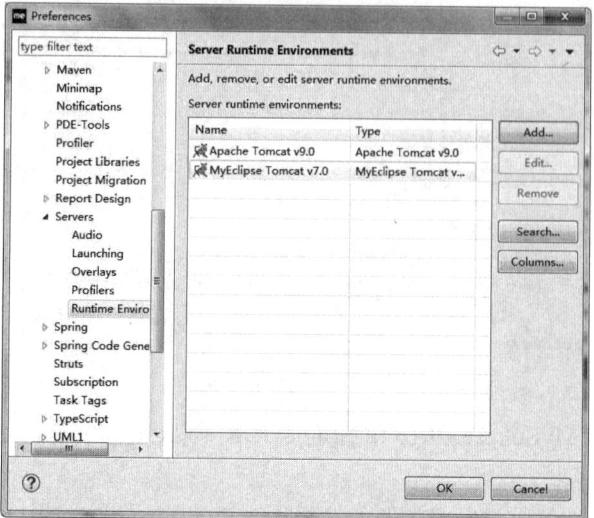

图 1-57　配置服务器—步骤 1

然后，单击 Add 按钮，得到如图 1-58 所示的界面。

选择需要配置的版本 oracle weblogic sever 12c 后，单击 Next 按钮，得到如图 1-59 所示的界面。

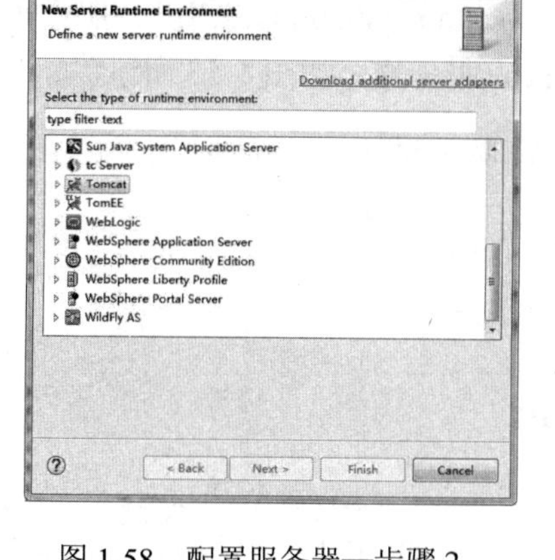

图 1-58　配置服务器—步骤 2

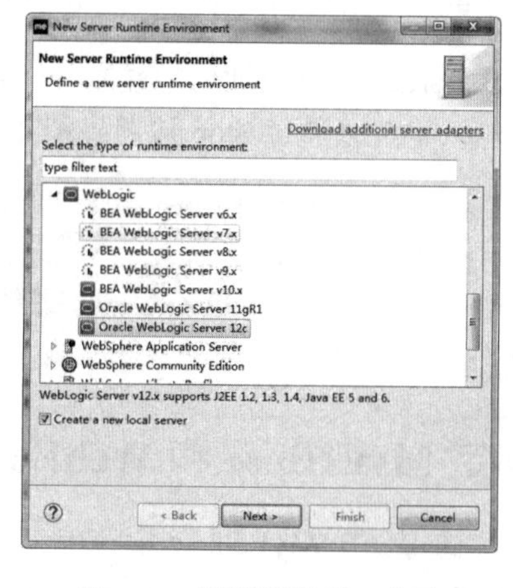

图 1-59　配置服务器—步骤 3

单击 Browse 按钮，选择 weblogic 的安装位置，得到如图 1-60 所示的界面。

单击 Next 按钮，得到如图 1-61 所示的界面。然后进行安装路径设置，其中，username 和 password 为用户自建 domain 时输入的账号和密码（如账号和密码都为 weblogic）。

单击 Finish 按钮，得到如图 1-62 所示的界面。至此完成 WebLogic 的绑定。关闭 New Server Runtime Environment 界面。

此时，可以在工具条上找到 WebLogic 的打开菜单，启动服务器，如图 1-63 所示。

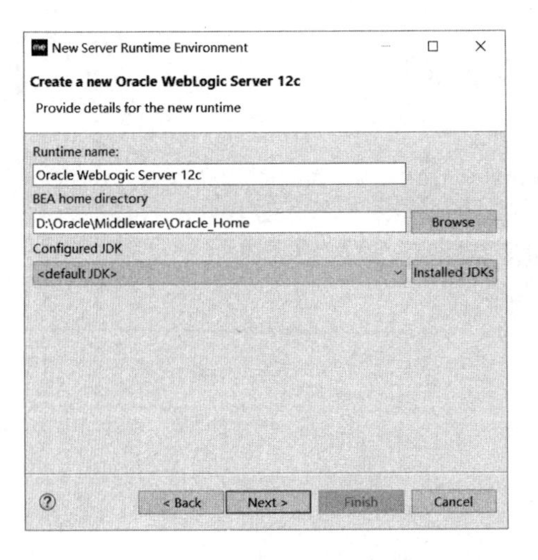

图 1-60　配置服务器—步骤 4

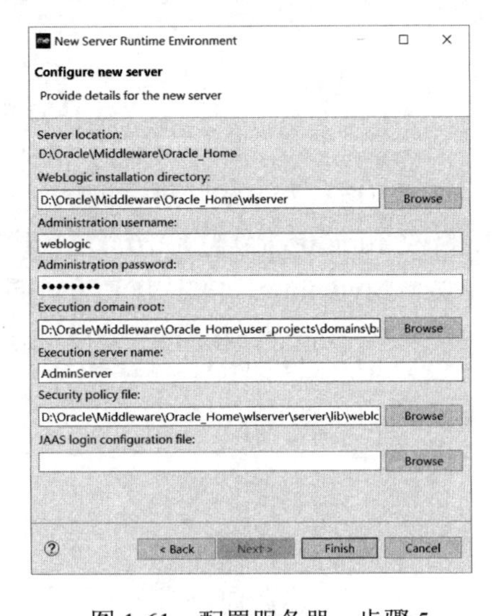

图 1-61　配置服务器—步骤 5

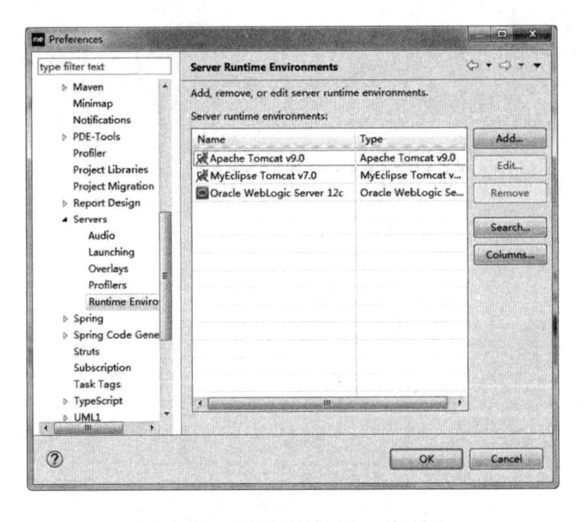

图 1-62　配置服务器—步骤 6

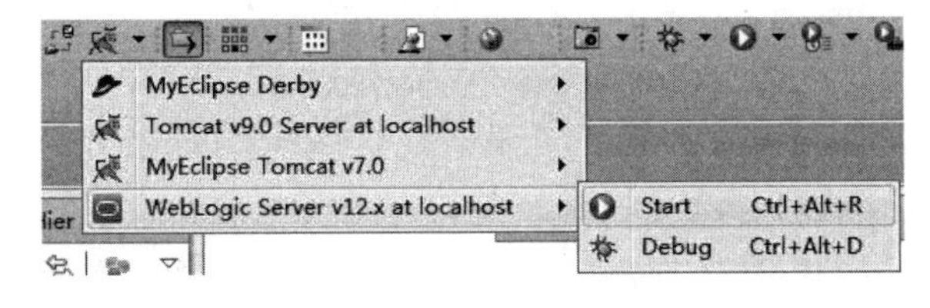

图 1-63　启动服务器

打开之后，在浏览器地址栏中输入“http://localhost:7001/console”，照样可以看到测试页面。

小　结

本章首先介绍了 Java EE 的基本理论，然后对本书将要使用的软件 JDK、服务器、IDE 进行了安装的介绍，为 Java EE 开发的进行打下了良好的基础。

上机习题

1. 安装 JDK、Tomcat，进行测试。
2. 修改 Tomcat 端口为 8976，重新进行测试。
3. 安装 MyEclipse，绑定 JDK 和 Tomcat，并测试。
4. 安装 WebLogic，绑定到 MyEclipse，并测试。

第 2 部分

JDBC 编程

第 2 章 JDBC

建议学时：4

在实际项目中，Java 程序有可能和数据库进行交互，因此，数据库访问在 Java EE 开发的过程中起到了很大的作用。本章基于 JDBC（Java Database Connectivity）技术，讲解对数据库的增删改查，并讲解对数据库的各种连接方法，最后阐述了连接池技术。

2.1 JDBC 简介

商业应用的后台数据一般存放在数据库中，很明显，可以通过 Java 代码来访问数据库。在 Java 技术系列中，访问数据库的技术叫做 JDBC，它提供了一系列的 API，让 Java 语言编写的代码连接数据库，对数据库的数据进行添加、删除、修改和查询。

JDBC 相关的 API，存放在 java.sql 包中。主要包括以下类或接口，读者可以参看 JDK 的 API 文档。

（1）java.sql.Connection：负责连接数据库。

（2）java.sql.Statement：负责执行数据库 SQL 语句。

（3）java.sql.ResultSet：负责存放查询结果。

不过，这里有一个问题。由于 JSP 不知道具体连接的是哪一种数据库，而各种数据库产品，由于厂商不一样，连接的方式肯定不一样，Java 代码如何来判定是哪一种数据库呢？答案是：针对不同类型的数据库，JDBC 机制提供了“驱动程序”的概念。对于不同的数据库，程序只需要使用不同的驱动，如图 2-1 所示。

从图 2-1 中可以看出，对于 Oracle 数据库，只要安装 Oracle 驱动，JDBC 就可以不需要关心具体的连接过程，来对 Oracle 进行操作；如果是 SQL Server，只需要安装 SQL Server 驱动，JDBC 就可以不需要关心具体的连接过程，来对 SQL Server 进行操作。

因此，从这里可以看出，要连接到不同厂商的数据库，应该首先安装相应厂商的数据库驱动。这就是数据库连接的第一种方式：数据库厂商驱动。

安装数据库厂商驱动，需要去各自的数据库厂商网站下载驱动包，用户也许觉得很麻烦。此时，微软公司提供了一个解决的方案。在微软公司的 Windows 中，预先设计了一个 ODBC（Open Database Connectivity，开放数据库互连）功能，由于 ODBC 是微软公司的产品，因此它几乎可以连接到所有在 Windows 平台下运行的数据库，由它连接到特定的数据库，不需要具体的驱动。而 JDBC 就只需要连接到 ODBC 就可以了，如图 2-2 所示。

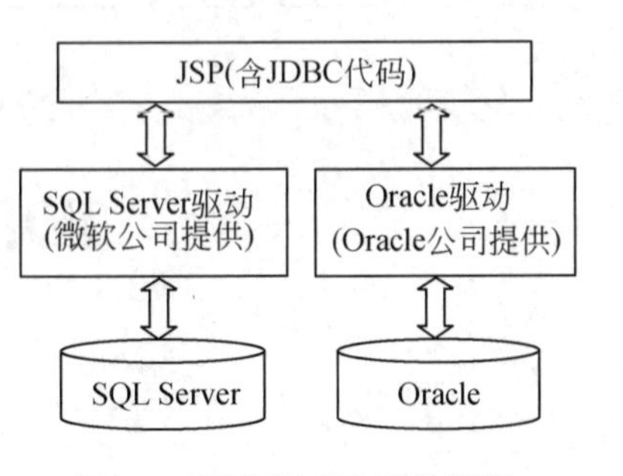

图 2-1　厂商驱动连接数据库

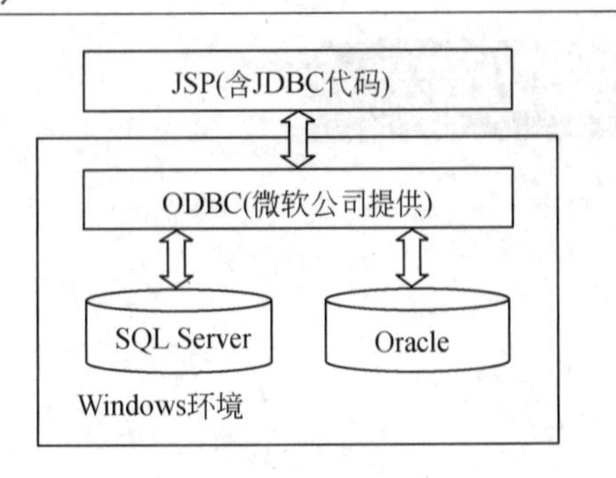

图 2-2　ODBC 驱动连接数据库

通过 ODBC，就可以连接到 ODBC 支持的任意一种数据库，这种连接方式叫做 JDBC-ODBC 桥。而使用这种方法让 Java 连接到数据库的驱动程序称为 JDBC-ODBC 桥接驱动器。

以上介绍了两种数据库连接方法，很明显，ODBC 桥接比较简单，但是只支持 Windows 下的数据库连接；数据库厂商驱动可移植性比较好，但是需要进行不同厂商的驱动的下载。实际上，还有其他方式进行数据库连接，由于不太常用，在本章暂不进行讲解。

下面介绍 JDBC-ODBC 桥接方式。

2.2　建立 ODBC 数据源

在使用 ODBC 之前，需要配置 ODBC 的数据源，让 ODBC 知道连接的具体数据库。下面的示例都是在 Windows XP 下进行，其他 Windows 系统与其类似。

ODBC 支持连接到各种数据库。如 Oracle、MySQL、MS SQL Server 等。为简便起见，本节以 Access 为例来进行 ODBC 连接。首先建立一个名为 School.mdb 的 Access 数据库文件，存放在硬盘上，如 C 盘根目录下。在里面建立一张表格 T_STUDENT（STUNO,STUNAME, STUSEX），插入一些记录，包含学生信息，如图 2-3 所示。

首先在控制面板中选择“管理工具”，双击“数据源（ODBC）图标”，如图 2-4 所示。

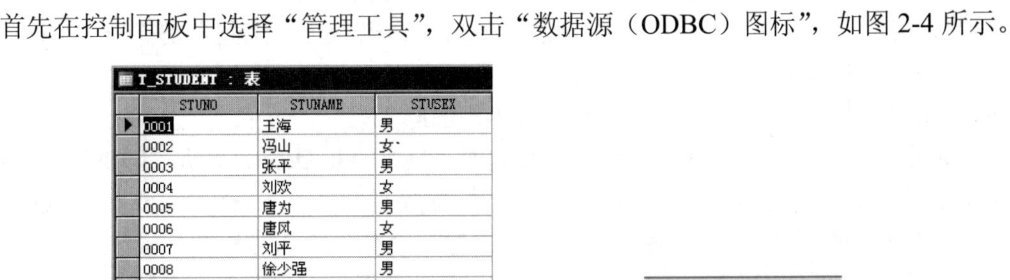

T_STUDENT : 表

STUNO	STUNAME	STUSEX
0001	王海	男
0002	冯山	女
0003	张平	男
0004	刘欢	女
0005	唐为	男
0006	唐风	女
0007	刘平	男
0008	徐少强	男
0009	陈发	女
0010	江海	女

图 2-3　数据表中的数据　　图 2-4　“数据源（ODBC）”图标

在“ODBC 数据源管理器”的“系统 DSN”选项卡中单击“添加”按钮，如图 2-5 所示。

从弹出的“创建新数据源”对话框的数据源名称列表中选择 Microsoft Acces Driver（*.mdb）并单击“完成”按钮，如图 2-6 所示。

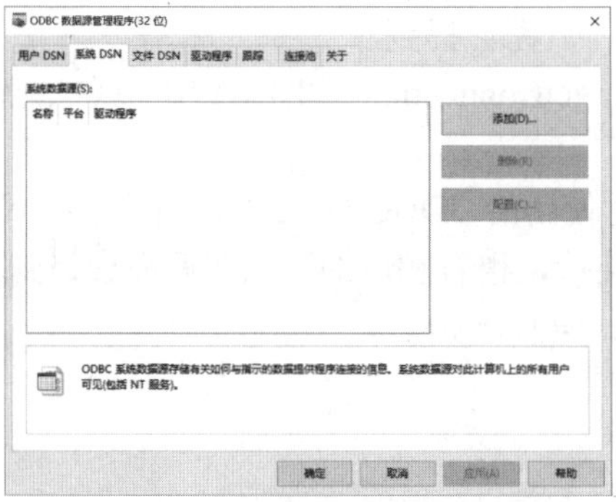

图 2-5 “ODBC 数据源管理器”对话框

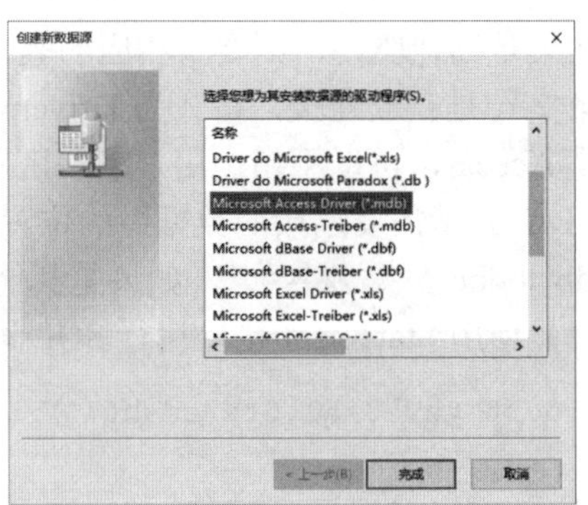

图 2-6 “创建新数据源”对话框

注意，也可以选择其他种类的数据库。这里仅以 Access 举例。

在弹出的 ODBC Microsoft Access 安装对话框的“数据源名”文本框中输入自定义的数据源名称，然后单击“选择”按钮，选择 Access 数据库所在的目录，得到的结果如图 2-7 所示。

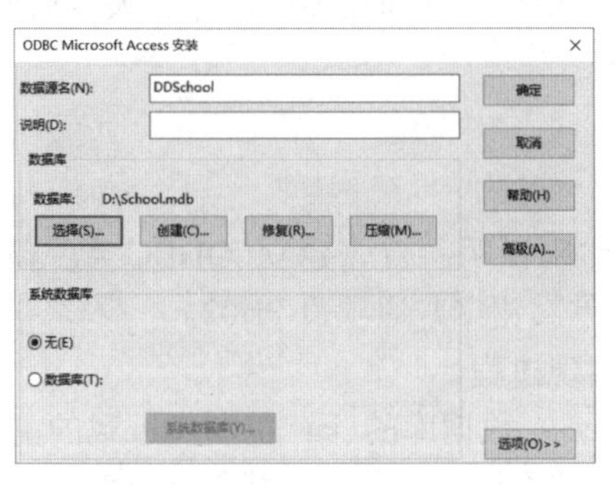

图 2-7　建立数据源

这样，就建立了一个连接到 D:\School.mdb 的数据源，名为 DSSchool。

2.3　JDBC 操作

JDBC 操作根据 JDK 版本的差异，主要可以分为两大类，JDK1.7 以前版本的可以采用 JDBC-ODBC 桥的方式，JDK1.8 版本已经取消了这种方式，在 JDK1.8 中的 rt.jar 下没有发现驱动，可以采用新的方式解决。下面分别对这两种情况进行实现。

1．JDK1.7 以前版本的实现过程

以前面章节中的 ODBC 连接为例，JDBC 的操作分为以下 4 个步骤。

（1）通过 JDBC 连接到 ODBC，并获取连接对象，代码片段如下。

```
import java.sql.Connection;
import java.sql.DriverManager;
⋮
Class.forName("sun.jdbc.odbc.JdbcOdbcDriver");
Connection conn = DriverManager.getConnection("jdbc:odbc:DSSchool");
```

第 1 句是指定驱动，表示连接到 ODBC，而不是别的驱动。Class.forName（“驱动名”）表示加载数据库的驱动类，“sun.jdbc.odbc.JdbcOdbcDriver”为 JDBC 连接到 ODBC 的驱动

名，如果是其他驱动，则要写相应的驱动类名，后面会提到。

第 2 句是获取连接，格式为 DriverManager.getConnection（"URL","用户名","密码"），如果是 Aceess，可以不指定用户名和密码。

URL 表示需要连接的数据源的位置，此时使用的 JDBC-ODBC 桥的连接方式，URL 为“jdbc:odbc:数据源名称”，如果是其他方式连接，也有相应的写法，后面会提到。

（2）使用 Statement 接口运行 SQL 语句，代码片段如下。

```
import java.sql.Statement;
⋮
Statement stat = conn.createStatement();
stat.executeQuery(SQL 语句);//查询
//或者
stat.executeUpdate(SQL 语句);//添加、删除或修改
```

代码中，首先用连接 conn 创建一个 Statement 的实例，然后使用该实例运行 SQL 语句。

（3）处理 SQL 语句运行结果，这和具体的操作有关，后面详述。

（4）关闭数据库连接：

```
stat.close();
conn.close();
```

下面用各种具体的操作来说明。首先建立 ODBC 数据源，在 MyEclipse 中，通过 File→New→Java Project 菜单，建立普通项目 Prj02。

2．JDK1.8 版本后的实现过程

需要下载用于连接 Access 数据库的 jar 包，供下载的主要有 Access_JDBC30.jar 和 Access_JDBC40.jar，在所在的工程中导入所下载的 jar 包。

通过这种方式连接 Access 数据库，并获取连接对象，代码片段如下：

```
Class.forName("com.hxtt.sql.access.AccessDriver");
Connection conn = DriverManager.getConnection("jdbc:Access:///路径+数据库
名.mdb");
```

两种实现的方式的差别就在上述代码，也就是获取连接对象过程的差别，后续的代码两种方式采用的代码都是相同的。

2.3.1 添加数据

下面以添加为例，介绍一个完整的案例。本节开发一个应用，运行该程序，就可以在数据库的 T_STUDENT 中添加一条学号为 0032，姓名为“冯江”，性别为“男”的记录。代码如下。

Insert1.java

```
import java.sql.Connection;
import java.sql.DriverManager;
import java.sql.Statement;

public class Insert1 {
    public static void main(String[] args) throws Exception {
        Class.forName("sun.jdbc.odbc.JdbcOdbcDriver");
```

```
        Connection conn = DriverManager.getConnection("jdbc:odbc:DSSchool");
        Statement stat = conn.createStatement();
        String sql =
"INSERT INTO T_STUDENT(STUNO,STUNAME,STUSEX) VALUES('0032','冯江','男')";
        int i = stat.executeUpdate(sql);
        System.out.println("成功添加" + i + "行");
        stat.close();
        conn.close();
    }
}
```

运行，控制台上如图 2-8 所示。

图 2-8　Insert1.java 显示效果

数据库中，T_STUDENT 表中增加了如图 2-9 所示的记录。

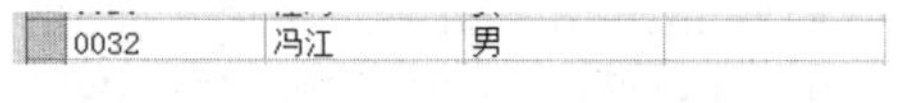

图 2-9　Insert1.java 添加的记录

说明已经成功添加。

在这里，重点介绍下面一句代码。

```
int i = stat.executeUpdate(sql);
```

它返回一个整型，意思为这条 sql 语句执行受影响的行数，即成功添加的条数。

2.3.2　删除数据

本节开发一个程序，运行该程序，就可以在数据库的 T_STUDENT 中删除学号为 0032 的记录。代码如下。

Delete1.java

```
import java.sql.Connection;
import java.sql.DriverManager;
import java.sql.Statement;

public class Delete1 {
    public static void main(String[] args) throws Exception {
        Class.forName("sun.jdbc.odbc.JdbcOdbcDriver");
        Connection conn = DriverManager.getConnection("jdbc:odbc:DSSchool");
        Statement stat = conn.createStatement();
        String sql = "DELETE FROM T_STUDENT WHERE STUNO='0032'";
        int i = stat.executeUpdate(sql);
        System.out.println("成功删除" + i + "行");
        stat.close();
        conn.close();
    }
}
```

运行，控制台上如图 2-10 所示。

成功删除1行

图 2-10　Delete1.java 显示效果

数据库中，T_STUDENT 表中的学号为 0032 的记录就删除了。

2.3.3　修改数据

本节开发一个程序，运行该程序，将学号为 0007 的学生的性别改为“女”。代码如下。

update1.java

```
import java.sql.Connection;
import java.sql.DriverManager;
import java.sql.Statement;

public class Update1 {
    public static void main(String[] args) throws Exception {
        Class.forName("sun.jdbc.odbc.JdbcOdbcDriver");
        Connection conn = DriverManager.getConnection("jdbc:odbc:DSSchool");
        Statement stat = conn.createStatement();
        String sql =
        "UPDATE T_STUDENT SET STUSEX='女' WHERE STUNO='0007'";
        int i = stat.executeUpdate(sql);
        System.out.println("成功修改" + i + "行");
        stat.close();
        conn.close();
    }
}
```

运行，控制台上如图 2-11 所示。

数据库中，T_STUDENT 表中的学号为 0007 的记录如图 2-12 所示。

成功修改1行

图 2-11　update1.java 显示效果

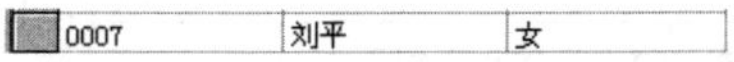

0007	刘平	女

图 2-12　update1.java 修改的记录

说明已经进行了修改。

2.3.4　查询数据

查询比增删改要复杂一些，因为涉及结果的处理。

下例显示系统中所有女生的学号和姓名。

Select1.java

```
import java.sql.Connection;
import java.sql.DriverManager;
import java.sql.ResultSet;
import java.sql.Statement;
```

```
public class Select1 {
    public static void main(String[] args) throws Exception{
        Class.forName("sun.jdbc.odbc.JdbcOdbcDriver");
        Connection conn = DriverManager.getConnection("jdbc:odbc:DSSchool");
        Statement stat = conn.createStatement();
        String sql =
        "SELECT STUNO,STUNAME FROM T_STUDENT WHERE STUSEX='女'";
        ResultSet rs = stat.executeQuery(sql);
        while(rs.next()){
            String stuno = rs.getString("STUNO");
            String stuname = rs.getString("STUNAME");
            System.out.println(stuno + "  " + stuname);
        }
        stat.close();
        conn.close();
    }
}
```

运行效果如图 2-13 所示。

```
0002  冯山
0004  刘欢
0006  唐风
0009  陈发
0010  江海
```

图 2-13　Select1.java 显示结果

这段代码前面部分和增删改相同，具有区别的部分是运行了 Statement 的 executeQuery 函数，返回了一个 ResultSet 对象 rs。

```
ResultSet rs = stat.executeQuery(sql);
```

可以认为，结果已经放在 rs 中了，接下来的问题是从 rs 中取出查询出来的结果。

查询到的结果放入 ResultSet 中，实际上是一个小表格。在取数据之前，首先要介绍游标的概念（注意，此处游标的概念不是数据库中的游标）。

游标是在 ResultSet 中一个可以移动的指针，它指向一行数据。初始时指向第一行的前一行，实际上不指向任何数据。rs.next()可以将游标移到下一行，它的返回值是一个布尔类型，即如果下一行有数据则返回为 true，否则为 flase。很明显，可以使用 rs.next()配上 while 循环来对结果进行遍历。

当游标指向某一行，可以通过 ResultSet 的 getXXX（"列名"）方法得到这一行的某个数据，XXX 是该列的数据类型，可以是 String，也可以是 int 等，但是所有类型的数据都可以用 getString()方法获得。除了通过列名获得数据外，还可以通过列的编号来获得。例如，getString(1)表示获取第 1 列，getString(2)表示获取第 2 列。

```
while(rs.next()){
    String stuno = rs.getString("STUNO");
    String stuname = rs.getString("STUNAME");
    out.println(stuno + "  " + stuname);
}
```

表示将 rs 中的值全部取出，并显示。下面一段代码的效果与上面的代码是一样的。

```
while(rs.next()){
    String stuno = rs.getString(1);
```

```
        String stuname = rs.getString(2);
        out.println(stuno + "  " + stuname);
    }
```

特别提醒

游标的初始值并不是指向第 1 行数据，而是指向第 1 行的前面那条数据，所以必须要运行一次 next()函数之后，才能从开始取数据，如果强行取则会找不到该列而报错。

从某一行中通过 getXXX()方法取数据每一列只能取一次，超过一次，程序将会报错，如果需要重复使用某列数据，可以先定义一个变量，将取出的数据赋予它，再重复使用。

2.4 使用 PreparedStatement 和 CallableStatement

以添加数据为例，在很多情况下，具体需要添加的值，是由客户自己输入的，因此，应该是一个个变量。该情况下，SQL 语句的写法就比较麻烦。例如用输入框输入要添加的学号、姓名和性别的代码如下。

InsertStudent1.java

```
import java.sql.Connection;
import java.sql.DriverManager;
import java.sql.Statement;

public class InsertStudent1 {
    public static void main(String[] args) throws Exception{
        String stuno =
            javax.swing.JOptionPane.showInputDialog(null, "输入学号");
        String stuname =
            javax.swing.JOptionPane.showInputDialog(null, "输入姓名");
        String stusex =
            javax.swing.JOptionPane.showInputDialog(null, "输入性别");
        Class.forName("sun.jdbc.odbc.JdbcOdbcDriver");
        Connection conn = DriverManager.getConnection("jdbc:odbc:DSSchool");
        Statement stat = conn.createStatement();
        String sql =
        "INSERT INTO T_STUDENT(STUNO,STUNAME,STUSEX) VALUES('" +
                       stuno+"','"+stuname + "','"+stusex+"')";
        int i = stat.executeUpdate(sql);
        System.out.println("成功添加" + i + "行");
        stat.close();
        conn.close();
    }
}
```

输入运行效果如图 2-14 所示。

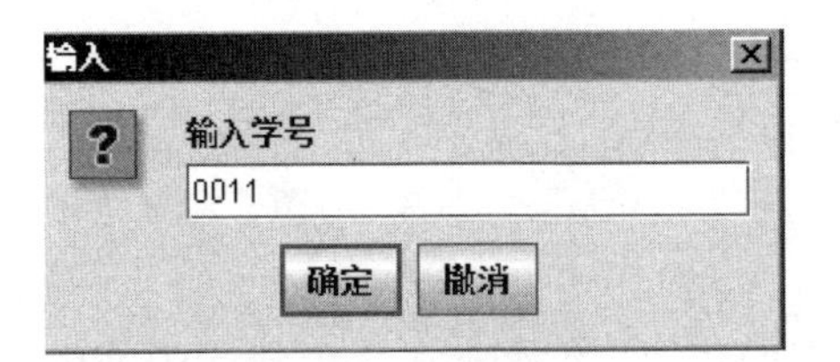

图 2-14　输入框效果

接下来还要输入姓名和性别，在此省略。最终，能够将数据保存到数据库。不过，在里面出现了一句复杂的代码。

```
⋮
String sql =
"INSERT INTO T_STUDENT(STUNO,STUNAME,STUSEX) VALUES('" +
                stuno+"','"+stuname + "','"+stusex+"')";
⋮
```

其中，SQL 语句的组织依赖变量，比较容易出错。

PreparedStatement 解决了这个问题。PreparedStatement 是 Statement 的子接口，功能与 Statement 类似，可以将 InsertStudent1.java 改为如下代码。

InsertStudent2.java

```
import java.sql.Connection;
import java.sql.DriverManager;
import java.sql.PreparedStatement;
import java.sql.Statement;

public class InsertStudent2 {
    public static void main(String[] args) throws Exception {
        String stuno =
            javax.swing.JOptionPane.showInputDialog(null, "输入学号");
        String stuname =
            javax.swing.JOptionPane.showInputDialog(null, "输入姓名");
        String stusex =
            javax.swing.JOptionPane.showInputDialog(null, "输入性别");
        Class.forName("sun.jdbc.odbc.JdbcOdbcDriver");
        Connection conn = DriverManager.getConnection("jdbc:odbc:DSSchool");
        Statement stat = conn.createStatement();
        String sql =
        "INSERT INTO T_STUDENT(STUNO,STUNAME,STUSEX) VALUES(?,?,?)";
        PreparedStatement ps = conn.prepareStatement(sql);
        ps.setString(1, stuno);
        ps.setString(2, stuname);
        ps.setString(3, stusex);
        int i = ps.executeUpdate();
        System.out.println("成功添加" + i + "行");
```

```
            ps.close();
            conn.close();
        }
    }
```

这段代码的效果和前面的相同，但是它在 sql 语句中使用了“?”代替了需要插入的参数。

```
String sql =
"INSERT INTO T_STUDENT(STUNO,STUNAME,STUSEX) VALUES(?,?,?)";
```

用 PreperedStatement 的 setString（n,参数）方法可以将第 n 个“?”用传进的参数代替。这样做增加了程序的可维护性，也增加了程序的安全性，有兴趣的读者可以参阅一些 SQL 安全相关的资料。

除了 PreparedStatement 外，在 JDBC 中，还提供了 CallableStatement 来调用存储过程。CallableStatement 是 PreparedStatement 的子接口，功能与 PreparedStatement 类似。

可以通过调用 Connection 对象的 prepareCall()方法创建 CallableStatement 对象，使用 CallableStatement 对象可以同时处理 IN 参数和 OUT 参数。

以下是一个 SQL Server 中的存储过程片断，根据学生的学号，查询其姓名，存储过程创建代码如下所示。

```
CREATE PROCEDURE prc_getStuname(
@stuno VARCHAR(16),
@stuname VARCHAR(16) OUTPUT
)
AS
BEGIN
SELECT @stuname=STUNAME FROM T_STUDENT WHERE STUNO=@stuno
END
```

如何调用这个存储过程，将 IN 参数传给该存储过程，获取输出参数呢？

CallableStatement 对象是通过 setXXX()方法传入 IN 参数的，如果已定义的存储过程返回 OUT 参数，则在执行 CallableStatement 对象以前必须先注册每个 OUT 参数的 JDBC 类型。注册 JDBC 类型通过 registerOutParameter()方法来实现。语句执行完后，CallableStatement 的 getXXX()方法将取回参数值，其中，XXX 表示各参数所注册的 JDBC 类型所对应的 Java 类型。代码如下。

CallPrc.java

```
import java.sql.CallableStatement;
import java.sql.Connection;
import java.sql.DriverManager;

public class CallPrc {
    public static void main(String[] args) throws Exception{
        Class.forName("sun.jdbc.odbc.JdbcOdbcDriver");
```

```
        Connection conn = DriverManager.getConnection("jdbc:odbc:DSSchool");
        CallableStatement cs=conn.prepareCall("{call prc_getStuname(?, ?)}");
        //设置 IN 参数
        cs.setString(1,"0001");
        //注册 OUT 参数
        cs.registerOutParameter(2, java.sql.Types.CHAR);
        //执行存储过程
        cs.executeQuery();
        //获取参数值
        String result=cs.getString(2);
        cs.close();
        conn.close();
    }
}
```

2.5 事　　务

在银行转账时，要对数据库进行两个操作，即将一个账户的钱减少，将另一个账户的钱增多。但是由于操作的先后顺序，如果在两个操作之间发生故障，则会导致数据不一致。因此，需要设计一个事务，在两条语句都被执行成功后，数据修改才被真正提交（Commit）放入数据库，否则数据操作回滚（Rollback）。

在默认情况下，executeUpdate 函数会在数据库中提交改变的结果，此时，可以用 Connection 来定义该函数是否自动提交改变结果，并进行事务的提交或者回滚。请看下列代码。

Transaction.java

```
import java.sql.Connection;
import java.sql.DriverManager;
import java.sql.Statement;

public class Transaction {
    public static void main(String[] args) throws Exception {
        Connection conn = null;
        try {
            Class.forName("sun.jdbc.odbc.JdbcOdbcDriver");
            conn = DriverManager.getConnection("jdbc:odbc:DSSchool");
            Statement stat = conn.createStatement();
            conn.setAutoCommit(false);// 设置为不要自动提交
            String sql1 = "UPDATE1";
            String sql2 = "UPDATE2";
            stat.executeUpdate(sql1);
            stat.executeUpdate(sql2);
            conn.commit(); // 提交以上操作
        } catch (Exception ex) {
```

```
                conn.rollback(); // 回滚
            } finally {
                conn.close();
            }
        }
    }
```

从以上代码可以看出，Connection 中可以设置 executeUpdate 不要自动提交，代码如下。

```
conn.setAutoCommit(false);
```

以下代码的意思是在两条 sql 语句运行后，提交这个操作。

```
stat.executeUpdate(sql1);
stat.executeUpdate(sql2);
conn.commit();
```

发生异常后，执行后的修改将会回退。

```
conn.rollback();
```

这样就保证了两条语句要么全部执行，要么全部不执行。

2.6 使用厂商驱动进行数据库连接

在前文中，一直是使用 JDBC-ODBC 桥来进行数据库的操作，但是，除了 Windows 操作系统，还有很多其他的操作系统，当使用其他系统下的数据库时，就不能通过 ODBC 了，这时可以使用由数据库厂商提供的 JDBC 驱动。不过，这类驱动程序的弹性较差，由于是数据库厂商自己提供的专属驱动程序，往往只适用于自己的数据库系统，甚至只适合某个版本的数据库系统。如果后台数据库换了一个或者版本升级了，则就有可能需要更换数据库驱动程序。不过，它的好处是跨平台。

使用厂商驱动，有以下两个步骤。

（1）到相应的数据库厂商网站上下载厂商驱动，或者从数据库安装目录下找到相应的厂商驱动包，复制到项目的 classpath 下。

以 Oracle 12c 为例，可以将 Oracle 安装目录\jdbc\lib\classes12.jar 复制到项目的 classpath 目录下。以 SQL Server 为例，在官方网站上下载到 SQL Server 的 JDBC 驱动之后，将安装目录\lib 下的 mssqlserver.jar、msbase.jar、msutil.jar 复制到项目的 classpath 目录下。

（2）在 JDBC 代码中，设定特定的驱动程序名称和 url。

不同的驱动程序和不同的数据库，应该采用不同驱动程序名称和 url。

常见数据库的驱动程序名称和 url 如下。

① MS SQL Server：驱动程序为 com.microsoft.jdbc.sqlserver.SQLServerDriver，url 为 jdbc:microsoft:sqlserver://[IP]:1433;DatabaseName=[DBName]。比如连接到本机上的 SQL Server 数据库，名称为 SCHOOL，用户名为 sa，密码为 sa，代码如下。

```
Class.forName("com.microsoft.jdbc.sqlserver.SQLServerDriver");
Connection conn = DriverManager.getConnection(
"jdbc:microsoft:sqlserver://localhost:1433;DatabaseName=SCHOOL","sa","sa");
```

② Oracle：驱动程序为 oracle.jdbc.driver.OracleDriver，url 为 jdbc:oracle:thin: @[ip]:1521:[sid]。比如连接到本机上的 Oracle 数据库，SID 为 SCHOOL，用户名为 scott，密码为 tiger，代码如下。

```
Class.forName("oracle.jdbc.driver.OracleDriver ");
Connection conn = DriverManager.getConnection(
" jdbc:oracle:thin:@localhost:1521:SCHOOL","scott","tiger");
```

③ MySQL：驱动程序为 com.mysql.jdbc.Driver，url 为 jdbc:mysql://localhost: 3306/[DBName]。比如连接到本机上的 MySQL 数据库，数据库名称为 SCHOOL，用户名为 root，密码为 manager，代码如下。

```
Class.forName("com.mysql.jdbc.Driver ");
Connection conn = DriverManager.getConnection(
"jdbc:mysql://localhost:3306/SCHOOL","root","ma
nager");
```

其他数据库，可以参考相应文档。

但要注意，程序能够正常工作的前提是：必须将相应的包复制到项目的 classpath 下去。在 MyEclipse 中，可以在项目中导入该包，也能达到效果，具体方法如下。

首先在项目（如 Prj02）下，右击项目目录，选择 Properties 菜单，如图 2-15 所示。

图 2-15　选择项目属性

在 Java Build Path 下，单击右边的 Add External JARs...按钮，如图 2-16 所示。

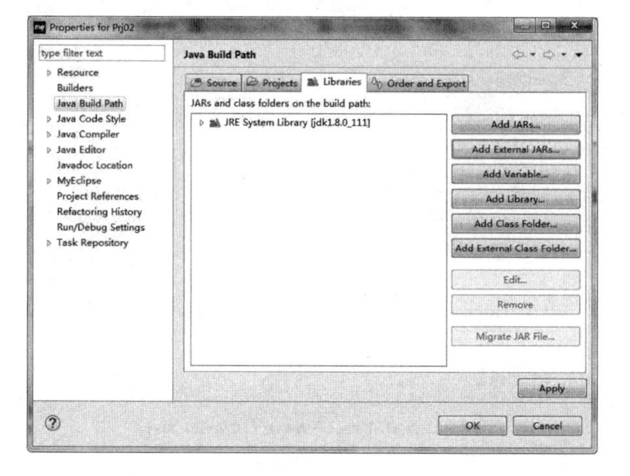

图 2-16　导入包

在弹出来的界面中，选择相应的 jar 文件即可。

2.7 使用连接池访问数据库

在实际应用开发中，使用 JDBC 直接访问数据库中的数据，每一次数据访问请求，都必须经历建立数据库连接、打开数据库、存取数据和关闭数据库连接等步骤，而连接数据库是一件既消耗资源又费时的工作，如果频繁发生，系统的性能必然会急剧下降。数据库连接池技术是解决这个问题最常用的方法。

连接池是创建和管理数据库连接的缓冲池技术，由于不处理事务时，数据库连接会闲置，因此，将其很好地管理起来，让闲置的连接被其他需要的线程使用，可以提高系统性能。其工作原理是：当一个线程需要用 JDBC 对数据库操作时，它从池中请求一个连接。当这个线程使用完了这个连接，将其返回到连接池中，这样就可以被其他想使用该连接的线程使用。

数据库连接池的主要操作如下。

（1）服务器建立数据库连接池对象。

（2）按照事先指定的参数创建初始数量的数据库连接，放入池中。

（3）对于一个数据库访问请求，直接从连接池中得到一个连接。如果数据库连接池对象中没有空闲的连接，且连接数没有达到最大，则创建一个新的数据库连接。

（4）存取数据。

（5）关闭数据库，释放所有数据库连接，放入池中。

连接池可以极大改善用户的 Java 应用程序的性能，同时减少全部资源的使用。

很明显，连接池的运行，依赖于服务器。本节首先介绍在 WebLogic 平台下配置连接池。该连接池连接到本机上的 Oracle 数据库 SCHOOL，用户名为 scott，密码为 tiger。在该数据库中，也建立了 T_STUDENT 表格，包含 STUNO、STUNAME、STUSEX 列。

启动 WebLogic，打开控制台，用账号和密码登录。首先单击界面左上角的 Lock & Edit 按钮，对系统配置进行改变，如图 2-17 所示。

在界面左下角选择 Services→JDBC→Data Sources，如图 2-18 所示。

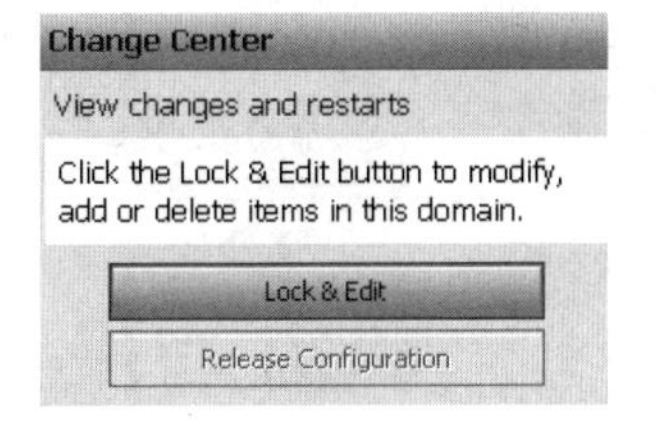

图 2-17　单击 Lock & Edit 按钮

Services
Messaging
JDBC
Data Sources

图 2-18　选择 Data Sources

单击，在界面右方如图 2-19 所示。

Data Sources(Filtered - More Columns Exist)
New　Delete
Name

图 2-19　界面右方效果

单击 New 按钮，出现如图 2-20 所示的界面。

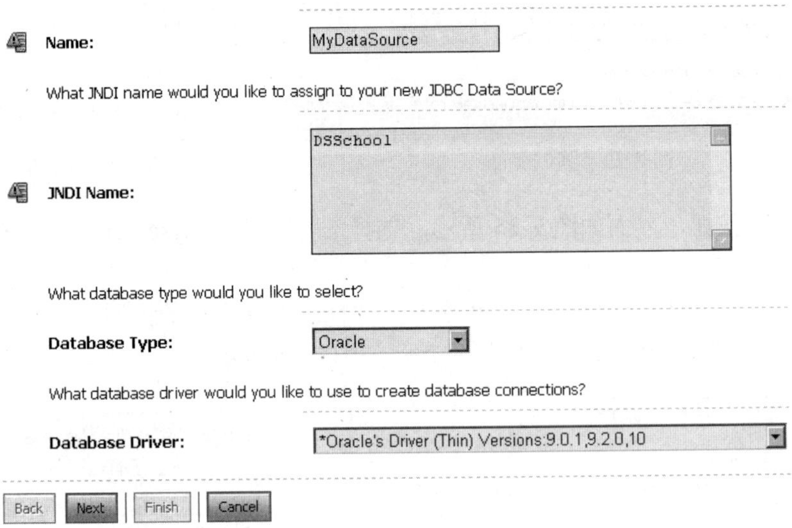

Name: MyDataSource

What JNDI name would you like to assign to your new JDBC Data Source?

JNDI Name: DSSchool

What database type would you like to select?

Database Type: Oracle

What database driver would you like to use to create database connections?

Database Driver: *Oracle's Driver (Thin) Versions:9.0.1,9.2.0,10

Back　Next　Finish　Cancel

图 2-20　填入数据源基本信息

在该界面中填入数据源基本信息，注意，Name 可以随便填写，只是定义了该数据源在服务器内部的名称，但是 JNDI Name 定义了外界访问该数据源 JNDI 的名称，十分重要。此处命名为 DSSchool。数据库和数据库驱动，都是 WebLogic 内置的。单击 Next 按钮，出现如图 2-21 所示的界面。

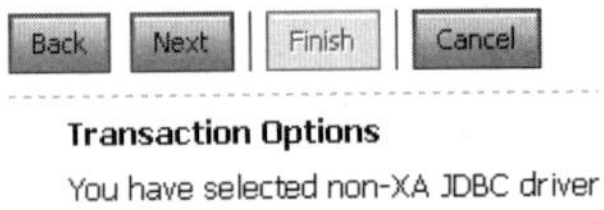

Back　Next　Finish　Cancel

Transaction Options

You have selected non-XA JDBC driver

图 2-21　事务界面

该界面中的事务属性选择默认，直接单击 Next 按钮，出现如图 2-22 所示的界面。

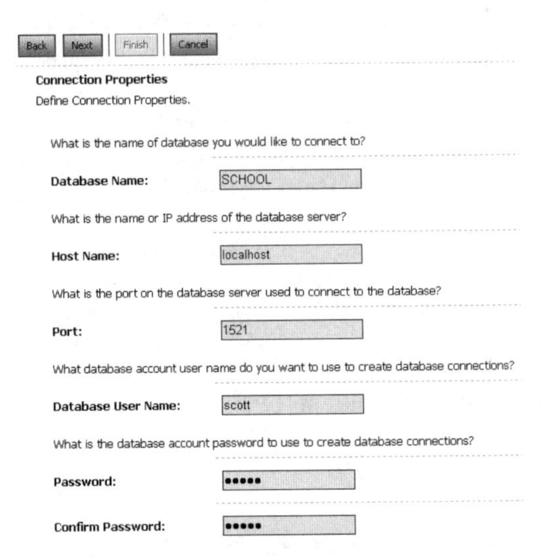

图 2-22　数据库信息

在该界面中填入数据库的信息，数据库名称为 SCHOOL，在本机上，用户名为 scott，密码为 tiger，当然也可以使用其他数据库。单击 Next 按钮，出现如图 2-23 所示的界面。

可以单击 Test Configuration 按钮进行测试，如果正常，效果如图 2-24 所示。

Test Configuration | Back | Next | Finish | Cancel

Test Database Connection

Test the database availability and the connection properties you provided.

图 2-23　测试界面

Messages

Connection test succeeded.

图 2-24　测试效果

单击 Next 按钮，界面如图 2-25 所示，选择部署的目标 myserver，单击 Finish 按钮，完成。

完成之后，系统中就建立了 JNDI 名称为“DSSchool”的数据源。此后，单击界面左上角的 Activate Changes 按钮，让配置生效，如图 2-26 所示。

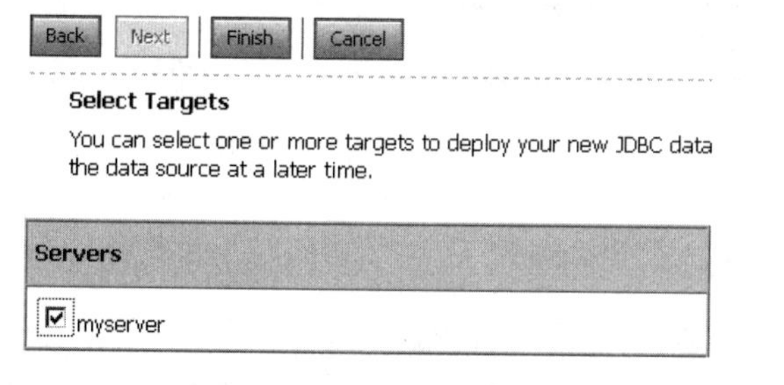

图 2-25　选择部署目标

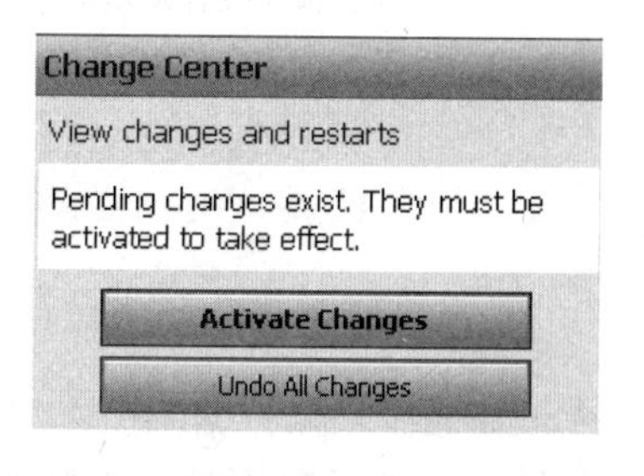

图 2-26　单击 Activate Changes 按钮

接下来是用代码来访问数据库，注意，这是一个普通 Java 项目，由于需要连接到 WebLogic，需要用到 WebLogic 支持包中的一些 API。因此，首先要在项目中导入 WebLogic 支持包（也就是 WebLogic 安装目录\server\lib\weblogic.jar）。按照前面所讲的方法，右击项目目录，选择 Properties 菜单，在 Java Build Path 下，单击右边的 Add External JARs...按钮，在弹出来的界面中选择 weblogic.jar 的路径，确定之后，界面如图 2-27 所示。

JARs and class folders on the build path:

weblogic.jar - D:\Oracle\Middleware\Oracle_Hom

JRE System Library [jdk1.8.0_111]

图 2-27　导入 weblogic.jar

最后关闭，就可以编写程序了。现在在 Prj02 中用一个简单的程序来访问连接池。

访问连接池的过程如下。

第 1 步，确定连接目的地 WebLogic 的位置。

```
Hashtable table = new Hashtable();
//放置连接的基本信息
table.put(Context.INITIAL_CONTEXT_FACTORY,"weblogic.jndi.WLInitialConte
xtFactory");
table.put(Context.PROVIDER_URL,"t3://localhost:7001");
```

第 2 步，确定连接目的地的 WebLogic 数据源的 JNDI 名称。

```
//查找服务器中 JNDI 名为 DSSchool 的数据源
Context context = new InitialContext(table);
Object obj = context.lookup("DSSchool");
DataSource ds = (DataSource)PortableRemoteObject.narrow(obj,DataSource.class);
```

第 3 步，根据 DataSource 对象获取连接，并访问数据库，后面的步骤和本章前面讲解的相同。

```
Connection conn = ds.getConnection();
Statement stat = conn.createStatement();
⋮
```

不过，客户端程序中使用的 JDK，最好和 WebLogic 自带的 JDK 相同。

该程序代码如下。

TestPool.java

```
import java.sql.Connection;
import java.sql.ResultSet;
import java.sql.Statement;
import java.util.Hashtable;
import javax.naming.Context;
import javax.naming.InitialContext;
import javax.rmi.PortableRemoteObject;
import javax.sql.DataSource;
public class TestPool{
    public static void main(String args[]) throws Exception{
        //连接到 WebLogic，查找 DSSchool 获得数据库连接
        //系统的 JDK 最好是 WebLogic 提供的，并且要将 WebLogic 支持包放入 classpath
        Hashtable table = new Hashtable();
        //放置连接的基本信息
        table.put(Context.INITIAL_CONTEXT_FACTORY,
        "weblogic.jndi.WLInitialContextFactory");
        table.put(Context.PROVIDER_URL,"t3://localhost:7001");
        //查询服务器中的 DSSchool
        Context context = new InitialContext(table);
        Object obj = context.lookup("DSSchool");
        DataSource ds = (DataSource)PortableRemoteObject.narrow(obj,
        DataSource.class);Connection conn = ds.getConnection();
        Statement stat = conn.createStatement();
        ResultSet rs = stat.executeQuery("SELECT STUNAME FROM T_STUDENT");
        while(rs.next()){
            System.out.println(rs.getString("STUNAME"));
        }
        rs.close();
        stat.close();
        conn.close();
```

```
        }
    }
```

如果在名为 SCHOOL 的 Oracle 数据库中建立了 T_STUDENT(STUNO,STUNAME, STUSEX)，运行本代码，可以显示表中的所有学生姓名。

小　　结

本章基于 JDBC 技术，首先讲解了 ODBC 数据源的配置，然后讲解了对数据库的增删改查，并阐述了 PreparedStatement 和事务处理，接下来对使用厂商驱动的方法进行了说明，最后对 WebLogic 下的连接池的配置和编程进行了讲解。

上 机 习 题

在数据库中建立表格 T_BOOK（BOOKID,BOOKNAME,BOOKPRICE），插入一些记录。

1. 使用 ODBC 连接数据库，查询图书数据并显示在控制台上。
2. 将第 1 题改为由数据库厂商驱动来实现。
3. 编写一个控制台程序，输入图书名称的模糊资料，查询，能够显示符合条件的图书的相关信息。
4. 将第 2 题改为由连接池技术来实现。

第 3 部分

Web 开发

第3章

JSP 基础编程

建议学时：4

Web 开发是 B/S 模式下进行的一种开发形式，也是 Java EE 开发中的一个重要组成部分。本章首先学习 B/S 结构的主要特点，然后建立简单的 Web 项目，并了解 Web 项目的结构。

JSP 运行于服务器端，能够向客户端展现内容可以变化的网页文档，以及处理用户提交的表单数据。本章将要学习编写 JSP 页面、使用注释，然后学习编写表达式、程序段和声明的方法。

JSP 指令和动作是 JSP 编程中的两个重要的概念。本章将学习常见的指令，包括 page、include，以及常见的动作，包括 include、forward。

表单是用户和服务器之间进行信息交互的重要手段，有了表单，JSP 程序才可以更加丰富多彩。本章将学习 JSP 编程中的表单开发，首先对表单的基本结构和基本属性进行学习，然后学习各种表单元素与服务器的交互，最后对隐藏表单的作用进行讲解。

3.1 B/S 结构

在网络应用程序中，有两种基本的结构：C/S（客户机/服务器）和 B/S（浏览器/服务器）。C/S 程序，以通常使用的 QQ 为例，该系统的部署结构如图 3-1 所示。

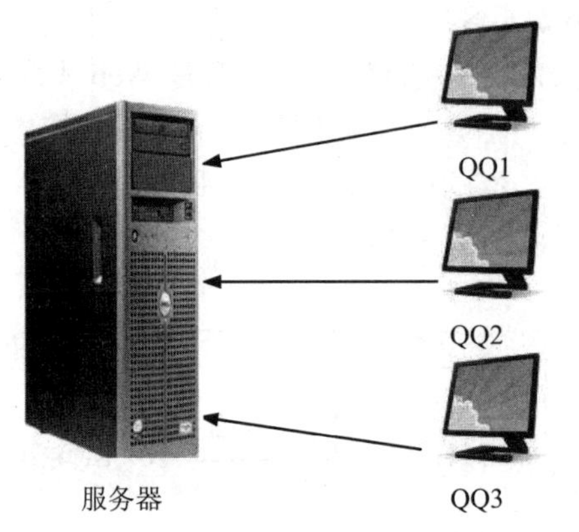

图 3-1 QQ 的部署结构

从图 3-1 可以看出，C/S 分为客户机和服务器两层，把应用软件安装在客户机端，通过网络与服务器端相互通信。如果客户端改动了（如界面丰富，功能增加），就必须通知所有的客户端重新安装，维护稍有不便。

而 B/S 结构却可以不用通知客户端安装某个软件，内容修改了，也不需要通知客户端升级。B/S 也分为客户机和服务器两层，但是客户机上不用安装软件，只需要使用浏览器即可。例如，在 Google 的查询界面，输入“http://www.google.com”，通过 IE 进行查询，就是 B/S 结构的一种应用形式。这样，每当修改了应用系统，只需要维护 Web 服务器，所有客户端再打开浏览器，输入相应的网址（如“http://www.google.com”），就可以访问到最新的应用系统。

当前的应用系统中，B/S 系统占绝对主流地位。不过，浏览器也并不是不需要安装，一般是和操作系统一起安装的。

因此，B/S 结构如图 3-2 所示。

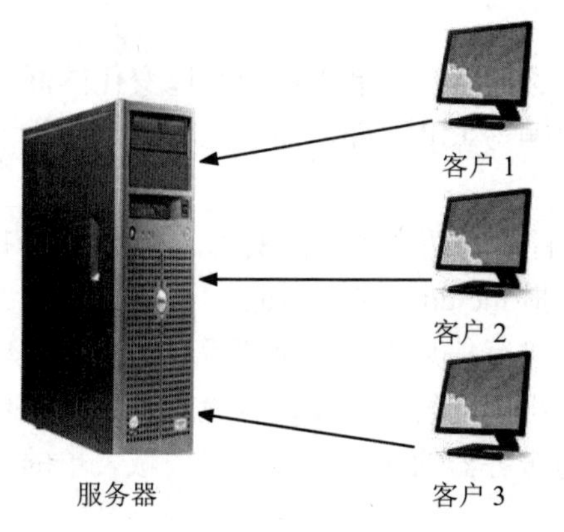

图 3-2 B/S 部署结构

但是，B/S 结构相较于 C/S 结构，也存在一定的劣势，如服务器端负担比较重，客户端界面不够丰富，快速响应不如 C/S 等。

要开发基于 B/S 的应用系统，必须首先知道什么是 Web 程序。

Web 原意是“蜘蛛网”或“网”。在互联网等技术领域，特指网络，在应用程序领域，又是“World Wide Web（万维网）”的简称。在 Web 程序结构中，浏览器端与 Web 服务器端采用请求/响应模式进行交互，如图 3-3 所示。

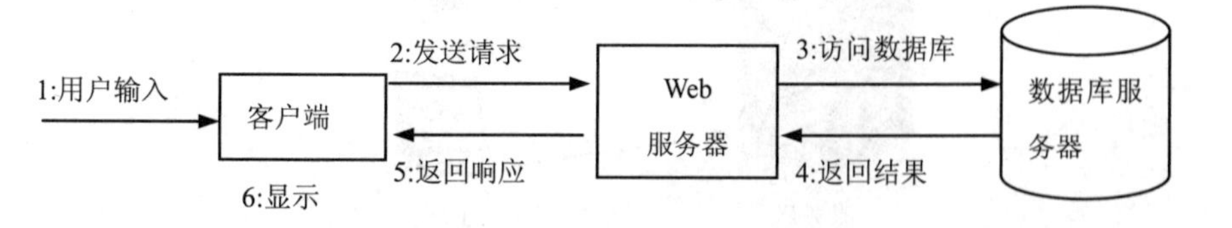

图 3-3 浏览器端与服务器端的交互模式

过程描述如下。

（1）客户端（通常是浏览器，如 IE、Firefox 等）接受用户的输入，如用户名、密码、查询字符串等。

（2）客户端向 Web 服务器发送请求：输入之后，提交，客户端把请求信息（包含表单中的输入以及其他请求等信息）发送到 Web 服务器端，客户端等待服务器端的响应。

（3）数据处理：Web 服务器端使用某种脚本语言访问数据库，查询数据，并获得查询结果。

（4）数据库向 Web 服务器中的程序返回结果。

（5）发送响应：Web 服务器端向客户端发送响应信息（一般是动态生成的 HTML 页面）。

（6）显示：由用户的浏览器解释 HTML 代码，呈现用户界面。

不同的 Web 编程语言都对应着不同的 Web 编程方式，目前常见的应用于 Web 的编程语言主要有 CGI、PHP、ASP、JSP 等。

JSP 是由 Sun 公司提出，其他许多公司一起参与建立的一种动态网页技术标准。JSP 具备 Java 技术面向对象，平台无关性且安全可靠的优点，众多大公司都支持 JSP 技术的服务器，使得 JSP 在商业应用的开发方面成为一种流行的语言。

3.2　建立 Web 项目

参考第 1 章，安装服务器和 IDE 之后，接下来介绍如何开发 Web 网站。首先需要知道的是，在 Web 网站开发时，一般叫做 Web 项目。创建 Web 网站所涉及的几个步骤如下。

（1）创建 Web 项目：建立基本结构。

（2）设计 Web 项目的目录结构：将网站中的各个文件分门别类。

（3）编写 Web 项目的代码：编写网页。

（4）部署 Web 项目：在服务器中运行该项目。

在 MyEclipse 中创建 Web 项目共涉及以下两个步骤。

（1）创建一个 Web 项目，如图 3-4 所示。

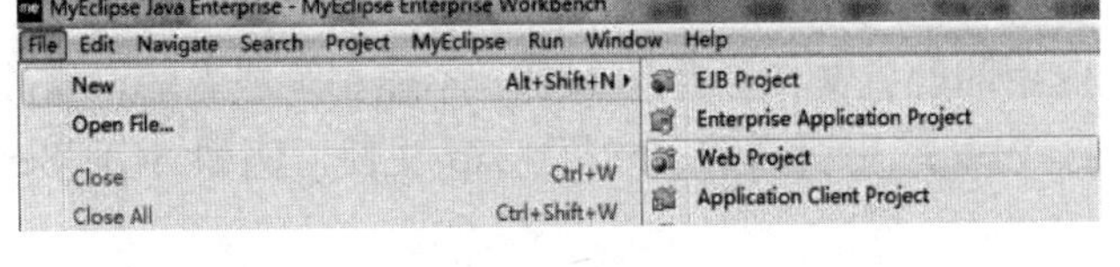

图 3-4　创建 Web 项目

（2）在新弹出的对话框中，给新项目取名，此处取名为 Prj03，在 J2EE Specification Level 中选取 Java EE 7.0，其余选项可以使用默认设置。单击 Finish 按钮，完成创建新项目，如图 3-5 所示。

现在，能够在 MyEclipse 的 Package Explorer 中看到刚才新建的 Web 项目了。

3.2.1　目录结构

Web 项目要求按特定的目录结构组织文件，当在 MyEclipse 中创建完毕新的 Web 项目，就可以在 MyEclipse 的 Package Explorer 中看到该 Web 项目的目录结构，由 MyEclipse 自动生成，如图 3-6 所示。

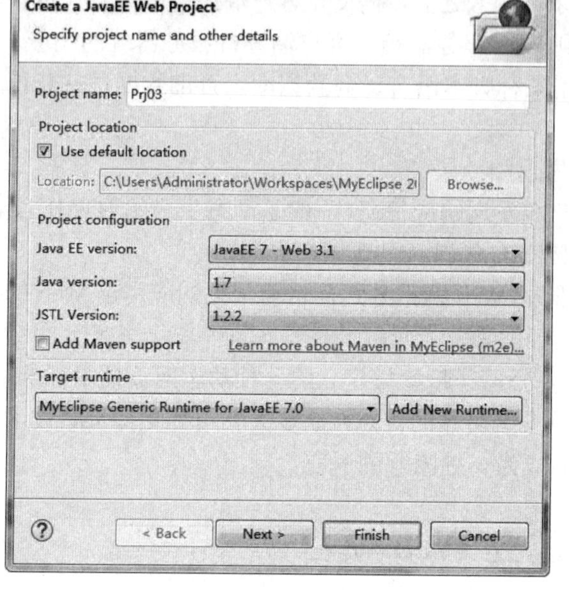

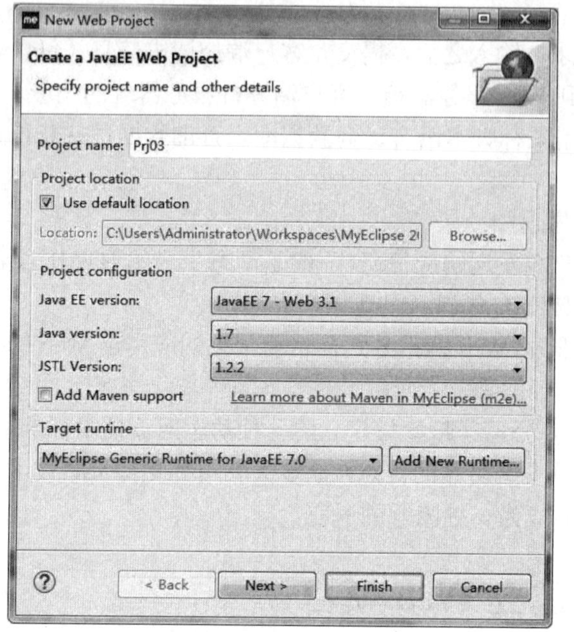

图 3-5　创建 web 项目　　　　图 3-6　目录结构

下面逐个介绍该目录或者文件的用途。

（1）src 目录：用来存放 Java 源文件。

（2）WebRoot 目录：是该 Web 应用的顶层目录，也称为文档根目录，由以下部分组成。

① 两个重要目录（不要随意修改或者删除）。

META-INF 目录：系统自动生成，存放系统描述信息，一般情况下使用较少。

WEB-INF 目录：该目录存在于文档根目录下。但是该目录不能被引用，也就是说，该目录下存放的文件无法对外发布，当然就无法被用户访问到了。WEB-INF 目录由以下几部分组成。

web.xml：Web 应用的配置文件，非常重要，不能删除或者随意修改。

lib 目录：其包含 Web 应用所需的.jar 或者.zip 文件，例如 SQL Server 数据库的驱动程序。

classes 目录：在 MyEclipse 中没有显示出来。里面包含的是 src 目录下的 Java 源文件所编译成的 class 文件。

② 其他目录：主要是网站中的一些用户文件，包括 HTML 网页、CSS 文件、图像文件、JSP 文件等。一般按功能以文件夹形式分类。比如，图像文件，一般可以集中存储在 images 目录中。

了解了文件存放的目录后，接下来，动手实现一个网页，看看效果。在 WebRoot 文件夹中右击，然后单击 New，新建 JSP 页面，操作如图 3-7 所示。

接着可以看到新建 JSP 的窗口，如图 3-8 所示。

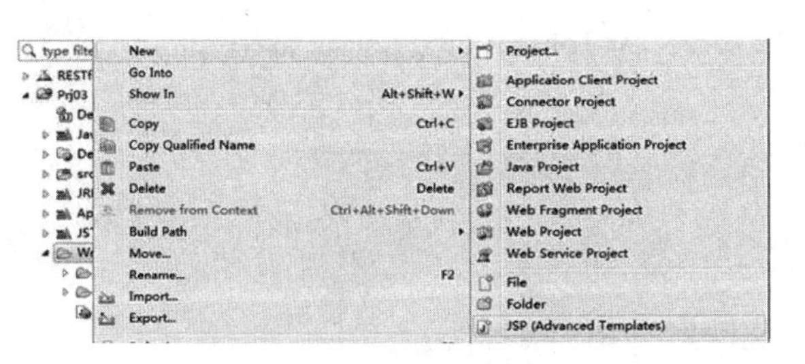

图 3-7　新建 JSP 页面-步骤 1

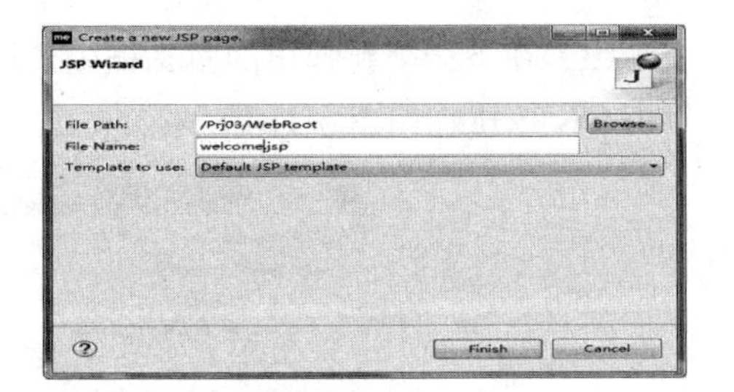

图 3-8　新建 JSP 页面-步骤 2

可以用以下最简单 JSP 页面的代码替换新建好的 JSP 内复杂的代码。

welcome.jsp

```
<%@ page language="java" contentType="text/html; charset=gb2312"%>
<html>
    <body>
        <%
            out.print("欢迎来到本系统!");
        %>
        <br>
    </body>
</html>
```

在上述页面中，out.print("欢迎来到本系统!");是一句 Java 代码，写在<%%>中；<%@ page language="java" contentType="text/html; charset=gb2312"%>是文件的 page 指令，定义了输出的格式是 HTML 格式等。out 是 JSP 的 9 大内部对象之一，后面还会有叙述。

3.2.2　部署

页面编写完成之后，必须要将整个项目放到服务器中去运行，称为部署 Web 项目，具体操作步骤分为以下几步。

（1）单击 MyEclipse 工具栏上的部署图标，如图 3-9 所示。

图 3-9　部署图标

（2）在新弹出的对话框中选择欲部署的项目（此处选择 Prj03），接着单击 Add 按钮，如图 3-10 所示，图中 Remove 代表解除部署（从服务器中删除），Redeploy 代表更新部署。

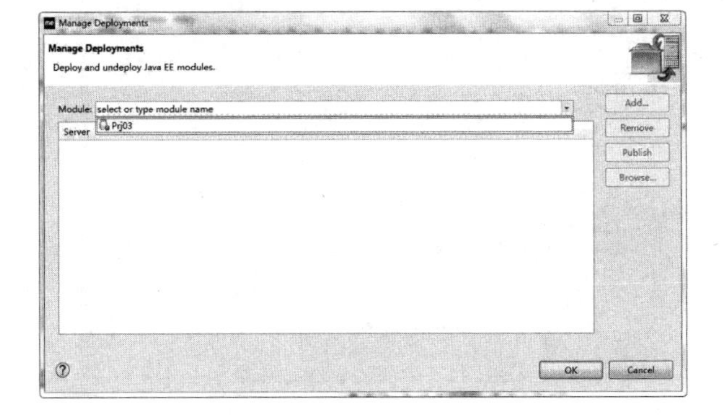

图 3-10　部署项目-步骤 1

（3）在下一个新弹出的对话框中，选择 server 为 Tomcat v9.0 Server at localhost，然后单击 OK 按钮，如图 3-11 所示。

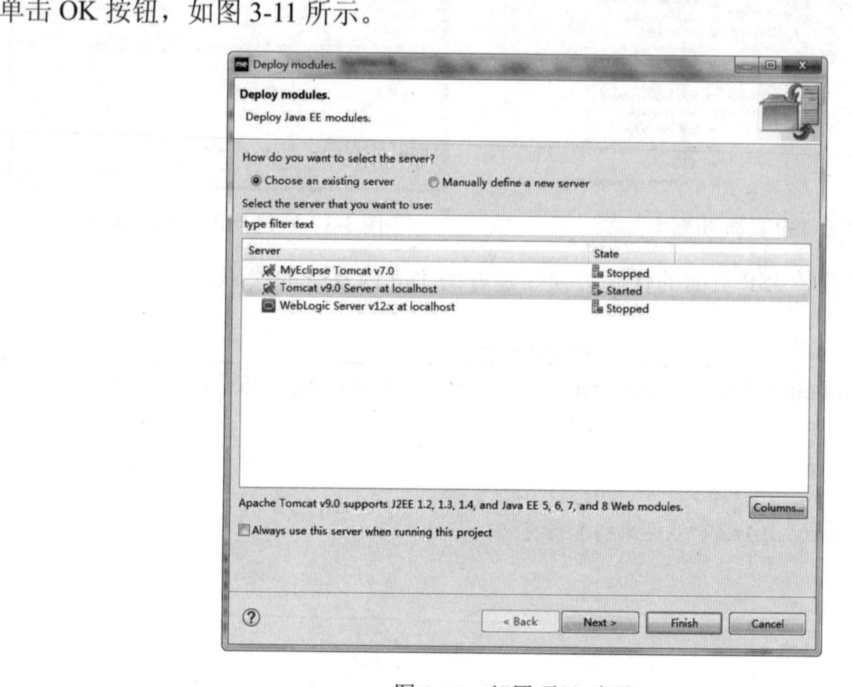

图 3-11　部署项目-步骤 2

至此，此次部署任务已经圆满完成，接下来，运行该 Web 项目。

运行 Tomcat v9.0 服务器（前面已经叙述过），开启 IE 窗口，输入 URL 为 http://localhost:8080/Prj03/welcome.jsp，按回车键并查看运行结果，如图 3-12 所示。

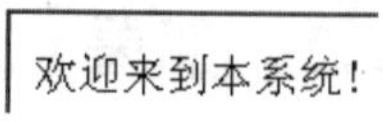

欢迎来到本系统!

图 3-12　index.jsp 页面

实际上，项目已经被放到了服务器中。找到 Tomcat v9.0 安装目录。在 C:\Program Files\Apache Software Foundation\Tomcat v9.0 中，会看到里面有个叫做 webapps 的目录，打开它，目录结构如图 3-13 所示。

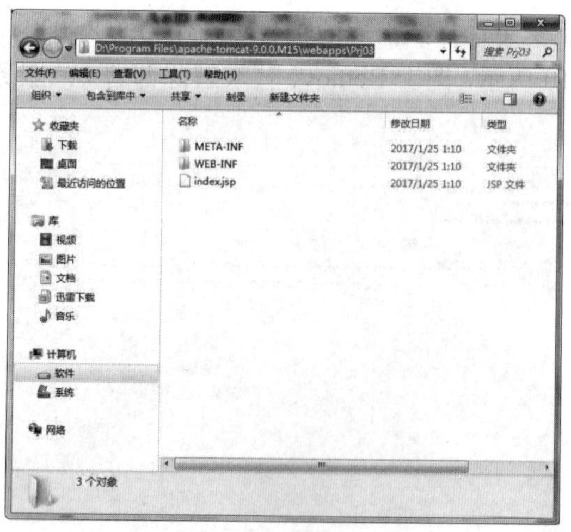

图 3-13　webapps 目录结构

显然，Prj03 被放在了 webapps 目录下，里面的结构和项目中的 WebRoot 结构相同。

开发 Web 程序时，不可避免地会犯一些错误，最常见的有以下几种。

1．未启动 Tomcat

如果没有启动 Tomcat，或者没有正常启动 Tomcat，打开浏览器访问网页，那么在运行 Web 项目时，将在 IE 中提示“找不到服务器”。

2．未部署 Web 应用就访问

如果已经启动了 Tomcat，但是尚未部署 Web 应用，就访问网址，那么当运行 Web 项目时，将在 IE 中提示“404 错误”。

3．URL 输入错误

比如，已经启动了 Tomcat，也已经部署了 Web 应用，在运行 Web 项目时，输入“http://localhost:8080/Prj03/Welcome.jsp”，在 IE 中提示“404 错误”，此时，需要检查 URL 是否书写正确，最后检查文件名称是否书写正确。注意，URL 的大小写是敏感的。

3.3　注释

注释是代码不可或缺的重要组成部分。JSP 注释可以分成两类。

一类是能够发送给客户端，可以在源代码文件中显示出其内容。主要是以 HTML 注释语法出现。

```
<!-- 注释内容 -->
```

这是 HTML 的注释方式，可以在里面加入 JSP 表达式（关于表达式，后面再叙述），动态生成注释内容。在客户端可以接收到 HTML 注释的内容。

另一类是不能发送给客户端的，也就是说不会在客户端的源代码文件中显示其内容，仅提供给程序员阅读的，分为两种。

1. JSP 注释语法

```
<%-- 注释内容 --%>
```

在<%--　--%>里面的内容不会被编译，更不会执行，所以这部分的内容不会被发送到客户端。

2. Java 代码注释

```
//注释内容
/* 注释内容 */
```

因为 JSP 程序可以嵌入部分的 Java 代码，因此，在 Java 代码中，同样可以使用 Java 本身的注释语句。看以下 HTML 注释的例子。

comment.jsp

```
<%@ page language="java" contentType="text/html; charset=gb2312"%>
<html>
    <body>
```

```
        <%
            out.print("欢迎来本系统！");//Java 风格注释
        %>
        <br>
        <!-- HTML 风格注释，它会发送到客户端-->
        <%-- JSP 风格注释，它不会发送到客户端 --%>
    </body>
</html>
```

读者可以运行该页面，看看客户端源代码的效果。

3.4　JSP 表达式、程序段和声明

JSP 表达式的作用是定义 JSP 的一些输出。表达式基本语法如下所示：

```
<%=变量/返回值/表达式%>
```

JSP 表达式的作用是将其里面内容所运算的结果输出到客户端。

例如：<%=msg%>是 JSP 表达式，意思是说将 msg 内容输出给客户端。等价于<%out.print(msg);%>。下面以欢迎某个用户的例子来介绍 JSP 表达式的用法。

```
<%@ page language="java" contentType="text/html; charset=gb2312"%>
<html>
    <body>
        <%
            String name = "Jack";
            String msg= "欢迎来到本系统！";
        %>
        <br>
        <%=name+","+msg%>
    </body>
</html>
```

部署 expression.jsp 程序，在客户端浏览器可以得到如图 3-14 所示的输出效果。

表达式向客户端输出了其中的字符串变量，在浏览器中显示出来。

Jack，欢迎来到本系统！

图 3-14　页面运行效果

使用 JSP 表达式，需要注意以下几个细节。

（1）JSP 表达式中不能用“;”结束。

（2）在 JSP 表达式中不能出现多条语句。

（3）JSP 表达式的内容一定是字符串类型，或者能通过 toString()函数转换成字符串的形式。

但是，表达式只能单行出现，而且仅仅把其中的运算结果输出到客户端。如果需要在 JSP 程序中既要输出数据，也要实现定义变量等一系列复杂的逻辑操作，表达式是不能满足要求的，这时候需要 JSP 程序段。

实际上，JSP 程序段就是插入到 JSP 程序的 Java 代码段。在网页任何地方都可以插入 JSP 程序段，在程序段中可以加入任何数量的 Java 代码，JSP 程序段的用法如下。

```
<% Java 代码 %>
```

下面看简单的 JSP 程序段例子。

在 scriptlet.jsp 例子中，使用 for 循环向客户端输出 10 个欢迎信息。

scriptlet.jsp

```
<%@ page language="java" contentType="text/html; charset=gb2312"%>
<html>
    <body>
        <%
            for (int i = 1; i <= 10; i++) {
                out.println("欢迎来到本系统<br>");
            }
        %>
    </body>
</html>
```

在客户端浏览器中可以看到如图 3-15 所示的输出结果。

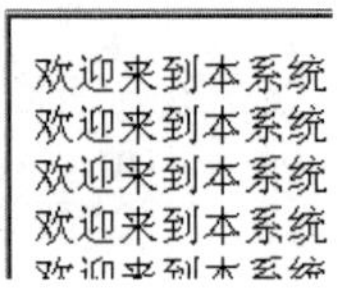

欢迎来到本系统
欢迎来到本系统
欢迎来到本系统
欢迎来到本系统

图 3-15　scriptlet.jsp 页面运行效果

注意，不能在 JSP 程序段中定义方法。

JSP 中可以放入 HTML，也可以放入 JSP 程序段和 JSP 表达式，它们可以灵活地混合使用。下面是混合 JSP 程序段、HTML 和表达式的例子。

mixPage.jsp

```
<%@ page language="java" contentType="text/html; charset=gb2312"%>
<html>
    <body>
        <%
            for (int i = 1; i <= 10; i++) {
        %>
                <%=i%>:欢迎来到本系统<br>
        <%
            }
        %>
    </body>
</html>
```

在客户端浏览器能够看到如图 3-16 所示的输出显示。

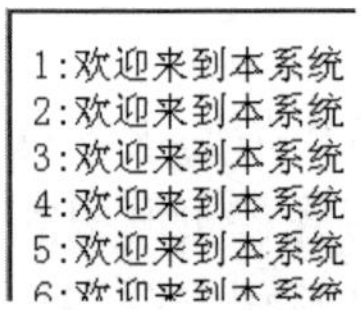

1:欢迎来到本系统
2:欢迎来到本系统
3:欢迎来到本系统
4:欢迎来到本系统
5:欢迎来到本系统

图 3-16　mixPage.jsp 页面运行效果

在上述例子中，凡是没有写到<%%>中的代码，被解释为 HTML。JSP 中，程序段可以有很多个，然而，系统会将其认成一大段。因此，程序段中的大括号对可以跨多个程序段。如前面例子中的 for 循环，一对大括号，跨了两个程序段，中间还包含 JSP 表达式和 HTML 代码。

此外，在 JSP 程序段中，变量必须要先定义，后使用。如下代码将会报错。

```
<%
  out.println(str);
  String str = "欢迎";
%>
```

为了解决这个问题，JSP 中提供了声明，JSP 声明中可以定义网页中的全局变量，这些变量在 JSP 页面中的任何地方都能够使用。在实际的应用中，方法、页面全局变量，甚至类的声明都可以放在 JSP 声明部分，其使用方法如下。

```
<%!  代码  %>
```

可以看到其与 JSP 程序段的用法相似（只是多了一个感叹号），但功能却有所不同。在 JSP 程序段中定义的变量只能先声明后使用。而 JSP 声明中定义的变量是网页级别的，系统会优先执行，也就是说，使用 JSP 声明可以在 JSP 的任何地方定义变量。

下面是 JSP 声明的简单例子。

declaration.jsp

```
<%@ page language="java" contentType="text/html; charset=gb2312"%>
<html>
    <body>
        <%
            out.println(str);
        %>
        <%!
            String str = "欢迎";
        %>
    </body>
</html>
```

该例子把变量的定义放在了 JSP 声明中，就不会报错了。

由此可以知道，使用 JSP 声明，就可以不受限制地在 JSP 页面的任何地方使用其中定义的变量。不过，在 JSP 声明中只能做定义，但不能实现控制逻辑。例如，不能在其中使用 out.print 做输出操作。

3.5 URL 传值

HTTP 是无状态的协议。Web 页面本身无法向下一个页面传递信息，如果需要让下一个页面得知该页面中的值，除非通过服务器。Web 页面之间传递数据，是 Web 程序的重要功能，其流程如图 3-17 所示。

其过程如下。

（1）页面 1 中输入数据“guokehua”，提交给服务器端的 P2；

（2）P2 获取数据，响应给客户端。

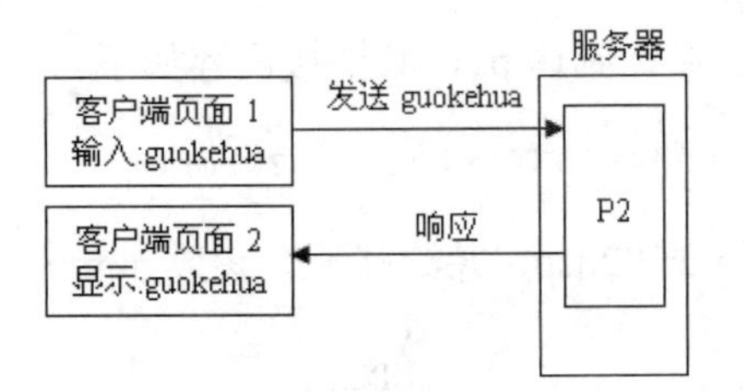

图 3-17 页面之间传递变量的方法

问题的关键在于页面 1 中的数据如何提交，页面 2 中的数据如何获得。

举一个简单的案例：页面 1 中定义了一个数值变量，并显示其平方；要求单击链接，在页面 2 中显示其立方。很明显，页面 2 必须知道页面 1 中定义的那个变量。这里就可以用 URL 传值。

URL，通俗地说，就是网址，如 http://localhost:8080/Prj03/page.jsp，表示访问项目 Prj03 中的 page.jsp，但是还可以在该页面后面给出一些参数，格式是在原 URL 后面添加如下表达式。

```
?参数名 1=参数值 1&参数名 2=参数值 2&…
```

例如：

```
http://localhost:8080/Prj03/page.jsp?m=3&n=5
```

表示访问 http://localhost:8080/Prj03/page.jsp，并给其传送参数 m，值为 3，参数 n，值为 5。

在 http://localhost:8080/Prj03/page.jsp 中获得 m 和 n 的方法如下。

```
<%
    //获得参数 m，赋值给 str
    String str = request.getParameter("m");
%>
```

如果 m 没有传过来或者参数名写错，str 为 null。和 out 一样，request 也是 JSP 的 9 大对象之一，其作用是获取请求的信息。关于其详细内容，在后面的章节中将有讲述。

如上例子，可以写成如下。

urlP1.jsp

```
<%@ page language="java" import="java.util.*" pageEncoding="gb2312"%>
<%
    //定义一个变量:
    String str = "12";
    int number = Integer.parseInt(str);
 %>
 该数字的平方为：<%=number*number %><HR>
<a href="urlP2.jsp?number=<%=number %>">到达 p2</a>
```

运行效果如图 3-18 所示。

页面底部显示了一个链接：到达 p2，其链接内容如下。

```
http://localhost:8080/Prj03/urlP2.jsp?number=12
```

相当于提交到服务器的 urlP2.jsp，并给其一个参数 number，值为 12。urlP2 代码如下。

urlP2.jsp

```
<%@ page language="java" import="java.util.*" pageEncoding="gb2312"%>
<%
    //获得 number
    String str = request.getParameter("number");
    int number = Integer.parseInt(str);
 %>
 该数字的立方为：<%=number*number*number %><HR>
```

单击 urlP1.jsp 中的链接，到达 urlP2.jsp，效果如图 3-19 所示。

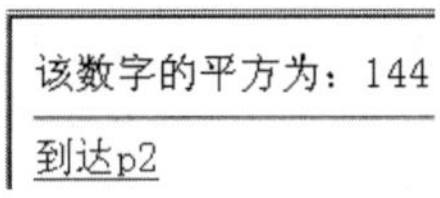

该数字的平方为：144
到达p2

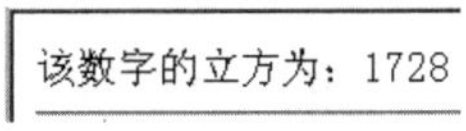

该数字的立方为：1728

图 3-18　urlP1.jsp 运行效果 1　　图 3-19　urlP2.jsp 显示效果

这说明，可以顺利实现值的传递。但是该方法有如下问题。

（1）传输的数据只能是字符串，对数据类型具有一定限制；

（2）传输数据的值会在浏览器地址栏里面被看到。如上例，当单击了链接到达 urlP2.jsp，浏览器地址栏上的地址变为如图 3-20 所示。

number 的值可以被人看到。从保密的角度讲，这是不安全的。特别是秘密性要求很严格的数据（如密码），不应该用 URL 方法来传值。

但是，URL 方法并不是一无是处，由于其简单性和平台支持的多样性（没有浏览器不支持 URL），很多程序还是用 URL 传值比较方便，如图 3-21 所示界面。

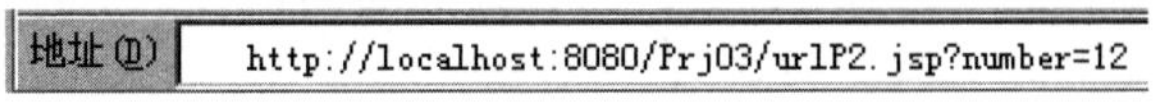

地址(D)　http://localhost:8080/Prj03/urlP2.jsp?number=12

以下是数据库中的学生：
张海 删除
王明 删除
汤和 删除
梁峰 删除

图 3-20　urlP2.jsp 浏览器地址　　图 3-21　数据库中的学生

可以通过链接来删除学生。用 URL 方法显得简洁方便。

3.6　JSP 指令和动作

3.6.1　JSP 指令

JSP 指令告诉 JSP 引擎对 JSP 页面如何编译，不包含控制逻辑，不会产生任何可见的输出。其用法如下。

```
<%@ 指令类别 属性 1= "属性值 1" …属性 n= "属性值 n"  %>
```

实际上，前面内容已经接触过 page 指令，如下所示。

```
<%@ page contentType="text/html; charset=gb2312"%>
```

注意，属性名大小写是敏感的。

JSP 包含三个指令：page、include 和 taglib。其中，使用最多的是 page 指令和 include 指令。

通常情况下，JSP 程序都是以 page 指令开头。page 指令用来设定页面的属性和相关的功能，可以利用其来进行导入需要类、指明 JSP 输出内容的类型、指定处理异常的错误页面等操作。page 指令的作用如下。

1. 导入包

在编写程序时，可能需要用到 JDK 的其他类或者自行定义的类，这时就需要使用 import 指令来进行导入。import 属性的用法如下。

```
<%@ page import="包名.类名" %>
```

如果想要把包下面的全部类都进行导入，可以这样使用：

```
<%@ page import="包名.* " %>
```

当想要引入包中的多个类的时候可以使用下面的两种方法。

```
<%@ page import="包名.类 1" %>
<%@ page import="包名.类 2" %>
或者
<%@ page import="包名.类 1, 包名.类 2" %>
```

下面用简单的例子介绍 import 属性的用法，该例将用户访问的时间也显示在页面上。此时，就应该用 import 属性导入 java.util.Date 类。

pageTest1.jsp

```
<%@ page import="java.util.Date" language="java"
contentType="text/html; charset=gb2312"%>
<html>
    <body>
        你的登录时间是<%=new Date() %>
    </body>
</html>
```

在该例子中通过 import 属性把 java.util.Date 类导进程序中，再显示当前的时间，运行效果如图 3-22 所示。

你的登录时间是Wed Feb 08 12:04:29 CST 2017

图 3-22　页面运行效果

2. 设定字符集

用 pageEncoding 属性可以设置页面的字符集。pageEncoding 属性用来设定 JSP 文件的编码方式，不同的编码方式支持不同语言，常用的编码方式有 ISO-8859-1、GB2312 和 GBK 等。其用法如下。

```
<%@ page pageEncoding="编码类型" %>
```

例如：

```
<%@ page pageEncoding="GBK" %>
```

表示本网页使用了 GBK 编码。

3. 设定错误页面

在网站中，经常在页面上由于用户输入造成异常，一般情况下，可以将异常现象在一个统一的网页中显示。此处就用到 errorPage 和 isErrorPage 属性。

errorPage 指令的作用是在其中指定一个网页，当 JSP 程序出现未被捕获的异常时，就跳转到那个指定的页面。通常情况下，跳转到的页面需要使用 isErrorPage 来指明处理其他页面的错误信息。因此，在发生异常的页面上，写法如下。

```
<%@ page errorPage="anErrorPage.jsp" %>
```

使用了上面的代码，就可以指明当该 JSP 出现异常的时候，其会跳转到 anErrorPage.jsp 去处理异常。而在 anErrorPage.jsp 中，需要使用下面的用法来说明其可以对其他页面进行错误处理。

```
<%@ page isErrorPage="true" %>
```

下面是使用了 errorPage 和 isErrorPage 的例子。

pageTest2.jsp

```
<%@  page  contentType="text/html;  charset=gb2312"  errorPage="pageTest2_
error.jsp"%>
<html>
    <body>
        <%//此页面会向 pageTest2_error 抛出异常，让其来处理
            int num1=10;
            int num2=0;
            int num3=num1/num2;
        %>
    </body>
</html>
```

该程序非常简单，其执行的除法运算会抛出一个数学运算异常，从 errorPage=" pageTest2_error.jsp"可以看出程序指定了 pageTest2_error.jsp 来为其处理异常，下面是 pageTest2_error.jsp 程序。

pageTest2_error.jsp

```
<%@ page contentType="text/html; charset=gb2312" isErrorPage="true"%>
<html>
    <body>
        <% //此页面会处理 pageTest2.jsp 抛出的异常
            //友好地显示错误信息
            out.println("网页出现数学运算异常!");
        %>
    </body>
</html>
```

在该错误处理的程序中，把 isErrorPage 属性的值设为 true，因此可以处理 JSP 页面的错误。在客户端运行的效果如图 3-23 所示。

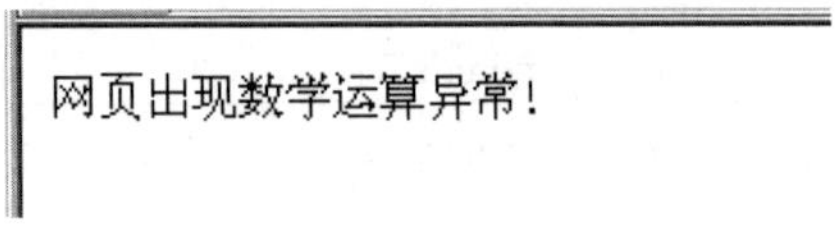

网页出现数学运算异常!

图 3-23　页面运行效果

4. 设定 MIME 类型和字符编码

使用 contentType 属性设置 JSP 的 MIME 类型和可选字符解码。contentType 属性在前面的例子也使用过，其用法如下。

```
<%@ page contentType="MIME 类型; charset=字符编码"%>
```

此处设置字符编码，和前面的 pageEncoding 属性作用相同。

一般情况下，该属性设置如下。

```
contentType="text/html; charset=gb2312"
```

表示该页面的 contentType 是 text/html，字符集是 GB2312。

其他属性使用频率较少，现不一一列举。读者可以参考相应文档。

在 JSP 中还有另一个指令，那就是 include 指令。

在实际的应用开发中经常会遇到这样的情况：在项目的每一个页面底下都需要显示公司的地址和图标信息。显然，不可能在每一个网页都编写一次显示该信息的代码。为了保证代码重用，可以使用 include 指令解决该需求。

include 指令可以在 JSP 程序中插入多个外部的文件，这些文件可以是 JSP、HTML 或者 Java 程序，甚至是文本。编译时，include 指令就会把相应的文件包含进主文件。其语法格式如下。

```
<%@ include file="文件名"%>
```

file 属性是 include 指令的必要属性，用于指定包含哪个文件。include 指令可以被多次使用，如下所示。

```
<%@ include file="logo.jsp"%>
```

表示在该页面中包含 logo.jsp，相当于将 logo.jsp 的内容原封不动地复制到本页面中。

下面用简单的例子来解决上面提到的需求，首先新建一个 JSP 程序来显示页尾部分的信息。

info.jsp

```
<%@ page contentType="text/html; charset=gb2312"%>
<hr>
<center>
公司电话号码:010-89574895，欢迎来电！
</center>
```

在 includeTest.jsp 程序中显示上面定义的页尾信息，使用 include 指令将上面定义的 JSP 程序包含进来。

includeTest.jsp

```
<%@ page language="java" contentType="text/html; charset=gb2312"%>
<html>
    <body>
        <%
            out.print("欢迎来到本系统！");
        %>
        <br>
        <%@ include file="info.jsp" %>
    </body>
</html>
```

在客户端的浏览器运行效果如图 3-24 所示。

欢迎来到本系统！

公司电话号码:010-89574895，欢迎来电！

图 3-24 includeTest.jsp 页面运行效果

也可以在其他的页面中 include 该页面。

需要注意的问题是：在实际的应用开发过程中，可能会遇到这样的情况：使用 include 指令把另外的页面包含进本页面，但被包含的页面与本页面有相同的变量。由于 include 指令在编译的时候就将对应的文件包含进来，等价于代码复制。因此，程序会报错。

3.6.2 JSP 动作

JSP 动作指使用 XML 语法格式的标记来控制服务器的行为。其用法如下。

```
<jsp:动作名 属性 1= "属性值 1" …属性 n= "属性值 n" />
```

或者

```
<jsp:动作名>  相关内容  </jsp:动作名>
```

本节讲解两个常见的 JSP 动作。

（1）jsp:include：当页面被请求时引入一个文件。

（2）jsp:forward：将请求转到另外一个页面。

include 动作与 include 指令的作用差不多，include 动作作用是在页面请求时引入一个指定的文件。其基本语法如下。

```
<jsp:include page="文件名" />
```

其中 page 的属性值是需要包含进来的资源。include 指令和动作作用类似，但是区别如下。

1. include 动作只会把文件中的输出包含进来。因此，前一节中提及的被包含页面与本页面有相同变量的问题，在此处不会出现问题。

2. include 动作还会自动检查被包含文件的变化。也就是说，当被包含资源的内容发生变化的时候，使用 include 指令的话，服务器可能不会检测到。但是，include 动作则可以在每次客户端发出请求时重新把资源包含进来，进行实时更新。读者可以自己进行测试。

另一个动作是 forward 动作，可以实现跳转。比如，在登录成功以后可以转向到欢迎页面，此处的“转向”，就是跳转。在 JSP 中，forward 动作基本用法如下。

```
<jsp:forward page="文件名"/>
```

显然，page 属性就是指定要跳转到的目标文件。

当该 forward 动作被执行后，当前的页面将不再被执行，而是去执行指定的目标页面，参见下例。

jspForwardTest.jsp

```
<%@ page language="java" contentType="text/html; charset=gb2312"%>
<html>
    <body>
        <jsp:forward page="pageTest1.jsp"/>
    </body>
</html>
```

在该例子中，跳转到前面用到过的 pageTest1.jsp 例子，在客户端运行这个例子，可以看到 pageTest1.jsp 运行的结果。

3.7 表单开发

在一些系统中，如果用户要进行登录，就必须输入账号密码，如图 3-25 所示。

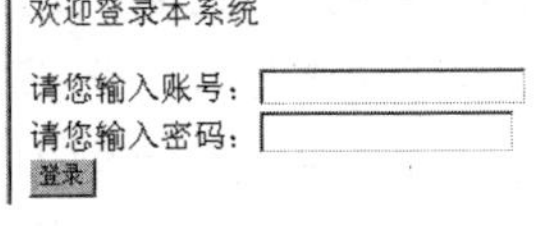

欢迎登录本系统

请您输入账号：

请您输入密码：

登录

图 3-25　系统登录界面

这是一个表单。表单是一种可以由用户输入，并提交给服务器端的一个图形界面。表单有如下性质。

（1）表单中可以输入一些内容，这些输入功能由控件提供，叫做表单元素。

（2）表单中一般都有一个按钮负责提交。

（3）点击提交按钮，表单元素中的内容会提交给服务器端。

（4）表单元素放在<form></form>之间。

本节表单可以表示如下。

form.jsp

```
<%@ page language="java" contentType="text/html; charset=gb2312"%>
<html>
    <body>
    欢迎登录本系统
    <form action="page.jsp">
        请您输入账号：<input name="account" type="text"><BR>
        请您输入密码：<input name="password" type="password"><BR>
        <input type="submit" value="登录">
    </form>
    </body>
</html>
```

运行，得到登录界面。其中，action="page.jsp"，表示该表单中输入的内容，提交给 page.jsp 去运行。注意，此处 action 值支持相对路径，例如：

../ page.jsp 表示当前页面的上一级目录中的 page.jsp；

jsps/ page.jsp 表示当前目录同一目录中，jsps 目录中的 page.jsp。

也支持绝对路径，例如：

/Prj03/page.jsp 表示 Prj03 中 WebRoot 目录下的 page.jsp。

page.jsp 如何获取提交过来的值呢？方法是用 request 对象，例如：

```
<%
   //获得表单中 name=account 的表单元素中输入的值，赋值给 str
   String str = request.getParameter("account");
%>
```

如果表单中没有 name=account 的表单元素，str 为 null；如果在表单元素 account 中没有输入任何内容就提交，str 为""。

3.7.1 单一表单元素数据的获取

单一表单元素，是指表单元素的值送给服务器端时，仅仅是一个变量。这种情况下的表单元素主要有文本框、密码框、多行文本框、单选按钮、下拉菜单等。

例如，在学生管理系统中，用户可以模糊查询学生，输入学生姓名的部分资料，就可以显示学生的信息。此时，表单中可以包含一个文本框。代码如下。

textForm.jsp

```
<%@ page language="java" contentType="text/html; charset=gb2312"%>
<html>
    <body>
    <form action="textForm_result.jsp">
        请您输入学生的模糊资料：<BR>
        <input name="stuname" type="text">
        <input type="submit" value="查询">
    </form>
    </body>
</html>
```

运行效果如图 3-26 所示。

请您输入学生的模糊资料：
查询

图 3-26　模糊查询界面

<form action="textForm_result.jsp"> 说明，该页面提交到 textForm_result.jsp。textForm_result.jsp 代码如下。

textForm_result.jsp

```
<%@ page language="java" contentType="text/html; charset=gb2312"%>
<html>
    <body>
    <%
        String stuname = request.getParameter("stuname");
        out.println("输入的查询关键字为:" + stuname);
    %>
    </body>
</html>
```

输入一个关键字，如“Rose”，单击“查询”按钮，能够运行 textForm_result.jsp。效果如图 3-27 所示。

实际项目中应该根据这个关键字查询数据库，此处省略。注意，如果此处提交中文，会有乱码。关于该问题，在后面讲解。

输入“Rose”之后，提交，浏览器地址栏上出现的效果如图 3-28 所示。

输入的查询关键字为:Rose

图 3-27　textForm_result.jsp 结果界面

/Prj03/textForm_result.jsp?stuname=Rose

图 3-28　textForm_result.jsp 浏览器显示界面

说明提交的内容能够在浏览器的地址栏上看到。很显然，这不安全。怎样解决？方法是：在表单中，将属性 method 设置为 post。也就是说将 textForm.jsp 中表单改为如下格式。

textForm.jsp

```
⋮
    <form action="textForm_result.jsp" method="post">
        ⋮
    </form>
```

⋮

默认情况下是 get 方式，get 和 post 是提交请求的两种常见方式。

和文本框类似的是密码框、多行文本框、单选按钮和下拉菜单，其中的内容的获取方法相同。下面以单选按钮为例，在注册界面中设置两个单选按钮，让用户能够选择自己的性别。代码如下。

radioForm.jsp

```
<%@ page language="java" contentType="text/html; charset=gb2312"%>
<html>
    <body>
    请您输入自己的信息进行注册
    <form action="radioForm_result.jsp" method="post">
        请您输入账号：<input name="account" type="text"><BR>
        请您输入密码：<input name="password" type="password"><BR>
        请您选择性别：
        <input name="sex" type="radio" value="boy" checked>男
        <input name="sex" type="radio" value="girl">女<BR>
        <input type="submit" value="注册">
    </form>
    </body>
</html>
```

运行效果如图 3-29 所示。

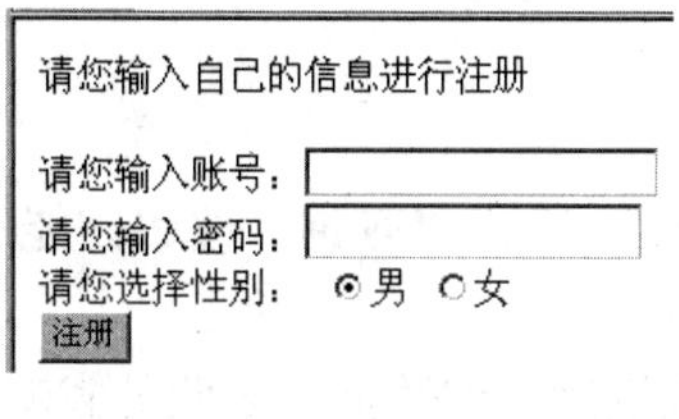

请您输入自己的信息进行注册

请您输入账号：

请您输入密码：

请您选择性别： ⊙男 ○女

注册

图 3-29　包含性别选择的注册界面

<form action="radioForm_result.jsp" method="post">说明，该页面提交到 radioForm_result.jsp。radioForm_result.jsp 代码如下。

radioForm_result.jsp

```
<%@ page language="java" contentType="text/html; charset=gb2312"%>
<html>
    <body>
    <%
        String sex = request.getParameter("sex");
        out.println("性别为:" + sex);
    %>
    </body>
</html>
```

选择“女”，单击“注册”按钮，能够运行 radioForm_result.jsp。效果如图 3-30 所示。

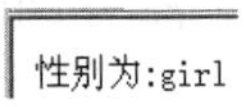

性别为:girl

图 3-30 radioForm_result.jsp 结果界面

与单选按钮类似的是下拉菜单。在注册界面中设置一个下拉菜单，让用户能够选择自己来自的地区。代码如下。

selectForm.jsp

```
<%@ page language="java" contentType="text/html; charset=gb2312"%>
<html>
    <body>
    请您输入自己的信息进行注册
    <form action="selectForm_result.jsp" method=" post " >
        请您输入账号：<input name="account" type="text"><BR>
        请您输入密码：<input name="password" type="password"><BR>
        请您选择家乡：
        <select name="home">
            <option value="beijing">北京</option>
            <option value="shanghai">上海</option>
            <option value="guangdong">广东</option>
        </select>
        <input type="submit" value="注册">
    </form>
    </body>
</html>
```

运行效果如图 3-31 所示。

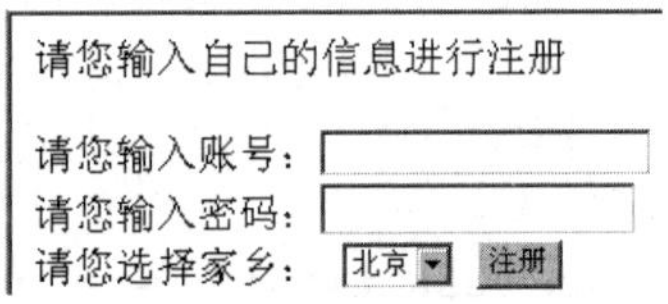

请您输入自己的信息进行注册
请您输入账号：
请您输入密码：
请您选择家乡： 北京 注册

图 3-31 包含家乡选择的注册界面

<form action="selectForm_result.jsp" method="post">说明，该页面提交到 selectForm_result.jsp。selectForm_result.jsp 代码如下。

selectForm_result.jsp

```
<%@ page language="java" contentType="text/html; charset=gb2312"%>
<html>
    <body>
    <%
        String home = request.getParameter("home");
        out.println("家乡为:" + home);
    %>
    </body>
</html>
```

选择“上海”，单击“注册”按钮，能够运行 selectForm_result.jsp。效果如图 3-32 所示。

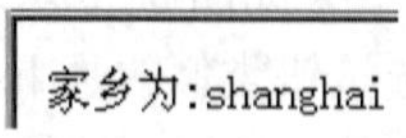

家乡为:shanghai

图 3-32　selectForm_result.jsp 注册结果界面

3.7.2　捆绑表单元素数据的获取

捆绑表单元素，是指多个同名表单元素的值送给服务器端时，是一个捆绑的数组。这种情况下的表单元素主要有：复选框、多选列表框、其他同名表单元素等。

此时，可以用如下的方法得到捆绑的数组。

```
<%
    //获得表单中 name=pName 的表单元素中输入的值，赋值给 str 数组
    String[] str = request.getParameterValues("pName");
%>
```

例如，在学生管理系统中，用户可以进行注册，注册过程中有 4 个爱好供用户选择，如图 3-33 所示。

☑唱歌 ☑跳舞 □打球 □打游戏

图 3-33　爱好选择示例

用户可以选择，也可以不选择，可以选择全部，也可以选择一部分。此时，可以将这几个复选框起同样的名字，作为捆绑数组传给服务器端。

checkForm.jsp

```
<%@ page language="java" contentType="text/html; charset=gb2312"%>
<html>
    <body>
    请您输入自己的信息进行注册
    <form action="checkForm_result.jsp" method="post">
        请您选择您的爱好：
        <input name="fav" type="checkbox" value="sing">唱歌
        <input name="fav" type="checkbox" value="dance">跳舞
        <input name="fav" type="checkbox" value="ball">打球
        <input name="fav" type="checkbox" value="game">打游戏<BR>
        <input type="submit" value="注册">
    </form>
    </body>
</html>
```

运行效果如图 3-34 所示。

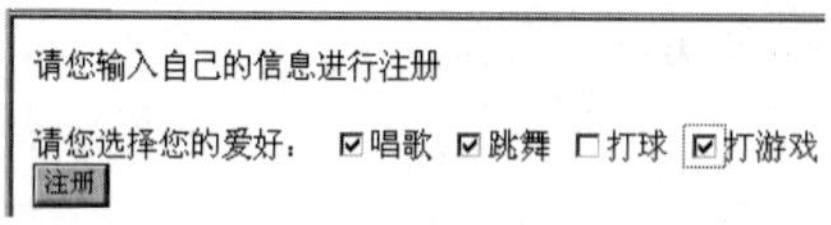

请您输入自己的信息进行注册
请您选择您的爱好： ☑唱歌 ☑跳舞 □打球 ☑打游戏
注册

图 3-34　包含爱好选择的注册界面

其中，“唱歌”、“跳舞”和“打游戏”是运行之后手工选择的。

<form action="checkForm_result.jsp">说明，该页面提交到 checkForm_result.jsp。checkForm_result.jsp 代码如下。

checkForm_result.jsp

```
<%@ page language="java" contentType="text/html; charset=gb2312"%>
<html>
    <body>
    <%
        String[] fav = request.getParameterValues("fav");
        out.println("爱好为:");
        for(int i=0;i<fav.length;i++){
            out.println(fav[i]);
        }
    %>
    </body>
</html>
```

在上面的界面中，单击“注册”按钮，能够运行 checkForm_result.jsp。效果如图 3-35 所示。

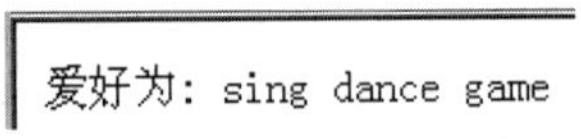

爱好为: sing dance game

图 3-35　checkForm_result.jsp 结果界面

以上功能也可以用多选列表框代替，做法相同，读者可以自行实验。

3.8　隐藏表单

如前所述，HTTP 是无状态的协议。在页面之间传递值时，必须通过服务器。URL 传值方法可以实现。

还是前面章节中的例子。页面 1 中定义了一个数值变量，并显示其平方；要求在页面 2 中显示其立方。很明显，页面 2 必须知道页面 1 中定义的那个变量。可以用 URL 传值。但是通过 URL 方法，传递的数据可能被看到。为了避免这个问题，可以用表单将页面 1 中的变量传给页面 2。上例可以写成如下形式。

formP1.jsp

```
<%@ page language="java" import="java.util.*" pageEncoding="gb2312"%>
<%
    //定义一个变量:
    String str = "12";
    int number = Integer.parseInt(str);
 %>
 该数字的平方为: <%=number*number %><HR>
```

```
<form action="formP2.jsp">
   <input type="text" name="number" value="<%=number %>">
    <input type="submit" value="到达 p2">
</form>
```

运行，效果如图 3-36 所示。

该数字的平方为：144

12 到达p2

图 3-36　formP1.jsp 运行效果 1

可以看到，这里实际上是将 number 的值放入表单元素传到下一个页面。但是，number 的值在界面上会被看到，为了既传值又不被看到，可以使用隐藏表单。

网页制作中，input 有一个 type="hidden"的选项，它是隐藏在网页中的一个表单元素，并不在网页中显示出来。于是代码可以改为如下所示。

formP1.jsp

```
<%@ page language="java" import="java.util.*" pageEncoding="gb2312"%>
<%
    //定义一个变量：
    String str = "12";
    int number = Integer.parseInt(str);
 %>
 该数字的平方为：<%=number*number %><HR>
 <form action="formP2.jsp">
   <input type=" hidden" name="number" value="<%=number %>">
    <input type="submit" value="到达 p2">
</form>
```

运行，效果如图 3-37 所示。

该数字的平方为：144

到达p2

图 3-37　formP1.jsp 运行效果 2

传的值就被隐藏起来了，下面是 formP2 的代码。

formP2.jsp

```
<%@ page language="java" import="java.util.*" pageEncoding="gb2312"%>
<%
    //获得 number
    String str = request.getParameter("number");
    int number = Integer.parseInt(str);
 %>
 该数字的立方为：<%=number*number*number %><HR>
```

单击 formP1.jsp 中的按钮，到达 formP2，效果如图 3-38 所示。

但是，此时浏览器地址栏上的地址仍如图 3-39 所示。

该数字的立方为：1728

图 3-38　formP2.jsp 运行效果

/Prj03/formP2.jsp?number=12

图 3-39　formP2.jsp 浏览器显示界面 1

数据还是能够被看到。

解决该问题的方法是将 form 的 action 属性设置为 post（默认为 get）。于是，formP1 的代码变为如下所示。

```
⋮
<form action="formP2.jsp" action="post">
    <input type="hidden" name="number" value="<%=number %>">
     <input type="submit" value="到达 p2">
</form>
⋮
```

再单击，在 formP2 中显示结果，但是浏览器地址栏上的 URL 如图 3-40 所示。

这说明，可以顺利实现值的传递，并且无法看到传递的信息。

但是该方法有如下问题。

（1）和 URL 方法类似，该方法传输的数据只能是字符串，对数据类型具有一定限制；

（2）传输数据的值虽然在浏览器地址栏内不被看到，但是在客户端源代码里面也会被看到。如以上例子，在 formP1.jsp 中，打开其源代码，如图 3-41 所示。

'Prj03/formP2.jsp

图 3-40　formP2.jsp 浏览器显示界面 2

```
该数字的平方为：144<HR>
<form action="formP2.jsp" method="post">
  <input type="hidden" name="number" value="12">
        <input type="submit" value="到达p2">
</form>
```

图 3-41　formP1.jsp 客户端源代码

在<input type="hidden" name="number" value="12">中，要传递的 number 值被显示出来了。因此，从保密的角度讲，这也是不安全的。特别是秘密性要求很严格的数据（如密码），也不推荐用表单方法来传值。

不过，表单传值方法也并不是一无是处，由于其简单性和平台支持的多样性，很多程序还是用表单传值比较方便，如图 3-42 所示。

请您输入张海的语文成绩(可修改)：

输入成绩：85　修改

图 3-42　修改界面

该表单中，将成绩输入之后，系统如何知道该分数是张海的语文成绩呢？换句话说，系统如何知道要修改表中的哪一行呢？因此，该程序可以将张海的学号（如 0015）和语文课程的编号（如 YW）放入隐藏表单元素，代码如下。

```
请您输入张海的语文成绩(可修改)：
  <form action="目标页面路径" method="post">
    输入成绩：<input type="text" name="score" >
        <input type="hidden" name="stuno" value="0015" >
        <input type="hidden" name="courseno" value="YW" >
     <input type="submit" value="修改">
  </form>
```

这样，目标页面就可以在得知分数的同时，还得知该分数所对应的学生的学号和课程编号。

3.9 中文乱码问题

如果使用的是 Tomcat 服务器，在提交过程中，如果提交的内容中含有中文，经常会出现中文乱码问题。在前面的章节中曾经提到过。

下面从两个方面讲解中文问题。

1. 中文无法显示

有些 JSP 中，中文根本无法显示。这种情况下，通常的原因是：没有把文件头上的字符集设置为中文字符集。一定要保证文件头上写明：

```
<%@ page language="java" contentType="text/html; charset=gb2312"%>
```

或者

```
<%@ page language="java" pageEncoding="gb2312"%>
```

2. 提交过程中显示乱码

前面讲到，在表单中，提交中文字符串（如“王小明”），在另一个页面获得时，出现了乱码。这是因为，字符串“王小明”提交给服务器时，服务器将其认成 ISO-8859-1 编码，而网页上显示的是 GB2312 编码，不能兼容。有如下三种方法解决这个问题。

（1）将其转成 GB2312 格式。方法如下。

```
⋮
<%
    String stuname = request.getParameter("stuname");
   stuname = new String(stuname.getBytes("ISO-8859-1"),"gb2312");
    ⋮
%>
⋮
```

但是此种方法必须对每一个字符串进行转码，很麻烦。

（2）直接修改 request 的编码。

可以将 request 的编码修改为支持中文的编码，这样，整个页面中的请求，都可以自动转为中文。方法如下。

```
⋮
<%
        request.setCharacterEncoding("gb2312");
        String stuname = request.getParameter("stuname");
        ⋮
%>
⋮
```

一定要注意，该方法要在取出值之前就设置 request 的编码，并且表单的提交方式应该是 post。但是，此种方法必须对每个页面中进行 request 的设置，也很麻烦。

（3）利用过滤器。

利用过滤器，可以对整个 Web 应用进行统一的编码过滤，比较方便。该内容在后面的章节中会提到。

小　　结

本章讲解了 Web 站点的基本原理，以及 JSP 的基本语法，包括注释、表达式、程序段、声明、URL 传值等，最后对表单开发和隐藏表单进行了阐述。

上 机 习 题

1. 编写一个简单的网页，显示 10 个“欢迎”信息，在服务器中运行，在本机上访问，然后用另一台机器访问。

2. 将第 1 题改为用 JSP 程序段混合表达式来实现。

3. 界面上显示 1～9 共 9 个链接，单击每个链接，能够在另一个页面打印该数字的平方。

4. 将第 3 题改为在一个页面上显示。

5. 为网上书城制作一个精美的 logo 和公司地址的信息，然后在多个页面中将其包含进来（使用至少两种方法）。在各种方法中，尝试将 logo 改掉，看看包含 logo 的页面能否发现其中的更新。

6. 制作一个登录表单，输入账号和密码，如果账号密码相等，则显示“登录成功”，否则显示“登录失败”。

7. 页面 1 中表单内输入一个数字 N，提交，能够在另一个页面打印 N 个“欢迎”字符串。

8. 编写一个“计算找零”的页面，页面上输入应付款、实际付款，提交，在页面底部显示应该找零的数量和各种面额的张数，如找零是 56 元，应该找零为：50 元 1 张，5 元 1 张，1 元 1 张。假设有 100、50、20、10、5、1 这 5 种面额。

9. 在页面 1 中，输入账号密码，进行登录，如果账号和密码相同，认为登录成功到页面 2，页面 2 中显示一个文本框输入用户姓名，输入之后，提交，在页面 3 中显示用户的账号和姓名。

第4章

JSP 内置对象

建议学时：4

内置对象，是指在 JSP 页面中内置的，不需要定义就可以在网页中直接使用的对象。JSP 规范预定义了内置对象的原因，是为了提高程序员的开发效率。本章重点学习 JSP 中的内置对象 out、request 和 response、session 和 application。

4.1 认识 JSP 内置对象

内置对象，顾名思义，就是指在 JSP 页面中内置的不需要定义就可以在网页中直接使用的对象。

为什么 JSP 规范要预定义内置对象呢？因为这些内置对象有些能够存储参数，有些能够提供输出，还有些能提供其他功能，JSP 程序员一般情况下使用这些内置对象的频率比较高。内置对象的特点有以下三点。

（1）内置对象是自动载入的，因此它不需要直接实例化。这是内置对象最重要的特点。

（2）内置对象是通过 Web 容器来实现和管理的。

（3）在所有的 JSP 页面中，直接调用内置对象都是合法的。

JSP 规范中定义了 9 种内置对象，下面一一列举，后面的章节将对重要的内置对象做详细的讲解。

（1）out 对象：负责管理对客户端的输出。

（2）request 对象：负责得到客户端的请求信息。

（3）response 对象：负责向客户端发出响应。

（4）session 对象：负责保存同一客户端一次会话过程中的一些信息。

（5）application 对象：表示整个应用的环境的信息。

（6）exception 对象：表示页面上发生的异常，可以通过它获得页面异常信息。

（7）page 对象：表示的是当前 JSP 页面本身，就像 Java 类定义中的 this 一样。

（8）pageContext 对象：表示的是此 JSP 的上下文。

（9）config 对象：表示此 JSP 的 ServletConfig。

本章将主要介绍经常使用的 5 个内置对象 out、request、response、session、application。

4.2 out 对象

out 对象，对应的类型是 javax.servlet.jsp.JspWriter，在前面的章节中经常用到，总结起来，它的作用如下。

（1）用来向客户端输出各种数据类型的内容。

（2）对应用服务器上的输出缓冲区进行管理。

一般情况下，out 对象都是向浏览器端输出文本型的数据，所以可以用 out 对象直接编程生成一个动态的 HTML 文件，然后发送给浏览器，达到显示的目的。

利用 out 输出的主要有两个方法。

（1）void print()。

（2）void println()。

两者的区别是 out.print()函数在输出完毕后并不换行，out.println()函数在输出完毕后，会结束当前行，下一个输出语句将会在下一行开始输出。

不过，在输出中换行，在网页上并不一定会换行。如果要在网页上换行应该打印字符串"
"。

out 对象还可以实现对应用服务器上的输出缓冲区的管理。以下是 out 对象一些常用的与管理缓冲区有关的函数。

（1）void close()：关闭输出流，从而可以强制终止当前页面的剩余部分向浏览器输出。

（2）void clearBuffer()：清除缓冲区里的数据，并且把数据写到客户端去。

（3）void clear()：清除缓冲区里的数据，但不把数据写到客户端去。

（4）int getRemaining()：获取缓冲区中没有被占用的空间的大小。

（5）void flush()：输出缓冲区的数据。out.flush()函数也会清除缓冲区中的数据，但是此函数先将之前缓冲区的数据输出至客户端，然后再清除缓冲区的数据。

（6）int getBufferSize()：获得缓冲区的大小。

out 管理缓冲区，使用得比较少，因为通常使用服务器端默认的设置，而不需要手动管理。

4.3　request 对象

request 代表了客户端的请求信息，主要是用来获取客户端的参数和流。它对应的类型是 javax.servlet.http.HttpServletRequest。该对象在前面的章节，如 URL 传值、表单开发中都有用到。

request 的主要用途就是它能够获取客户端的基本信息，其主要方法如下所示。

（1）String getMethod()：得到提交方式。

（2）String getRequestURI()：得到请求的 URL 地址。

（3）String getProtocol()：得到协议名称。

（4）String getServletPath()：获得客户端请求服务器文件的路径。

（5）String getQueryString()：得到 URL 的查询部分，对 post 请求来说，该方法得不到任何信息。

（6）String getServerName()：得到服务器的名称。

（7）String getServerPort()：得到服务器口号。

（8）String getRemoteAddr()：得到客户端的 IP 地址。

在 MyEclipse 中建立一个 Web 项目 Prj04，下面用程序来测试它的实际作用。

requestTest.jsp

```
<%@ page language="java"  pageEncoding="gb2312"%>
 <html>
 <body>
    提交方式：<%=request.getMethod() %><br>
    请求的 URL 地址：<%=request.getRequestURI() %><br>
    协议名称：<%=request.getProtocol() %><br>
    客户端请求服务器文件的路径：<%=request.getServletPath() %><br>
    URL 的查询部分：<%=request.getQueryString() %><br>
    服务器的名称：<%=request.getServerName() %><br>
    服务器口号：<%=request.getServerPort() %><br>
    远程客户端的 IP 地址：<%=request.getRemoteAddr()%><br>
</body>
</html>
```

在浏览器地址栏输入：

```
http://localhost:8080/Prj04/requestTest.jsp?a=1&b=3
```

如图 4-1 所示。

```
提交方式：GET
请求的URL地址：/Prj04/requestTest.jsp
协议名称：HTTP/1.1
客户端请求服务器文件的路径：/requestTest.jsp
URL的查询部分：a=1&b=3
服务器的名称：localhost
服务器口号：8080
远程客户端的IP地址：127.0.0.1
```

图 4-1　request 对象获取客户端基本信息

特别提醒

直接访问 URL，属于 get 方式提交；实际上，通过链接方式请求，也是 get 方式；本例中，a=1&b=3 是进行的一个测试。

有趣的是，获取客户端的信息，有时候可以完成一些特定的功能。例如，getRemoteAddr()函数，就可以核定客户的 IP 地址。假设在管理学生管理系统过程中，出现了以下的情况：有一部分信誉不好的客户已经存在于黑名单中，系统想禁止这部分客户来访问，甚至不让他们访问网站。怎么办呢？

很简单，首先应该获取客户的 IP 地址，然后从黑名单中寻找，如果此客户的 IP 在黑名单中找到了，就提示该客户“您是一个非法客户”即可。

在前面已经讲过，request 对象还可以获得客户端得参数，request 对象获取客户端的参数常用的是以下两个方法。

（1）String getParameter(String name)：获得客户端传送给服务器的 name 参数的值。当传递给此函数的参数名没有实际参数与之对应时，则返回 null。

（2）String[] getParameterValues(String name)：以字符串数组的形式返回指定参数所有值。

4.4　response 对象

response 与 request 是一对相对应的内置对象，response 可以理解为客户端的响应，request 可以理解为客户端的请求，二者所表示范围是相对应的两个部分，具有很好的对称性。response 对应的类（接口）是 javax.servlet.http.HttpServletResponse。可以通过查找文档中 javax.servlet.http.HttpServletResponse 来了解 response 的 API。

4.4.1　利用 response 对象进行重定向

重定向，就是跳转到另一个页面。可以用 response 对象进行重定向。方法如下。

```
response.sendRedirect(目标页面路径);
```

前面已经讲到，重定向是 Web 应用中使用非常广泛的一种处理方式，也就是可以实现程序的跳转。首先实现一个简单的 response.sendRedirect()的重定向例子。

responseTest1.jsp

```
<%@ page language="java" import="java.util.*" pageEncoding="gb2312"%>
<html>
 <body>
        <form action="responseTest2.jsp">
            <input type="submit" value="提交">
        </form>
     </body>
   </html>
```

图 4-2　responseTest1.jsp 提交按钮

运行该页面，如图 4-2 所示。

单击“提交”按钮，提交到 responseTest2.jsp。

responseTest2.jsp

```
<%@ page language="java" import="java.util.*" pageEncoding="gb2312"%>
<html>
<body>
    <%
        response.sendRedirect("responseTest3.jsp");//相对路径
     %>
</body>
</html>
```

但是在该页中又跳转到 responseTest3.jsp。

responseTest3.jsp

```
<%@ page language="java" import="java.util.*" pageEncoding="gb2312"%>
<html>
<body>
    欢迎来到学生管理系统!!!
</body>
</html>
```

因此，最后的结果如图 4-3 所示。

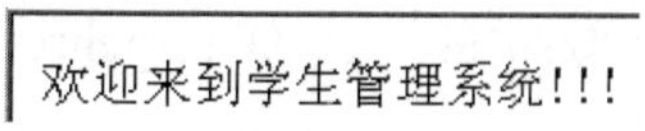

欢迎来到学生管理系统!!!

图 4-3 responseTest3 结果页面

直接从 responseTest2.jsp 跳转到了 responseTest3.jsp 页面了。

问答

问：responseTest2.jsp 页面中可否用绝对路径？

答：可以。不过要将完整的虚拟路径全部写上。

```
Response.sendRedirect("/Prj04/responseTest3.jsp");//绝对路径
```

实际上，重定向方法主要有两种，除了前面所讲到的 response.sendRedirect()之外，还有 JSP 动作指令：

```
<jsp:forward page=""></jsp:forward>
```

上面的例子只需把 responseTest2.jsp 中改为

```
<jsp:forward page="responseTest3.jsp"></jsp:forward>
```

即可。

使用这两种方法跳转，具有很大的不同，可以从以下几个方面来区别。

1．从浏览器的地址显示上来看

forward 方法属于服务器端去请求资源，服务器直接访问目标地址，并对该目标地址的响应内容进行读取，再把读取的内容发给浏览器，因此客户端浏览器的地址不变。

而 redirect 是告诉客户端，使浏览器知道去请求哪一个地址，相当于客户端重新请求一遍，所以地址显示栏会变。

例如，上面的例子中，如果用 redirect 方法跳转，浏览器地址栏如图 4-4 所示。

地址(D) http://localhost:8080/Prj07/responseTest3.jsp

图 4-4 redirect 方法跳转

而如果用 forward 指令，地址栏如图 4-5 所示。

地址(D) http://localhost:8080/Prj07/responseTest2.jsp

图 4-5 forward 方法跳转

2．从数据共享来看

forward 转发的页，以及转发到的目标页面能够共享 request 里面的数据，而 redirect 转发的页以及转发到的目标页面不能共享 request 里面的数据。

下面举例说明。输入学生姓名，查询其资料，单击后提交到页面 2，页面 2 重定向到页面 3，要求要在页面 3 显示出输入的姓名来。

首先，采用

```
<jsp:forward page=""></jsp:forward>
```

来实现。

responseTest4.jsp

```
<%@ page language="java" import="java.util.*" pageEncoding="gb2312"%>
<html>
<body>
        <form action="responseTest5.jsp">
            输入学生姓名：<input type="text" name="stuname" >
            <input type="submit" value="查询">
        </form>
</body>
</html>
```

运行效果如图 4-6 所示。

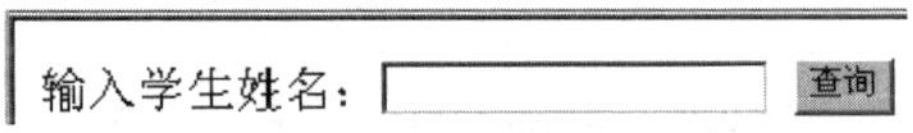

图 4-6　responseTest4.jsp 查询页面

输入一个姓名，如 Rose，提交到 responseTest5.jsp。

responseTest5.jsp

```
<%@ page language="java" import="java.util.*" pageEncoding="gb2312"%>
  <html>
  <body>
        <jsp:forward page="responseTest6.jsp"></jsp:forward>
  </body>
  </html>
```

该页面跳转到 responseTest6.jsp。代码如下。

responseTest6.jsp

```
<%@ page language="java" import="java.util.*" pageEncoding="gb2312"%>
<html>
 <body>
    <%
        out.println("输入学生姓名是："+request.getParameter("stuname")+"<br>");
```

```
    %>
  </body>
</html>
```

提交得到的效果如图 4-7 所示。

输入学生姓名是：Rose

图 4-7　responseTest6.jsp 结果页面

上面的例子通过 forward 动作得到了输入的参数内容。现在用 sendRedirect()实现。只需要把 responseTest5.jsp 页面改成如下所示。

```
<%@ page language="java" import="java.util.*" pageEncoding="gb2312"%>
<html>
 <body>
        <%
            response.sendRedirect("responseTest6.jsp");
         %>
  </body>
</html>
```

此时再单击“查询”按钮，得到结果如图 4-8 所示。

输入学生姓名是：null

图 4-8　responseTest5.jsp 结果页面

responseTest6.jsp 页面已经得不到 responseTest4 页面设定的值了，这是因为 sendRedirect()方法不能共享转发的页中 request 内的数据。

3．从功能来看

redirect 能够重定向到当前应用程序的其他资源，而且还能够重定向到同一个站点上的其他应用程序中的资源，甚至是使用绝对 URL 重定向到其他站点的资源。例如，可以通过该方法跳转到 Google 页面。

```
<%
    response.sendRedirect("http://www.google.com");
%>
```

forward 方法只能在同一个 Web 应用程序内的资源之间转发请求，可以理解为服务器内部的一种操作。以下代码运行时报错。

```
<jsp:forward page="http://www.google.com"></jsp:forward>
```

4．从效率来看

forward 效率较高，因为跳转仅发生在服务器端；redirect 相对较低，因为类似于再进行了一次请求。

特别提醒

sendError()也是进行跳转，它的作用是向客户端发送 HTTP 状态码的出错信息。代码如下。

```
<%
response.sendError(404);
%>
```

HTTP Status 404 -

图 4-9　404 错误

运行该页面，效果如图 4-9 所示。

当然，一般情况下，向客户端发送这种客户看不懂的错误代码是不专业的，所以 sendError()使用的频率并不是很高。常见的错误代码有如下几种。

400：Bad Request，请求出现语法错误。

401：Unauthorized，客户试图未经授权访问受密码保护的页面。

403：Forbidden，资源不可用。

404：Not Found，无法找到指定位置的资源。

500：Internal Server Error，服务器遇到了无法预料的情况，不能完成客户的请求。

4.4.2　利用 response 设置 HTTP 头

HTTP 头一般用来设置网页的基本属性。可以通过 response 的 setHeader()方法来进行设置。代码如下。

```
<%
    response.setHeader("Pragma","No-cache");
    response.setHeader("Cache-Control","no-cache");
    response.setDateHeader("Expires",0);
%>
```

都是表示在客户端缓存中不保存页面的拷贝。另外，例如：

```
response.setHeader("Refresh","5");
```

表示客户端浏览器每隔 5s 定期刷新一次。

4.5　Cookie 操作

前面的章节中讲过，HTTP 是无状态的协议。在页面之间传递值时，必须通过服务器。URL 传值方法、隐藏表单方法都可以实现。

还是前面章节中的例子。页面 1 中定义了一个数值变量，并显示其平方；要求在页面 2 中显示其立方。很明显，页面 2 必须知道页面 1 中定义的那个变量。可以用 URL 传值。但是通过 URL 方法，传递的数据可能被看到。也可以用隐藏表单，但是传递的值会在客户端源代码内被看见。本节介绍另一种方法：Cookie。

在页面之间传递数据的过程中，Cookie 是一种常见的方法。Cookie 是一个小的文本数据，由服务器端生成，发送给客户端浏览器，客户端浏览器如果设置为启用 Cookie，则会将这个小文本数据保存到某个目录下的文本文件内。下次登录同一网站，客户端浏览器则会自动将 Cookie 读入之后，传给服务器端。一般情况下，Cookie 中的值是以 key-value 的形式进行表达的。

基于这个原理，上面的例子可以用 Cookie 来进行。即：在第一个页面中，将要共享的变量值保存在客户端 Cookie 文件内，在客户端访问第二个页面时，由于浏览器自动将 Cookie 读入之后，传给服务器端，因此只需要第二个页面读取这个 Cookie 值即可。

写 Cookie 时，主要用到以下几个方法。

（1）response.addCookie(Cookie c)：通过该方法，将 Cookie 写入客户端。

（2）Cookie.setMaxAge(int second)：通过该方法，设置 Cookie 的存活时间。参数表示存活的秒数。

从客户端获取 Cookie 内容，主要通过以下方法。

Cookie[] request.getCookies()：读取客户端传过来的 Cookie，以数组形式返回。读取数组之后，一般进行遍历。

下面实现前面的功能。页面 1 代码如下。

cookieP1.jsp

```
<%@ page language="java" import="java.util.*" pageEncoding="gb2312"%>
<%
    //定义一个变量：
    String str = "12";
    int number = Integer.parseInt(str);
%>
该数字的平方为：<%=number*number %><HR>
<%
    //将 str 存入 Cookie
    Cookie cookie = new Cookie("number",str);
    //设置 Cookie 的存活期为 600 秒
    cookie.setMaxAge(600);
    //将 Cookie 保存于客户端
    response.addCookie(cookie);
%>
<a href="cookieP2.jsp">到达 p2</a>
```

该数字的平方为：144

到达p2

图 4-10 cookieP1.jsp 显示结果

运行结果如图 4-10 所示。

页面上有一个链接到达 cookieP2.jsp，具体的代码如下。

cookieP2.jsp

```
<%@ page language="java" import="java.util.*" pageEncoding="gb2312"%>
<%
    //从 Cookie 获得 number
    String str = null;
    Cookie[] cookies = request.getCookies();
    for(int i=0;i<cookies.length;i++){
```

```
        if(cookies[i].getName().equals("number")){
            str = cookies[i].getValue();
            break;
        }
    }
    int number = Integer.parseInt(str);
%>
该数字的立方为：<%=number*number*number %><HR>
```

单击 cookieP1 中的链接，到达 cookieP2，效果如图 4-11 所示。

也能够得到结果。

在客户端的浏览器上，看不到任何的和传递的值相关的信息。

但是也不能就此说 Cookie 是安全的。因为客户端存储的 Cookie 文件可能被他人获知。在本例中，内容被保存在 Cookie 文件，在 Windows XP 中，如果 C 盘是系统盘，该文件保存在 C:\Documents and Settings\用户名\Cookies 下。打开该目录，可以看到里面有一个文件，如图 4-12 所示。

该数字的立方为：1728

图 4-11　cookieP2 显示结果

C:\Documents and Settings\Administrator\Cookies
和文件夹任务
名称
index.dat
administrator@Prj04[1].txt

图 4-12　Cookie 文件

打开那个文本文件，内容如图 4-13 所示。

图 4-13　Cookie 文件内容

number 的值 12 可以被很清楚地找到。

很明显，Cookie 也不是绝对安全的。如果将如果将用户名、密码等敏感信息保存在 Cookie 内，这些信息容易泄漏，因此 Cookie 在保存敏感信息方面具有潜在危险。不过，可以很清楚地看到，Cookie 的危险性来源于 Cookie 的被盗取。目前盗取的方法有很多种。

（1）利用跨站脚本技术，将信息发给目标服务器；为了隐藏 URL，甚至可以结合 Ajax（异步 JavaScript 和 XML 技术）在后台窃取 Cookie。

（2）通过某些软件，窃取硬盘下的 Cookie。一般说来，当用户访问完某站点后，Cookie 文件会存在机器的某个文件夹下，因此可以通过某些盗取和分析软件来盗取 Cookie。具体步骤如下：①利用盗取软件分析系统中的 Cookie，列出用户访问过的网站；②在这些网站中寻找攻击者感兴趣的网站；③从该网站的 Cookie 中获取相应的信息。不同的软件有不同的实现方法，有兴趣的读者可以在网上搜索相应的软件。

（3）利用客户端脚本盗取 Cookie。在 JavaScript 中有很多 API 可以读取客户端 Cookie，可以将这些代码隐藏在一个程序（如画图片）中，很隐秘地得到 Cookie 的值。

不过，以上问题不代表 Cookie 就没有任何用处，Cookie 在 Web 编程中还是应用很广的，主要来源于以下几个方面。

（1）Cookie 的值能够持久化，即使客户端机器关闭，下次打开还是可以得到里面的值。因此 Cookie 可以用来减轻用户一些验证工作的输入负担，例如用户名和密码的输入，就可以在第一次登录成功之后，将用户名和密码保存在客户端 Cookie（当然这不安全）。但是，对于一些安全要求不高的网站，Cookie 还是大有用武之地。

（2）Cookie 可以帮助服务器端保存多个状态信息，但是不用服务器端专门分配存储资源。例如网上商店中的购物车，必须将物品和具体客户名称绑定，但是放在服务器端又需要占据大量资源的情况下，可以用 Cookie 来实现。

（3）Cookie 可以持久保持一些和客户相关的信息。如很多网站上，客户可以自主设计自己的个性化主页，其作用是避免每次用户自己去找自己喜爱的内容，设计好之后，下次打开该网址，主页上显示的是客户设置好的界面。这些设置信息保存在服务器端的话，消耗服务器端的资源，因此可以将客户的个性化设计保存在 Cookie 内，每一次访问该主页，客户端将 Cookie 发送给服务器端，服务器根据 Cookie 的值来决定显示给客户端什么样的界面。

解决 Cookie 安全的方法有很多，常见的有以下几种。

（1）替代 Cookie。将数据保存在服务器端，可选的是 session 方案。

（2）及时删除 Cookie。要删除一个已经存在的 Cookie，有以下几种方法。

① 给一个 Cookie 赋以空值。

② 设置 Cookie 的失效时间为当前时间，让该 Cookie 在当前页面浏览完之后就被删除。

③ 通过浏览器删除 Cookie。如在 IE 中，可以选择“工具”→“Internet 选项”→“常规”，在里面单击“删除 Cookies”，即可删除文件夹中的 Cookie，如图 4-14 所示。

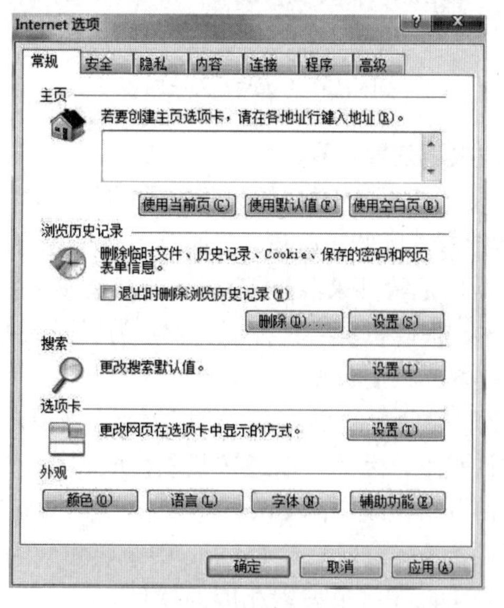

图 4-14 删除 Cookies

（3）禁用 Cookie。很多浏览器中都设置了禁用 Cookie 的方法，如 IE 中，可以在“工具”→“Internet 选项”→“隐私”中，将隐私级别设置为禁用 Cookie，如图 4-15 所示。

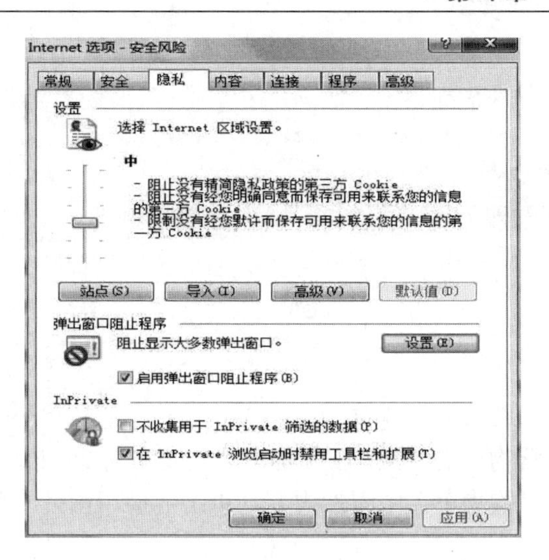

图 4-15　禁用 Cookies

4.6　利用 session 开发购物车

4.6.1　购物车需求

想象用户去购物超市买东西时，都会推一个购物车，购物车中包含用户所需要购买的商品，用户可以将商品添加到购物车，也可将商品从购物车中取出或删除。用户可以推着购物车从这个专柜走到那个专柜，用户也不用担心别人的购物车里面的东西算到自己账上，这在生活中已经成为常识。

如果用户不想去购物超市，要去网站上买东西，各个专柜变成了不同页面，怎样操作一个虚拟的购物车进行商务活动呢？

JSP 的 9 大对象中的 session 可以解决这个问题。

一般情况下，如果用户挑选了多个物品，可以将物品放在一个集合内。

cart1.jsp

```
<%@ page language="java" import="java.util.*" pageEncoding="gb2312"%>
<html>
  <body>
<%
    ArrayList books = new ArrayList();
    //购物车中添加
    books.add("三国演义");
    books.add("西游记");
    books.add("水浒传");
%>
购物车中内容为:
<HR>
```

```
<%
    //显示购物车中的内容
    for (int i = 0; i < books.size(); i++) {
        String book = (String) books.get(i);
        out.println(book + "<BR>");
    }
%>
  </body>
</html>
```

购物车中内容为：

三国演义
西游记
水浒传

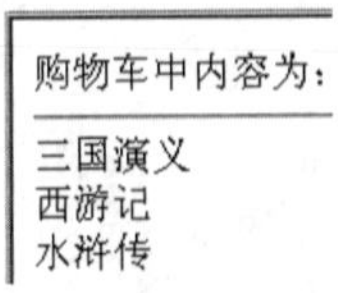

图 4-16　cart1.jsp 集合显示内容

放在服务器中运行，结果如图 4-16 所示。

但是该代码不具有购物车的特点。仅增加一个购物车功能，该代码就无法实现。例如，需要在第一个页面中向“购物车”中添加内容，单击链接，在另一个页面中显示。

cart2_1.jsp

```
<%@ page language="java" import="java.util.*" pageEncoding="gb2312"%>
<html>
  <body>
<%
    ArrayList books = new ArrayList();
    //购物车中添加
    books.add("三国演义");
    books.add("西游记");
    books.add("水浒传");
%>
<a href="cart2_2.jsp">查看购物车</a>
</body>
</html>
```

cart2_2.jsp

```
<%@ page language="java" import="java.util.*" pageEncoding="gb2312"%>
<html>
  <body>
购物车中内容为：
<HR>
<%
   ArrayList books = new ArrayList();
    //显示购物车中的内容
    for (int i = 0; i < books.size(); i++) {
        String book = (String) books.get(i);
        out.println(book + "<BR>");
    }
%>
</body>
</html>
```

运行 cart2_1.jsp，显示结果如图 4-17 所示。

单击该链接，到达 cart2_2.jsp，显示结果如图 4-18 所示。

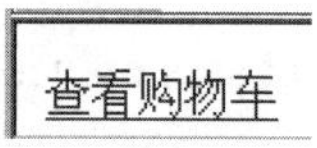

查看购物车

图 4-17　cart2_1.jsp 超链接

购物车中内容为：

图 4-18　cart2_2.jsp 结果页面

显示购物车中什么都没有。

问题出在哪里？实际上，在 cart2_2.jsp 中有一句代码：

ArrayList books = new ArrayList();

该代码表示，books 集合在内存里面重新实例化了，已经不是前面那个页面中的 books 了。也就是说，两个页面中的 books 根本不是同一个 books。

因此，单纯将内容放入集合，并不具有购物车的特点。

不管是生活中的购物车还是网上的购物车，都具有如下特点。

（1）同一个用户使用的是同一个购物车。

（2）不同的用户使用的是不同的购物车，否则，别人买的东西就会算到自己的账上。

（3）在不同货架（页面）之间进行访问时，购物车中的内容可以保持。

以上三个特点中，最关键的是“跨页面保持”。实际上，JSP 中的内置对象 session，就是跨页面保持的，当访问网站时，服务器端已经分配了一个 session 对象给用户使用，对于同一个用户，不管在哪个页面，他使用的都是同一个 session。

session，是 JSP 的 9 大内置对象之一，它对应的类（接口）是：javax.servlet.http.HttpSession。可以通过查找文档中的 javax.servlet.http.HttpSession 来了解 session 的 API。

4.6.2　如何用 session 开发购物车

首先学习一些 session 常用的 API(这些 API 都可以在文档中找到)，以方便了解 session 的一些常规操作。

1．将内容放入购物车

在 session 中，有一个函数 void session.setAttribute(String name,Object obj);，通过该函数，可以将一个对象放入购物车。

在该函数里面，参数 name 为对象起一个属性（attribute）的名字（标记）；参数 obj 就是对象本身。

例如：

```
session.setAttribute("book1","三国演义");
```

就是将一个字符串"三国演义"放入 session，命名为 book1。

特别提醒

（1）如果两次调用 setAttribute(String name,Object obj);并且 name 相同，那么后面放进去的内容将会覆盖以前放进去的内容。

（2）setAttribute(String name,Object obj);的第二个参数是 Object 类型，即可以放入

session 的不仅是一些简单字符串，还可以是 Object。集合、数据结构对象都可以放入 session，这大大提升了 session 的功能。

2. 读取购物车中的内容

读取购物车的内容，通过 session 中的一个函数 Object session.getAttribute(String name); 完成。

在该函数里面，name 就是被取出的内容所对应的标记；返回值就是内容本身。例如：

```
String str = (String)session.getAttribute("book1");
```

就是从 session 中取出标记为"book1"的内容，返回值 str 就是"三国演义"。session.getAttribute(String name);返回的是 Object 类型，意味着用户将内容从 session 中取出时，还必须进行强制转换。

实际项目中，可以使 session 中的内容多种多样。为了将 session 里面的内容很好地分门别类，可以将这几种物品先放在一个集合中，然后将集合放入 session 中，操作更加方便。代码如下。

cart3_1.jsp

```
<%@ page language="java" import="java.util.*" pageEncoding="gb2312"%>
<html>
  <body>
<%
    ArrayList books = new ArrayList();
    //向 books 中添加
    books.add("三国演义");
    books.add("西游记");
    books.add("水浒传");
    //将 books 放入 session
    session.setAttribute("books",books);
%>
<a href=" cart3_2.jsp">查看购物车</a>
</body>
</html>
```

cart3_2.jsp

```
<%@ page language="java" import="java.util.*" pageEncoding="gb2312"%>
<html>
  <body>
购物车中内容为：
<HR>
<%
    //从购物车中取出 books
    ArrayList books = (ArrayList)session.getAttribute("books");
    //遍历 books
    for(int i=0;i<books.size();i++){
```

```
            String book = (String)books.get(i);
            out.println(book + "<BR>");
        }
    %>
    </body>
    </html>
```

运行，效果正常。由于 ArrayList 中的内容是可以保持顺序的，因此显示的结果是按照添加进去的顺序。

4.7　session 其他 API

4.7.1　session 的其他操作

1. 移除 session 中的内容

session 有一个函数 void session.removeAttribute(String name);，利用该函数，可以将属性名为 name 的内容从 session 中移除。类似于在超市中买东西时，将货物从购物车中取出，放回货架。例如：

```
Session.removeAttribute("book1");
```

就是将名为"book1"的内容从 session 中移除。

2. 移除 session 中的全部内容

用 void session.invalidate();函数，可以将 session 中所有的内容移除。

应该注意的是，如果 session 中的内容被移除之后，再想得到 name 的值，会返回 null 值。

3. 预防 session 内容丢失

在 session 的使用过程中，要注意一些技巧，session 中存放的内容要注意其一致性，否则会造成数据丢失。

例如，用一个表单提交将书本放入购物车，并在页面底部打印。

sessionLost.jsp

```
<%@ page language="java" import="java.util.*" pageEncoding="gb2312"%>
<html>
  <body>
<form action="sessionLost.jsp" method="post">
    请您输入书本：<input name="book" type="text">
    <input type="submit" value="添加到购物车">
</form>
<HR>
<%
    //向 session 中放入一个集合对象
    ArrayList books = new ArrayList();
```

```
    session.setAttribute("books",books);
    //获得书名
    String book = request.getParameter("book");
    if(book!=null){
        book = new String(book.getBytes("ISO-8859-1"));
        //将 book 加进去
        books.add(book);
    }
%>
购物车中的内容是：<BR>
<%
    //遍历 books
    for(int i=0;i<books.size();i++){
        out.println(books.get(i) + "<BR>");
    }
%>
</body>
</html>
```

运行，得到如图 4-19 所示的界面。

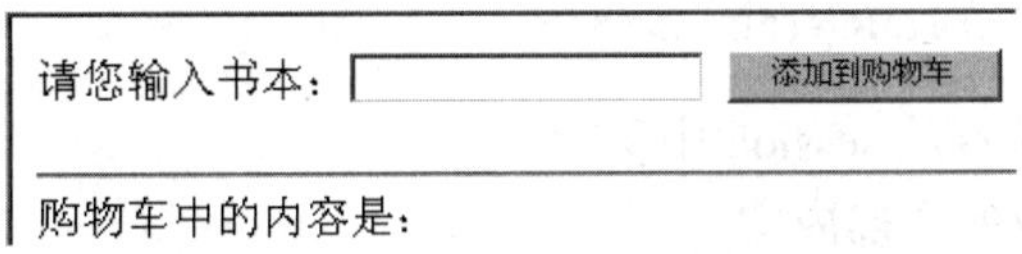

请您输入书本：　添加到购物车

购物车中的内容是：

图 4-19　sessionLost.jsp 购物车界面 1

此时购物车中没有内容。

输入“三国演义”，提交，结果如图 4-20 所示。

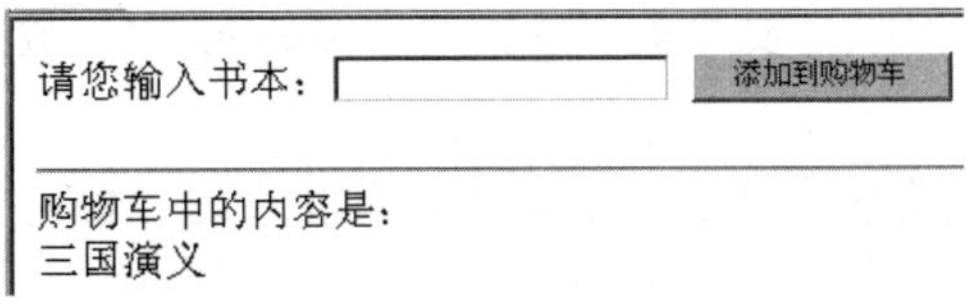

请您输入书本：　添加到购物车

购物车中的内容是：
三国演义

图 4-20　sessionLost.jsp 购物车界面 2

没有问题，但如果再输入一个“西游记”，提交，结果如图 4-21 所示。

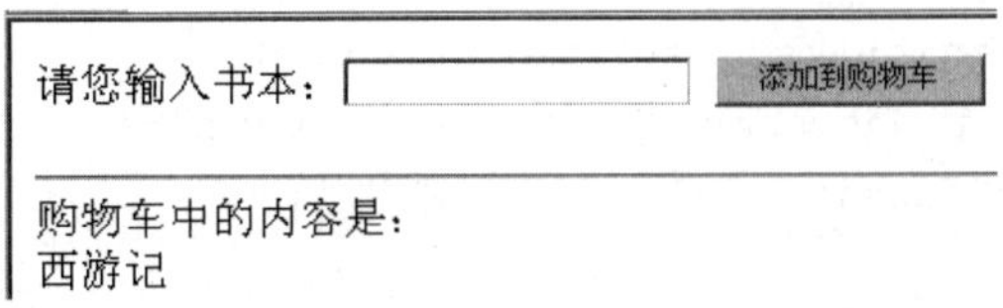

请您输入书本：　添加到购物车

购物车中的内容是：
西游记

图 4-21　sessionLost.jsp 购物车界面 3

“三国演义”丢失了。

问题出在下面这段程序。

```
⋮
<%
    //向 session 中放入一个集合对象
    ArrayList books = new ArrayList();
    session.setAttribute("books",books);
⋮
```

因为每次网页运行，都会有一个新实例化的 ArrayList 放在 session 里面，因此，第一次提交之后放入 session 中的集合和第二次提交之后放入 session 中的集合是不一样的。

解决的方法是：只有第一次运行时才 new 一个 ArrayList，其他时候使用 session 中的 ArrayList。

要知道是否是第一次运行，只需要做一个判断，因此代码可以改为如下形式。

handleSessionLost.jsp

```
<%@ page language="java" import="java.util.*" pageEncoding="gb2312"%>
<html>
  <body>
<form action=" handleSessionLost.jsp" method="post">
    请您输入书本：<input name="book" type="text">
    <input type="submit" value="添加到购物车">
</form>
<HR>
<%
    //从 session 获取 books，如果为空则实例化
    ArrayList books = (ArrayList)session.getAttribute("books");
    if(books==null){
        books = new ArrayList();
        session.setAttribute("books",books);
    }
    //获得书名
    String book = request.getParameter("book");
    if(book!=null){
        book = new String(book.getBytes("ISO-8859-1"));
        //将 book 加进去
        books.add(book);
    }
%>
购物车中的内容是：<BR>
<%
    //遍历 books
    for(int i=0;i<books.size();i++){
        out.println(books.get(i) + "<BR>");
    }
```

```
%>
    </body>
</html>
```

运行，首先输入“三国演义”，再输入“西游记”时，如图 4-22 所示。

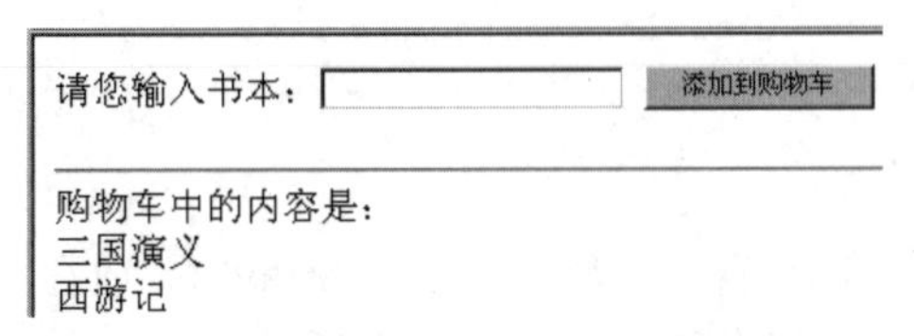

图 4-22 handleSessionLost.jsp 购物车界面

4.7.2 sessionId

从前面的例子可以看出，session 中的数据可以被同一个客户在网站的一次会话过程共享。但是对于不同客户来说，每个人的 session 是不同的。服务器上的 session 分配情况如图 4-23 所示。

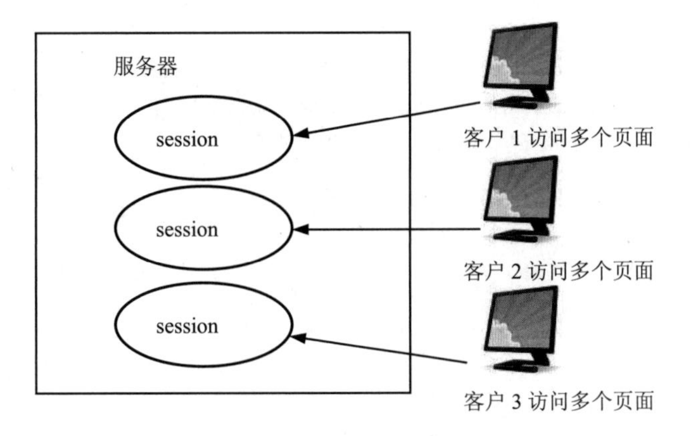

图 4-23 sessionId 的原理图

客户在访问多个页面时，多个页面用到 session，服务器如何知道该客户的多个页面使用的是同一个 session？答案是，对于每一个 session，服务器端都有一个 sessionId 来标识它。

session 有一个函数 String session.getId();，通过它可以得到当前 session 在服务器端的 Id。代码如下。

sessionId1.jsp

```
<%@ page language="java" import="java.util.*" pageEncoding="gb2312"%>
<html>
  <body>
<%
    String id = session.getId();
    out.println("当前 sessionId 为:" + id);
%>
```

```
<HR>
<a href=" sessionId2.jsp">到达下一个页面</a>
</body>
</html>
```

sessionId2.jsp

```
<%@ page language="java" import="java.util.*" pageEncoding="gb2312"%>
<html>
  <body>
<%
    String id = session.getId();
    out.println("当前 sessionId 为:" + id);
%>
</body>
</html>
```

显示效果如图 4-24 所示。

单击链接，下一个页面中显示如图 4-25 所示。

当前sessionId为:DA3F08B5E0FB13DE9D3161BBBD1B2F32

到达下一个页面

图 4-24　当前页面的 sessionId

当前sessionId为:DA3F08B5E0FB13DE9D3161BBBD1B2F32

图 4-25　另一个页面的 sessionId

从这里可以看出，同一个客户访问时，两个 Id 相同。

实际上，在第一次访问时，服务器端就给 session 分配了一个 sessionId，并且让客户端记住了这个 sessionId，客户端访问下一个页面时，又将 sessionId 传送给服务器端，服务器端根据这个 sessionId 来找到前一个页面用的 session 对象。

注意，在不同用户的机器上，显示的结果可能不一样，因为 sessionId 的分配是随机的。

4.7.3　利用 session 保存登录信息

session 的另一个作用是：可以保存登录信息。

假如用户登录学生管理系统，登录后用户可能要做很多操作，访问很多页面，在访问这些页面的过程中，各个页面如何知道用户的账号呢？

显然，在登录成功后，用户的账号可以保存在 session 中。后面的各个页面都可以访问 session 内的内容。

4.8　application 对象

session 中的数据可以被同一个客户在网站的一次会话过程共享。但是对于不同客户来说，每个人的 session 是不同的。

本节将要讲解的 application 对象，对于不同客户端来说，服务器端的对象是相同的，如图 4-26 所示。

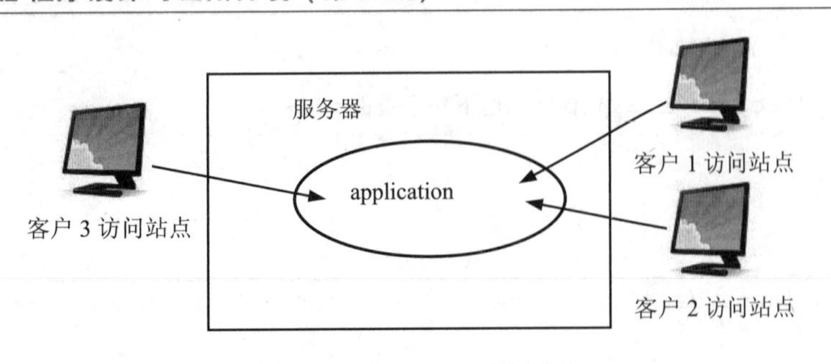

图 4-26　application 原理图

很明显，购物车是不能用 application 实现的。因为不同客户在服务器端访问的是同一个对象，如果使用 application 实现购物车，客户 1 向购物车中放了一种物品，客户 2 也可以看到，那样是不允许的。

不过，application 也并不是没有用处。例如，在网上书城中，当前在线的用户名单，所有客户浏览器上都应该能够显示。或者说，当前在线用户名单对于所有客户是共享的。此时，当前在线名单可以存放在服务器端的 application 中。

对于一个 Web 容器而言，所有的用户都共同使用一个 application 对象，服务器启动后，就会自动创建 application 对象，这个对象会一直保存，直到服务器关闭为止。

application 是 JSP 的 9 大内置对象之一，它对应的类（接口）是 javax.servlet.ServletContext，可以通过查找文档中的 javax.servlet.ServletContext 来了解 application 的 API。

首先介绍 application 对象的 API。实际上，application 对象的使用方法和 session 类似。application 对象的 API 主要有以下几个。

1．将内容放入 application

application 有一个函数：

```
void application.setAttribute(String name,Object obj);
```

该函数和 session 中 setAttribute 函数的形式相同，但 obj 是保存在 application 内的。

2．读取 application 中的内容

application 有一个函数：

```
Object application.getAttribute(String name);
```

该函数和 application 中 getAttribute 函数的形式相同，但 obj 是从 application 内读取的。

3．将内容从 application 中移除

application 有一个函数：

```
void application.removeAttribute(String name);
```

利用该函数，可以将属性名为 name 的内容从 application 中移除。

下面用一个简单的案例来实现：显示某个页面被访问的次数。很显然，这个次数应该被所有客户所知，因此，可以使用 application 实现。代码如下。

applicationTest.jsp

```
<%@ page language="java" import="java.util.*" pageEncoding="gb2312"%>
<html>
  <body>
<%
    //第一次访问，实例化 count
    Integer count = (Integer)application.getAttribute("count");
    if(count==null){
        count = new Integer(0);
    }
    count++;
    application.setAttribute("count",count);
%>
    您是该页面的第<%=count%>个访问者。
</body>
</html>
```

运行，显示如图 4-27 所示的效果。

如果另一个人访问，显示效果如图 4-28 所示。

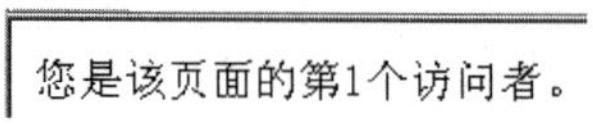

您是该页面的第1个访问者。

图 4-27　applicationTest.jsp 显示效果 1

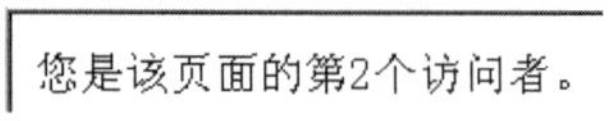

您是该页面的第2个访问者。

图 4-28　applicationTest.jsp 显示效果 2

小　　结

本章讲解了 JSP 中的内置对象 out、request、response，并介绍了 Cookie 的使用方法。另外，本章还介绍了 JSP 中内置对象 session 和 application，其中，特别介绍了购物车的开发。

上 机 习 题

1. 编写一个页面，不允许 IP 地址为 192.开头的客户访问，如果访问，则给它回送一个信息：访问禁止。

2. 在页面 1 中输入一个图书价格，到达页面 2，在页面 2 中输入一个汇率，提交，在页面 3 中显示价格/汇率的结果。

3. 登录页面中，用户输入用户名和密码，如果两者相等，则登录成功，跳转到欢迎页面。如果不成功，则不跳转，并显示“登录错误”。

4. 用户访问首页，用一个下拉菜单选择背景颜色，提交，到达欢迎页面，背景颜色为用户选择的颜色。下次用户访问欢迎页面，直接显示那种颜色，无须重新选择。

5. 在用户登录界面中，输入账号和密码，让用户选择“是否保存登录状态”，如果账号密码相等，则登录成功，进入欢迎页面。在登录时，如果保存了登录状态，下次登录时，如果访问登录页面，则进入欢迎页面。但是，客户如果没有保存登录状态，也没有经过登录就访问欢迎页面，则跳转到登录页面。

6. 编写两个页面，一个显示一些历史图书的名称和价格，一个显示一些计算机书的名称和价格。每本书后面都有一个链接：购买。单击链接，能够将该书本加到购物车。每个页面上都有链接：显示购物车。单击该链接，能够显示购物车的内容，每个内容后面都有一个“删除”链接，单击，将该图书从购物车中删除。

7. 客户输入账号和密码登录，如果账号密码相等，认为登录成功。登录成功之后，进入欢迎页面。在该页面内，有一个“退出”按钮，单击，回到登录页面。要求：退出登录之后，如果访问欢迎页面，或者通过“后退”按钮回到欢迎页面，都会跳转到登录页面。

8. 编写一个登录界面，用户登录，输入账号和密码，如果账号密码相等认为登录成功，到达聊天界面。在该界面中，显示在线名单（登录成功的所有账号）。

第5章

JSP 和 JavaBean

建议学时：2

JSP 和 JavaBean 的混合使用，可以提高系统的可扩展性，JavaBean 也能对数据进行良好的封装。本章中将首先学习 JavaBean 的概念和编写，特别对属性的编写重点进行强调，然后学习如何在 JSP 中使用 JavaBean，以及 JavaBean 的范围，最后学习 DAO 和 VO 的应用。

5.1 认识 JavaBean

很多系统中都要显示数据库中的内容。例如，在学生管理系统中，经常需要在页面上显示数据库中学生的信息，在这种情况下，必须访问数据库。传统情况下，可以将访问数据库的代码写在 JSP 内，如图 5-1 所示。

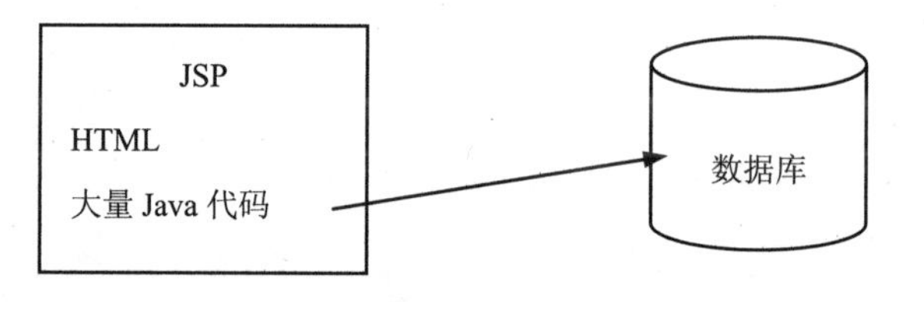

图 5-1 JSP 访问数据库

在 JSP 内嵌入大量的 Java 代码，可能会造成维护不方便。试想，如果 JSP 页面上需要进行复杂的 HTML 显示，又要写大量的 Java 代码，该页面的编写人员岂不是既要是 HTML 专家，又要是 Java 专家。因此，最好的办法是，将 JSP 中的 Java 代码移植到 Java 类当中，如图 5-2 所示。

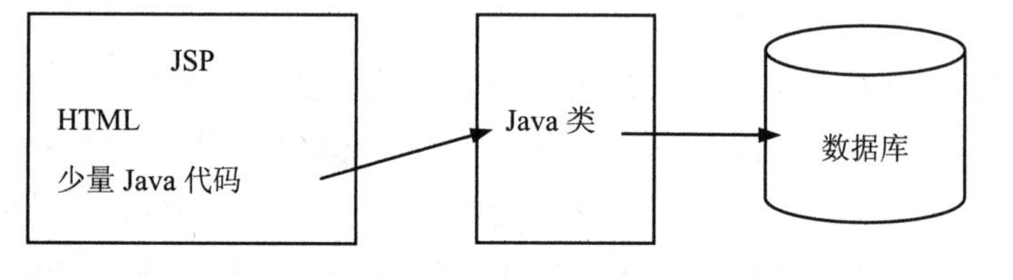

图 5-2 Java 类访问数据库

这些可能使用到的 Java 类，就是 JavaBean。

在 JavaBean 中，可以将控制逻辑、值、数据库访问和其他对象进行封装，并且其可以被其他应用来调用。实际上，JavaBean 就是一种 Java 的组件技术。JavaBean 的作用是向用户提供实现特定逻辑的方法接口，而具体的实现则封装在组件的内部，不同的用户就根据具体的应用情况来使用该组件的部分或者全部控制逻辑。

JavaBean 支持两种组件：可视化组件和非可视化组件。对于可视化组件，开发人员可以在运行的结果中看到界面效果；而非可视化组件一般不能观察到，其主要用在服务器端。JSP 只支持非可视化组件。

JavaBean 有广义的和狭义的两种概念。广义的 JavaBean 是指普通的 Java 类；狭义的 JavaBean 是指严格按照 JavaBean 规范编写的 Java 类。本书中两种概念都使用。

5.1.1 编写 JavaBean

在 MyEclipse 中编写 JavaBean 时，一般情况下，将 JavaBean 的源代码放在 src 根目录下，首先建立 Web 项目 Prj05，然后在 src 根目录下创建一个包，名为 beans（名字也可以自己定义），然后右击包名，建立相应的类，如 Student（名字可以自己定义）。打开 Student.java，可以编写如下简单的 JavaBean 实例。

Student.java

```
package beans;

public class Student {
    private String stuno;
    private String stuname;
    public String getStuno() {
        return stuno;
    }
    public void setStuno(String stuno) {
        this.stuno = stuno;
    }
    public String getStuname() {
        return stuname;
    }
    public void setStuname(String stuname) {
        this.stuname = stuname;
    }
}
```

从上面的例子可以看出，在 JavaBean 中不仅要定义其成员变量，还对成员变量定义了 setter/getter 方法。对于每一个成员变量，定义了一个 getter 方法，一个 setter 方法。

JavaBean 规定，成员变量的读写，通过 getter 和 setter 方法进行。此时，该成员变量成为属性。对于每一个可读属性，定义一个 getter 方法；而对于每一个可写属性，定义了一个 setter 方法。

在上面的 Bean 中定义了 stunano 和 stuname 属性，分别表示学生的学号和姓名，然后还定义了 setter/getter 方法来存取这两个属性。

注意，JavaBean 组件属性编写时，需要满足以下两点。

（1）通过 getter/setter 方法来读/写变量的值，对应的变量首字母必须大写。如下面代码中的 getStuname 和 setStuname。

```
private String stuname;
public String getStuname() {
        return stuname;
    }
    public void setStuname(String stuname) {
        this.stuname = stuname;
    }
```

（2）属性名称由 getter 和 setter 方法决定。代码如下。

```
private String name;
public String getXingming() {
    return name;
}
public void setXingming(String name) {
    this.name = name;
}
```

此时，系统中定义的属性名称为 xingming，而不是 name。

5.1.2　特殊 JavaBean 属性

在 Student 这个 JavaBean 中，属性的类型是 String 类型，属于正常数据类型。当然，JavaBean 还可以使用其他的特殊类型，如 boolean 类型、数组类型等。下面将一一讲解。

1．给 boolean 类型设置属性，要将 getter 方法改为 is 方法

例如，在某个 JavaBean 中，有一个“是否会员”的属性，其类型是 boolean，其属性的定义使用了 is 方法。

```
…
    private boolean member;
    public boolean isMember() {
        return isMember;
    }
    public void setMember(boolean isMember) {
        this.isMember = isMember;
    }
…
```

2．数组属性

例如，某个 JavaBean 中，有一个数组属性，保存用户的电话号码，其属性的定义也需要遵循相应规范。

```
…
    private String[] phones;
```

```
    public String[] getPhones() {
        return phones;
    }
    public void setPhones(String[] phones) {
        this.phones = phones;
    }
...
```

注意，建立属性，MyEclipse 提供了较为方便的做法，右击代码界面，选择 Source→Generate Getters and Setters...命令，如图 5-3 所示。

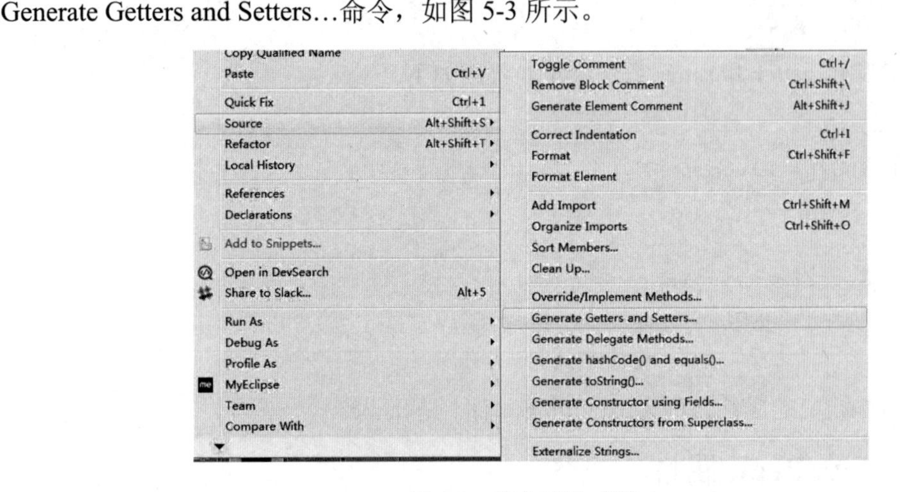

图 5-3　建立属性-步骤 1

单击，在如图 5-4 所示的界面中给相应的属性打勾即可。

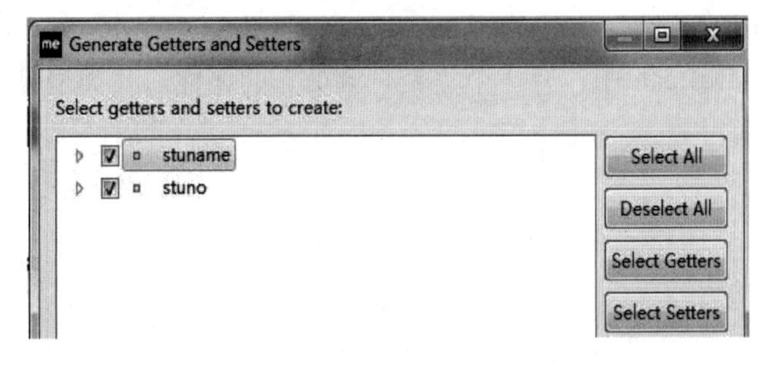

图 5-4　建立属性-步骤 2

5.2　在 JSP 中使用 JavaBean

在 5.1 节中创建了 JavaBean，目的是在 JSP 页面中使用 JavaBean。接下来介绍如何使用 JavaBean。

1. 定义 JavaBean

定义 JavaBean，有两种方法可供选择。

（1）直接在 JSP 中实例化 JavaBean。代码如下。

```
<%
   Student student = new Student();
   //使用 student
%>
```

但是这种方法是在 JSP 中使用 Java 代码。

（2）使用<jsp:useBean>标签

<jsp:useBean>的基本用法如下所示。

```
<jsp:useBean id="idName" class="package.class" scope="page|session|…">
</jsp:useBean>
```

在该标签中，属性 id 的作用是指定 JavaBean 对象的名称。属性 class 是指定用哪个类来实例化 JavaBean 对象。属性 scope 是指定对象的作用范围，将在后面讲解。

如下代码：

```
<jsp:useBean id="student" class="beans.Student"></jsp:useBean>
```

就相当于第一种情况中的代码。因此，jsp:useBean 动作其实就相当于 Java 代码中的 new 操作，在 JSP 页面实例化了 JavaBean 的对象。

问答

问：既然两者作用相同，为什么一定要发明第二种做法？

答：从网页编写人员的角度讲，希望看到的是大量的标签，而不是大量的 Java 代码。

下面利用简单的例子介绍 jsp:useBean 动作的用法。

useBean.jsp

```
<%@ page language="java" import="beans.Student"
   contentType="text/html; charset=gb2312"%>
<jsp:useBean id="student" class="beans.Student"></jsp:useBean>
</jsp:useBean>
```

在该例子中，使用 jsp:useBean 动作实例化了 Student 的对象，对象名是 student。

2. 设置 JavaBean 属性

在实际应用开发中，定义 JavaBean 之后，需要在 JSP 页面中设置 JavaBean 组件的属性，也就是说调用 setter 方法。同样，也有两种方式。

（1）直接编写 Java 代码。如下所示。

```
<jsp:useBean id="student" class="beans.Student"></jsp:useBean>
<%
   student.setStuname("张华");
%>
```

但是这种方法也是在 JSP 中使用 Java 代码。

（2）使用<jsp:setProperty>标签。由于属性值的来源可以是字符串、请求参数或者表达式等，因此 jsp:setProperty 动作的基本语法规则要根据相应的来源而定。

当值的来源是 String 常量时，jsp:setProperty 动作的基本语法如下所示。

```
<jsp:setProperty property="属性名称" name="bean对象名" value="常量" />
```

因此，第一种情况下的代码可以改为如下所示。

```
<jsp:useBean id="student" class="beans.Student"></jsp:useBean>
<jsp:setProperty property="stuname" name="student" value="张华" />
```

当值的来源是 request 参数时，jsp:setProperty 动作的基本语法如下所示。

```
<jsp:setProperty property="属性名称" name="bean对象名" param="参数名" />
```

如下代码：

```
<jsp:useBean id="student" class="beans.Student"></jsp:useBean>
<jsp:setProperty property="stuname" name="student" param="studentName" />
```

等价于：

```
<jsp:useBean id="student" class="beans.Student"></jsp:useBean>
<%String str = request.getParameter("studentName");%>
<jsp:setProperty property="name" name="student" value="<%=str%>" />
```

下面的例子显示了如何设置属性值。

setProperty.jsp

```
<%@ page language="java" import="beans.Student"
    contentType="text/html; charset=gb2312"%>
<jsp:useBean id="student" class="beans.Student"></jsp:useBean>
<jsp:setProperty property="name" name="student" param="studentName" />
<%= student.getStuname()%>
```

输入 URL：http://localhost:8080/Prj05/setProperty.jsp?studentName=rose，显示效果如图 5-5 所示。

rose

图 5-5　setProperty.jsp 页面运行效果

在该例子中把前面定义的 Student.java 通过 import 属性导入进来，并且使用 jsp:useBean 动作实例化 Student 组件，会创建一个名叫 student 的实例，接着使用 jsp:setProperty 动作把 student 中的 name 属性赋值为参数 studentName 传进来的值。

还有一种方法，<jsp:setProperty property="*" name="student" />表示将所有和属性名相同的参数的值放入 student 相应的属性中。

3. 获取 JavaBean 属性

获取 JavaBean 的属性，并打印显示，同样也有两种方法。

（1）使用 JSP 表达式或者 JSP 程序段。如下所示。

```
<%@ page language="java" import="beans.Student"
    contentType="text/html; charset=gb2312"%>
<jsp:useBean id="student" class="beans.Student"></jsp:useBean>
```

```
<jsp:setProperty property="name" name="student" value="rose" />
<%=student.getStuname()%>
```

在此段代码中，<%=student.getStuname ()%>是 JSP 表达式。也属于 Java 代码。

（2）使用 jsp:getProperty 动作。jsp:getProperty 动作的基本语法如下。

```
<jsp:getProperty property="属性名称" name="bean 对象名" />
```

例如，setProperty.jsp 最后一行可以改为如下所示。

```
<jsp:getProperty property="stuname" name="student" />
```

5.3 JavaBean 的范围

在前面的例子中，使用 jsp:useBean 动作来实例化 JavaBean 实例，在其中用到 scope 属性来指定其作用范围。不同的属性值代表着不同的作用范围，也就是说可以满足不同的项目需求。因此，只有了解它们的区别，才能在实际应用开发中灵活运用。首先回顾 jsp:useBean 动作的用法。

```
<jsp:useBean id="idName" class="package.class" scope="page|session|…">
</jsp:useBean>
```

scope 可以有如下几种选择。

page：表示 JavaBean 对象的作用范围只是在实例化其的页面上，只在当前页面可用，在别的页面中不能认识。

request：表示 JavaBean 实例除了可以在当前页面上可用之外，还可以在通过 forward 方法跳转的目标页面中被认识到。

session：表示 JavaBean 对象可以存在 session 中，该对象可以被同一个用户一次会话的所有页面认识到。

application：表示 JavaBean 对象可以存在 application 中，该对象可以被所有用户的所有页面认识到。

1. page 范围

如前所述，page 范围表示 JavaBean 对象的作用范围只是在实例化其的页面上，只在当前页面可用，在别的页面中不能被认识。

下面看简单的 page 范围的例子。

page1.jsp

```
<%@ page language="java" contentType="text/html; charset=gb2312"%>
<jsp:useBean id="student" class="beans.Student" scope="page">
    <jsp:setProperty property="stuname" name="student" value="rose" />
</jsp:useBean>
<html>
    <body>
        学生姓名：<jsp:getProperty name="student" property="stuname" />
```

```
    </body>
</html>
```

运行上述程序，得到如图 5-6 所示的效果。

再编写另外一个页面。

page2.jsp

```
<%@ page language="java" contentType="text/html; charset=gb2312"%>
<jsp:useBean id="student" class="beans.Student" scope="page"></jsp:useBean>
<html>
    <body>
        学生姓名：<jsp:getProperty name="student" property="stuname" />
    </body>
</html>
```

此时，运行程序，得到如图 5-7 所示的效果。

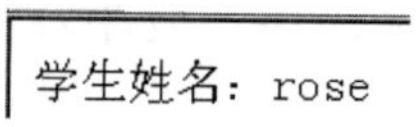

学生姓名：rose

图 5-6　page1.jsp 页面运行效果

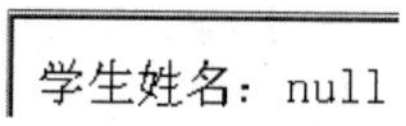

学生姓名：null

图 5-7　page2.jsp 页面运行效果

这说明在第二个页面中无法认识第一个页面中的 bean 对象。

2. request 范围

如前所述，request 范围表示 JavaBean 实例除了可以在当前页面上可用之外，还可以在通过 forward 方法跳转的目标页面中被认识到。

下面是简单的 request 范围的例子。

request1.jsp

```
<%@ page language="java" contentType="text/html; charset=gb2312"%>
<jsp:useBean id="student" class="beans.Student" scope="request">
    <jsp:setProperty property="stuname" name="student" value="rose" />
</jsp:useBean>
<html>
    <body>
        <jsp:forward page="request2.jsp"></jsp:forward>
    </body>
</html>
```

运行程序，跳转到 request2.jsp 页面，该页面代码如下所示。

request2.jsp

```
<%@ page language="java" contentType="text/html; charset=gb2312"%>
<jsp:useBean id="student" class="beans.Student" scope="request">
</jsp:useBean>
<html>
    <body>
```

```
        学生姓名：<jsp:getProperty name="student" property="stuname" />
    </body>
</html>
```

运行 request1.jsp 程序，显示效果如图 5-8 所示。

说明在第二个页面中能够认识第一个页面中的 bean 对象。

注意，第二个页面必须由第一个页面跳转过去，并且应该是 forward 跳转，否则不会得到正常结果。

3. session 范围

如前所述，session 范围表示 JavaBean 对象可以存在 session 中，该对象可以被同一个用户同一次会话的所有页面认识到。下面是一个 session 范围的例子。

session1.jsp

```
<%@ page language="java" contentType="text/html; charset=gb2312"%>
<jsp:useBean id="student" class="beans.Student" scope="session">
    <jsp:setProperty property="stuname" name="student" value="rose" />
</jsp:useBean>
<html>
    <body>
        学生姓名：<jsp:getProperty name="student" property="stuname" />
    </body>
</html>
```

运行程序，结果如图 5-9 所示。

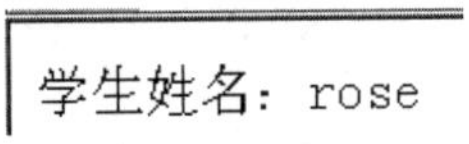

学生姓名：rose

图 5-8 request1.jsp 页面运行效果

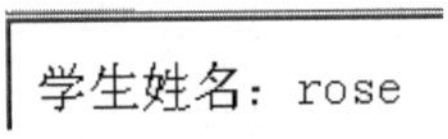

学生姓名：rose

图 5-9 session1.jsp 页面运行效果

再编写一个 session2.jsp 程序，该页面代码如下。

session2.jsp

```
<%@ page language="java" contentType="text/html; charset=gb2312"%>
<jsp:useBean id="student" class="beans.Student" scope="session"></jsp:useBean>
<html>
    <body>
        学生姓名：<jsp:getProperty name="student" property="stuname" />
    </body>
</html>
```

学生姓名：rose

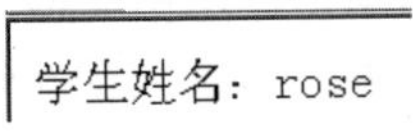

图 5-10 session2.jsp 页面运行效果

此时，运行 session2.jsp，显示结果如图 5-10 所示。

说明在第二个页面中可以认识第一个页面中的 bean 对象。第二个页面不必由第一个页面跳转过去，因为对象保存在 session 内。但是要保证是同一个客户端。

4. application 范围

如前所述，application 范围表示 JavaBean 对象可以存在 application 中，该对象可以被所有用户的所有页面认识到。当 scope 的属性值为 application 时，jsp:useBean 动作所实例化的对象就会保存在服务器的内存空间中，直到服务器关闭，才会被移除。在此期间如果有其他的 JSP 程序需要调用到该 JavaBean，jsp:useBean 动作不会创建新的实例。具体程序，读者可以自己编写测试。

5.4 DAO 和 VO

5.4.1 为什么需要 DAO 和 VO

JavaBean 的一个最重要的应用，就是将数据库查询的代码，从 JSP 中移到 JavaBean 中。

在前面章节的例子中，如果要进行数据库查询，则必须在 JSP 中直接使用 JDBC 代码，来对数据库进行操作。但在实际的开发应用中，处理方法是将访问数据库的操作放到特定的类中去处理，JSP 作为表示层，可以在表示层中调用这个特定的类提供的方法，去对数据库进行操作。

通常将该 Java 类叫做 DAO（Data Access Object）类，专门负责对数据库的访问。

本例中，实现了对数据库中各个学生的学号、姓名的显示。所用的数据源是 ODBC，名称为 DSSchool，学生的信息存储在表 T_STUDENT 中，其中存储了学生的学号（STUNO）、姓名（STUNAME）、性别（STUSEX）等信息。

显示的效果如图 5-11 所示。

学号	姓名
0001	王海
0002	冯山
0003	张平
0004	刘欢
0005	谈伟

图 5-11　学生列表

显然，可以将数据库查询的代码写在 DAO 内。然后让 JSP 调用 DAO。DAO 通过查询，得到相应结果，返回给用户。

在通常情况下，可以使用 VO(Value Object)来配合 DAO 来使用，在 DAO 中，可以每查询到一条记录，就将其封装为 Student 对象，该 Student 对象就是一个 VO，最后将所有实例化的 VO 存放在集合内返回。这样就可以实现层次的分开，降低耦合度。

很明显，本章开头编写的 beans.Student 就可以充当 VO 的角色。

5.4.2 编写 DAO 和 VO

VO 的编写省略，因为可以直接使用本章开头编写的 beans.Student，VO 就是一个普通的 JavaBean。

然后，将数据库的操作都封装在 DAO 内，把从数据库查询到的信息实例化为 VO，放到 ArrayList 数组里返回。DAO 类的代码如下。

StudentDao.java

```
package dao;
import java.sql.Connection;
import java.sql.DriverManager;
```

```
import java.sql.ResultSet;
import java.sql.SQLException;
import java.sql.Statement;
import java.util.ArrayList;
import beans.Student;
public class StudentDao {
    public ArrayList queryAllStudents() throws Exception {
        Connection conn = null;
        ArrayList students= new ArrayList();
        try {
            //获取连接
            Class.forName("sun.jdbc.odbc.JdbcOdbcDriver");
            String url="jdbc:odbc:DsSchool";
            conn = DriverManager.getConnection(url, "", "");
            // 运行 SQL 语句
            String sql = "SELECT STUNO,STUNAME from T_STUDENT";
            Statement stat = conn.createStatement();
            ResultSet rs = stat.executeQuery(sql);
            while (rs.next()) {
              //实例化 VO
                Student student = new Student();
                student.setStuno(rs.getString("STUNO"));
                student.setStuname(rs.getString("STUNAME"));
                students.add(student);
            }
            rs.close();
            stat.close();
        } catch (SQLException e) {
            e.printStackTrace();
        } finally {
            try {// 关闭连接
                if (conn != null) {
                    conn.close();
                    conn = null;
                }
            } catch (Exception ex) {
            }
        }
        return students;
    }
}
```

5.4.3　在 JSP 中使用 DAO 和 VO

此时，就可以在 JSP 中调用上面的 DAO 类去访问数据库了。首先要使用 page 指令导入前面已经写好的 StudentDao 和 Student，接着使用 DAO 类的实例去访问数据库，会把信息存储在 ArrayList 数组中，最后打印数据库中学生的信息，代码如下。

daoExample.jsp

```
<%@ page language="java" import="java.util.*,java.sql.*"
    pageEncoding="gb2312"%>
<%@page import="dao.StudentDao"%>
<%@page import="beans.Student"%>
<html>
    <body>
        <%
            StudentDao studentDao = new StudentDao();
            ArrayList students= studentDao.queryAllStudents();
        %>
        <table border=2>
            <tr>
                <td>学号</td>
                <td>姓名</td>
            </tr>
            <%
                for (int i = 0; i < students.size(); i++) {
                    Student student=(Student)students.get(i);
            %>
            <tr>
                <td><%=student.getStuno()%></td>
                <td><%=student.getStuname()%></td>
            </tr>
            <%
                }
            %>
        </table>
    </body>
</html>
```

在该例子中使用了前面定义的 StudentDao 类，从中就可以得到存放学生信息的数组。在客户端运行，就可以得到相应的效果。

可见，使用了该方式来操作数据库，代码更容易维护，程序员的效率自然更高。

不过，用了 DAO 和 VO，似乎也没有从 JSP 中完全消除 Java 代码。但是与之前直接写 JDBC 代码相比还是好多了；另外，还有一个好处是，在 JSP 内没有出现任何与 JDBC 有关的代码。编程人员不需要知道数据库的结构和细节，开发时便于分工。

小　　结

本章学习了 JavaBean 的概念和编写，特别对属性的编写进行重点强调，然后学习在

JSP 中使用 JavaBean，以及 JavaBean 的范围，最后讲解了 DAO 和 VO 的应用。

上 机 习 题

1. 编写一个 JavaBean：Book.java，含有属性：bookid(String)、bookname(String)、bookprice(double)，并编写 getter、setter 函数。

2. 编写一个 JavaBean：Customer.java，含有属性：account(String)、password(String)、cname(String)；给这个 JavaBean 增加一个属性 member(boolean，表示是否是会员)并编写相应访问函数。

在数据库中建立表格 T_BOOK(BOOKID,BOOKNAME,BOOKPRICE)，插入一些记录。

3. 制作一个查询页面，输入两个数字，显示价格在这两个数字之间的图书信息。要求使用 DAO 和 VO 实现。

4. 实现图书记录的删除功能，首先显示全部图书的资料，通过每一种图书后的“删除”链接，可以删除该图书记录。要求使用 DAO 和 VO 实现。

第6章

Servlet 基础编程

建议学时：2

Servlet 是运行在 Web 服务器端的 Java 程序，可以生成动态的 Web 页面，属于客户与服务器响应的中间层。实际上，JSP 在底层就是一个 Servlet。本章将介绍 Servlet 的作用，如何创建一个 Servlet，Servlet 的生命周期，Servlet 中如何使用 JSP 页面中常用的内置对象。

另外，本章还将学习 Web 容器中，欢迎页面的设定、初始化参数的设定等。

6.1 认识 Servlet

在学习 JSP 时，有读者可能会发问：Java 是面向对象的语言，任何 Java 代码都必须放到类中。但是在 JSP 中，似乎没有看到类的定义，这是怎么回事？

实际上，在运行 JSP 时，服务器底层将 JSP 会编译成一个 Java 类，这个类就是 Servlet。从概念上说，Servlet 是一种运行在服务器端（一般指的是 Web 服务器）的 Java 应用程序，可以生成动态的 Web 页面，它是属于客户与服务器响应的中间层。因此，可以说，JSP 就是 Servlet。两者可以实现同样的页面效果，不过，编写 JSP 和编写 Servlet 相比，前者成本低得多。

问答

问：既然这样，Servlet 还有什么学习的价值？

答：Servlet 属于 JSP 的底层，学习它有助于了解底层细节；另外，Servlet 毕竟是一个 Java 类，适合纯编程，如果是纯编程的话，比将 Java 代码混合在 HTML 中的 JSP 要好得多。

6.2 编写 Servlet

6.2.1 建立 Servlet

首先创建 Web 项目 Prj06，本节建立一个最简单的 Servlet，该 Servlet 的作用是，访问这个 Servlet，显示一句欢迎信息。在项目中，首先建立一个包用来存放 Servlet，名字可以自己确定，此处为 servlets，由于 Servlet 本质上是一个 Java 类，因此，可以直接建立一个类：WelcomeServlet，放到 servlets 包中，如图 6-1 所示。

Prj06
src
servlets
WelcomeServlet.java

图 6-1　创建 Java 类

此时，WelcomeServlet 内没有任何代码。

接下来，就开始编写 Servlet。

一个普通的类，不可能成为 Servlet，要想成为 Servlet，还需要进行以下步骤。

1. 让这个类继承 javax.servlet.http.HttpServlet

```
import javax.servlet.http.HttpServlet;
public class WelcomeServlet extends HttpServlet{}
```

2. 重写 HttpServlet 的 doGet()方法

由于直接访问 Servlet，是属于 get 方法请求，因此，在 doGet 方法中进行输出，该方法是 HttpServlet 中定义的方法。因此，整个代码变为如下所示。

WelcomeServlet.java

```
package servlets;

import java.io.IOException;
import java.io.PrintWriter;
import javax.servlet.ServletException;
import javax.servlet.http.HttpServlet;
import javax.servlet.http.HttpServletRequest;
import javax.servlet.http.HttpServletResponse;

public class WelcomeServlet extends HttpServlet{
protected  void  doGet(HttpServletRequest  request,  HttpServletResponse
response)
throws ServletException, IOException {
        response.setContentType("text/html;charset=gb2312");
        PrintWriter out = response.getWriter();
        out.println("欢迎来到本系统！");
    }
}
```

综上所述，已经建好一个 Servlet 程序了。

注意，建立 Servlet，还有一种比较简便的方法。右击包，选择 New→Servlet 命令，如图 6-2 所示。

在弹出的界面中，配置相应信息，如图 6-3 所示，也能得到类似代码。

3. 配置 Servlet

编写完一个 Servlet 后，还不能直接访问，必须要配置 Servlet，其才能通过 URL 映射到与之对应的 Servlet 中来，用户才能对它进行访问。

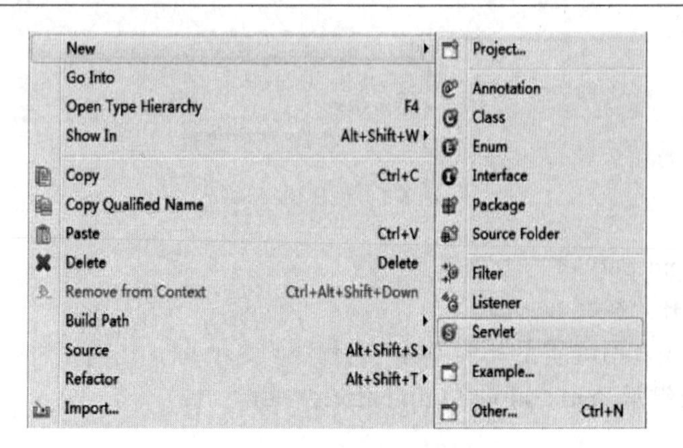

图 6-2　快捷方式创建 Servlet

Servlet 的配置是通过 web.xml 的文件来实现的，如图 6-4 所示。

图 6-3　相应的配置信息

WebRoot
META-INF
WEB-INF
lib
web.xml

图 6-4　web.xml 路径

可以清楚地看到，web.xml 文件位于 WebRoot/WEB-INF 下面。

首先来看配置好的 web.xml 的结构。

```
<?xml version="1.0" encoding="UTF-8"?>
<web-app version="2.5" xmlns="http://java.sun.com/xml/ns/javaee"
    xmlns:xsi="http://www.w3.org/2001/XMLSchema-instance"
    xsi:schemaLocation="http://java.sun.com/xml/ns/javaee
    http://java.sun.com/xml/ns/javaee/web-app_2_5.xsd">
  <servlet>
   <servlet-name>WelcomeServlet</servlet-name>
   <servlet-class>servlets.WelcomeServlet</servlet-class>
  </servlet>
  <servlet-mapping>
   <servlet-name>WelcomeServlet</servlet-name>
   <url-pattern>/servlets/WelcomeServlet</url-pattern>
 </servlet-mapping>
```

```
</web-app>
```

以上配置表示，给 servlets.WelcomeServlet 起名为 WelcomeServlet，在访问时，以：

http://服务器:端口/项目虚拟目录名/servlets/WelcomeServlet

为访问的 URL，如 http://localhost:8080/Prj06/servlets/WelcomeServlet。

注意：

```
<servlet-name>WelcomeServlet</servlet-name>
```

可以自己命名，不一定要与源文件名字一样。但是两个 servlet-name 名字必须要相同。同时：

```
<url-pattern>/servlets/FirstServlet</url-pattern>
```

中，url-pattern 也不一定是 Servlet 的类路径，比如，可以改为：

```
<url-pattern>/AAA</url-pattern>
```

访问时的 URL 为 http://localhost:8080/Prj06/AAA。

4. 部署 Servlet

Servlet 的部署和前面讲过的 JSP 的部署是相同的，只要部署整个项目就行。不过，需要指出的是，Servlet 部署之后，Servlet 的 class 文件在服务器 Tomcat 相应项目目录的 WEB-INF/classes 下面，如图 6-5 所示。

图 6-5　生成的 class 文件的路径

实际上，src 目录下的所有源文件经过部署，都会放在 Tomcat 相应项目目录的 WEB-INF/classes 下面。

5. 测试 Servlet

部署后在浏览器上输入：

```
http://localhost:8080/Prj06/servlets/WelcomeServlet
```

运行结果如图 6-6 所示。

欢迎来到本系统！

图 6-6　访问 Servlet

6.2.2　Servlet 运行机制

本节讲解 Servlet 的运行机制。将前面的 Servlet 进行修改，代码如下。

WelcomeServlet.java

```
...
public class WelcomeServlet extends HttpServlet{
```

```
    public WelcomeServlet(){
        System.out.println("WelcomeServlet 构造函数");
    }
    protected void doGet(HttpServletRequest request,
            HttpServletResponse response) throws ServletException,
            IOException {
        System.out.println("WelcomeServlet.doGet 函数");
    }
}
```

给这个 Servlet 增加了一个构造函数，并在 doGet 函数中也打印一个标记。重新部署，运行这个 Servlet，控制台打印，如图 6-7 所示。

说明初次运行，系统会实例化 Servlet。在不关闭服务器的情况下，如果再次访问这个 Servlet，控制台会打印，如图 6-8 所示。

```
WelcomeServlet构造函数
WelcomeServlet.doGet函数
```

图 6-7　运行 Servlet 的控制台输出 1

```
WelcomeServlet构造函数
WelcomeServlet.doGet函数
WelcomeServlet.doGet函数
```

图 6-8　运行 Servlet 的控制台输出 2

可以看出第一次访问运行了构造函数和 doGet 函数，而第二次访问仅运行了 doGet，这说明两次访问总共只创建了一个对象。

读者可能会问，既然只创建了一个对象，那么很多个用户同时访问的时候，会不会造成等待？答案是不会的。因为 Servlet 采用的是多线程机制，每一次请求，系统就分配一个线程来运行 doGet 函数。但是这样也会带来安全问题，一般说来，不要在 Servlet 内定义成员变量，除非这些成员变量是所有的用户共用的。

6.3　Servlet 生命周期

Servlet 内的方法有以下几个。

1. init()方法

从前面可以看出，一个 Servlet 在服务器上最多只会驻留一个实例。所以说第一次调用 Servlet 时，将会创建一个实例。在实例化的过程中，HttpServlet 中的 init()方法会被调用。因此，可以将一些初始化代码放在该函数内。

2. doGet()/doPost()/service()方法

Servlet 有两个处理方法：doGet()和 doPost()。

doGet()在以 get 方式请求 Servlet 时运行。常见的 get 请求方式有：链接、get 方式表单提交、直接访问 Servlet。

doPost()在以 post 方式请求 Servlet 时运行。常见的 post 请求为 post 方式表单提交。

事实上，客户端对 Servlet 发送一个请求过来，服务器端将会开启一个线程，该线程会调用 service()方法，service()方法会根据收到的客户端的请求类型来决定是调用 doGet()还是 doPost()。但是，一般情况下不用覆盖 service()方法，使用 doGet()与 doPost()方法，一样

可以达到处理的目的。

3. destroy()方法

destroy()方法在 Servlet 实例消亡时自动调用。在 Web 服务器运行 Servlet 实例时，因为一些原因，Servlet 对象会消亡。如果在此 Servlet 消亡之前，还必须进行某些操作，比如释放数据库连接以节省资源等，这时就可以重写 destroy()方法。

综上所述，Servlet 的生命周期如图 6-9 所示。

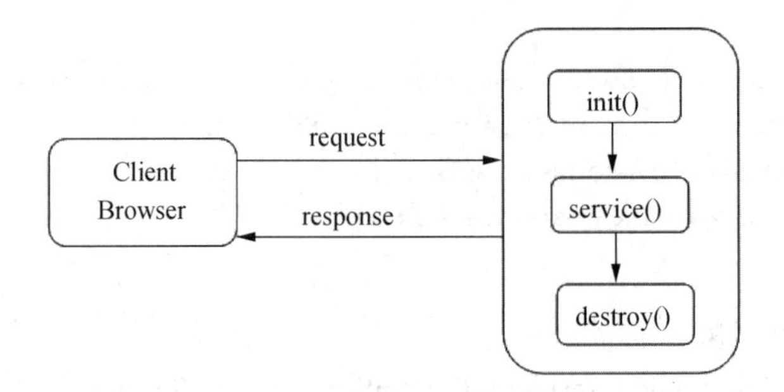

图 6-9　Servlet 生命周期图

从图 6-9 中可以看出：当客户端向 Web 服务器提出第一次 Servlet 请求时，Web 服务器会实例化一个 Servlet，并且调用 init()方法；如果 Web 服务器中已经存在了一个 Servlet 实例，将直接使用此实例；然后调用 service()方法，service()方法将根据客户端的请求方式来决定调用对应的 doXXX()方法；当 Servlet 从 Web 服务器中消亡时，Web 服务器将会调用 Servlet 的 destroy()方法。

6.4　Servlet 与 JSP 内置对象

既然 JSP 和 Servlet 等价，在 JSP 中可以使用内置对象，那么在 Servlet 中应该也可以使用。下面讲解获得内置对象的方法。

1. 获得 out 对象

JSP 中的 out 对象，一般可以使用 doXXX 方法中的 response 参数获得，下面是一个简单的例子，得到 out 对象。

```
import java.io.PrintWriter;
…
    public void doGet(HttpServletRequest request, HttpServletResponse
    response)
            throws ServletException, IOException {
        PrintWriter out = response.getWriter();
        //使用 out 对象
    }
…
```

不过，默认情况下，out 对象是无法打印中文的。这是因为 out 输出流中有中文没有设置编码。为了解决这个问题，可以将 doGet 代码改为如下。

```
response.setContentType("text/html;charset=gb2312");
PrintWriter out = response.getWriter();
//使用 out 对象
```

2. 获得 request 和 response 对象

Servlet 中获得 JSP 页面中的 request 对象和 response 对象非常容易，因为它已经作为参数传到 doXXX()方法中了。

```
public void doGet(HttpServletRequest request, HttpServletResponse response)
            throws ServletException, IOException {
    //将 request 参数当成 request 对象使用
    //将 response 参数当成 response 对象使用
}
```

3. 获得 session 对象

session 对象对应的是 javax.servlet.http.HttpSession，在 Servlet 中它可以通过下面的代码获得。

```
import javax.servlet.http.HttpSession;
…
public void doGet(HttpServletRequest request, HttpServletResponse response)
            throws ServletException, IOException {
HttpSession session = request.getSession();
//将 session 当成 session 对象来使用
}
…
```

4. 获得 application 对象

application 对象对应的是 javax.servlet.ServletContext，在 Servlet 中可以通过下面的代码获得。

```
import javax.servlet.ServletContext;
…
public void doGet(HttpServletRequest request, HttpServletResponse response)
            throws ServletException, IOException {
ServletContext application = this.get ServletContext();
//将 application 当成 application 对象来使用
}
…
```

其他对象由于使用较少，在此不再叙述。

6.5 设置欢迎页面

在很多的门户网站中，都会把自己的首页作为网站的欢迎页面。设置完欢迎页面后，用户登录时输入的 URL 只需为该门户网站的虚拟路径时，就可以自动访问欢迎页面。

假如学生管理系统希望用户在只输入网站的虚拟目录时，就能够来到它的欢迎页面。应该怎么实现呢？这里就涉及 web.xml 里面的一个设置项，如下所示。

```
<?xml version="1.0" encoding="UTF-8"?>
<web-app version="2.5"
    xmlns="http://java.sun.com/xml/ns/javaee"
    xmlns:xsi="http://www.w3.org/2001/XMLSchema-instance"
    xsi:schemaLocation="http://java.sun.com/xml/ns/javaee
    http://java.sun.com/xml/ns/javaee/web-app_2_5.xsd">
…
<welcome-file-list>
<!-- 所要设定的欢迎页面 -->
   <welcome-file>welcom.jsp</welcome-file>
  </welcome-file-list>
…
```

只要如上设置好欢迎页面时，就能够实现在只输入虚拟目录的情况下，来到学生管理系统的欢迎页面。如下是系统的欢迎页面。

welcome.jsp

```
<%@ page language="java" import="java.util.*" pageEncoding="gb2312"%>
<html>
  <body>
   欢迎来到本系统<br>
  </body>
</html>
```

部署后，如果是以往的话需要在浏览器中输入：

```
http://localhost:8080/Prj06/welcome.jsp
```

但是，当设置完欢迎页面后，只需要在浏览器中输入：

```
http://localhost:8080/Prj06/
```

运行得到如图 6-10 所示。

同样也来到了欢迎页面。

欢迎来到本系统

图 6-10　welcome.jsp 欢迎页面

web.xml 可以同时设置多个欢迎页面，Web 容器会默认将设置的第一个页面作为欢迎页面，如果找不到最前面的页面，Web 容器将会依次选择后面的页面为欢迎页面。如下所示。

```
…
<welcome-file-list>
    <welcome-file>firstWelcom.jsp</welcome-file>
     <welcome-file>secondWelcom.jsp</welcome-file>
  </welcome-file-list>
```

```
</web-app>
```

当第一个欢迎页面找不到时，系统会依次向下寻找欢迎页面，直到找到为止。

6.6 在 Servlet 中读取参数

6.6.1 设置参数

有些和系统有关的信息，如系统中的字符编码，或者数据库连接的信息(driverClassName、url、username、password)，最好保存在配置文件内，在使用这些配置时，从配置文件中读取。但是，读取配置文件的代码必须自己来写，比较麻烦。能否比较方便地获得参数？这里，web.xml 文件设置参数，提供了良好的方法。

web.xml 文件有两种类型的参数设定。

（1）设置全局参数，该参数所有的 Servlet 都可以访问。

```
<context-param>
    <param-name>参数名</param-name>
    <param-value>参数值</param-value>
</context-param>
```

上述代码的位置必须定义在 web.xml 的最上面，具体位置可以参考后面的代码。

（2）设置局部参数，该参数只有相应的 Servlet 才能访问。

```
<servlet>
   <servlet-name>Servlet 名称</servlet-name>
   <servlet-class>Servlet 类路径</servlet-class>
    <init-param>
    <param-name>参数名</param-name>
    <param-value>参数值</param-value>
   </init-param>
 </servlet>
```

此时设置的参数仅在该 Servlet 中有效，其他的 Servlet 得不到该参数。

下面的例子中，实现了在 web.xml 内设置参数。

web.xml

```
<?xml version="1.0" encoding="UTF-8"?>
<web-app version="2.5" xmlns="http://java.sun.com/xml/ns/javaee"
    xmlns:xsi="http://www.w3.org/2001/XMLSchema-instance"
    xsi:schemaLocation="http://java.sun.com/xml/ns/javaee
    http://java.sun.com/xml/ns/javaee/web-app_2_5.xsd">
    <!-- 设置全局参数 -->
    <context-param>
        <param-name>encoding</param-name>
        <param-value>gb2312</param-value>
```

```
    </context-param>
  <servlet>
    <servlet-name>InitServlet</servlet-name>
    <servlet-class>servlets.InitServlet</servlet-class>
    <!-- 设置局部参数 -->
     <init-param>
     <param-name>driverClassName</param-name>
     <param-value>sun.jdbc.odbc.JdbcOdbcDriver</param-value>
    </init-param>
  </servlet>
  <servlet-mapping>
    <servlet-name>InitServlet</servlet-name>
    <url-pattern>/servlets/InitServlet</url-pattern>
  </servlet-mapping>
    <!—其他内容，略-->
</web-app>
```

6.6.2　获取参数

获取全局参数的方法如下。

```
ServletContext application = this.getServletContext();
application.getInitParameter("参数名称");
```

获取局部参数的方法如下。

```
this.getInitParameter("参数名称");
```

注意，此处的 this 是指 Servlet 本身。
用一个 Servlet 来获取设置的参数。代码如下。

InitServlet.java

```
package servlets;
import java.io.IOException;
import javax.servlet.ServletContext;
import javax.servlet.ServletException;
import javax.servlet.http.HttpServlet;
import javax.servlet.http.HttpServletRequest;
import javax.servlet.http.HttpServletResponse;

public class InitServlet extends HttpServlet {
    public void doGet(HttpServletRequest request, HttpServletResponse
    response)
            throws ServletException, IOException {
        ServletContext application = this.getServletContext();
        String encoding = application.getInitParameter("encoding");
```

```
        System.out.println("encoding 参数是：" + encoding);
        String driverClassName = this.getInitParameter("driverClassName");
        System.out.println("driverClassName 参数是：" + driverClassName);
    }
}
```

在浏览器中输入：

```
http://localhost:8080/Prj06/servlets/InitServlet
```

即可访问 InitServlet，得到参数在控制台中输出如图 6-11 所示。

```
encoding参数是：gb2312
driverClassName参数是：sun.jdbc.odbc.JdbcOdbcDriver
```

图 6-11　运行 InitServlet 的控制台输出

在 InitServlet 中成功得到了 web.xml 中的值。

不过，在一般情况下都不使用 web.xml 来设置参数，因为 web.xml 一般都是用来设置很基本的 Web 配置，定义太多参数会使文件过于臃肿。实际用于设置参数的文件与所选取的框架有关，例如，在 Hibernate 框架中，对于数据库配置具有专门的配置文件。

小　　结

本章介绍了 Servlet 的作用，如何创建一个 Servlet，Servlet 的生命周期，Servlet 中如何使用 JSP 页面中常用的内置对象。另外，本章讲解了 Web 容器中，欢迎页面的设定、初始化参数的设定等。

上 机 习 题

在数据库中建立表格 T_BOOK(BOOKID,BOOKNAME,BOOKPRICE)，插入一些记录。

1. 编写一个模糊查询图书的应用，输入图书名称的模糊资料，显示查询的图书的 ID、名称和价格。要求提交给 Servlet 来处理。

2. 在第 1 题中，图书信息后面增加一个“添加到购物车”链接，单击，可以将图书添加到购物车。页面底部有一个“查看购物车”链接，可以到另一个页面中查看购物车中的内容。购物车内容显示时，后面有一个“从购物车中删除”链接，单击，又能够将该图书从购物车中删除。要求使用 DAO 和 VO，所有的动作由 Servlet 完成。

3. 为网站配置欢迎页面 index.html，如果找不到，则为 index.jsp。并进行测试。

4. 图书查询过程中，需要连接数据库，将 driverClassName、url、username、password 保存在 web.xml 内，作为参数。并在 Servlet 的 init 函数中载入。

第7章 Servlet 高级编程

建议学时：2

本章作为 Servlet 的高级编程部分，将主要学习 Web 容器中，Servlet 经常使用的高级功能，主要包括在 Servlet 内实现跳转、ServletContext 的高级功能、过滤器和异常处理等。

7.1 在 Servlet 内实现跳转

在前面的章节中已经提到，Servlet 是充当控制者（Controller）的角色的，可以用来处理来自 JSP 页面的输入参数，以及从 JavaBean 中读取来自数据库的数据，最后跳转到目标页面。因此，Servlet 为了实现控制者的这一角色，必须要能够实现跳转。

由于 Servlet 和 JSP 的同质性，常用的 Servlet 内跳转有以下两种。

（1）重定向（对应 JSP 内置对象中的 sendRedirect）。

```
response.sendRedirect("URL 地址")
```

（2）服务器内跳转（对应 JSP 中的 forward 标签）。

```
ServletContext application = this.getServletContext();
RequestDispatcher rd = application.getRequestDispatcher("URL 地址");
rd.forward(request, response);
```

这两种在 Servlet 内的跳转与 JSP 中提到的跳转是等效的。只是因为一个是位于 JSP 页面中，一个是位于 Servlet 内。需要注意的是，两种情况下的 URL 地址写法不一样。在第一种中，如果写绝对路径，必须将虚拟目录根目录写在里面，如/Prj07/page.jsp；而在第二种方法中，不需要将虚拟目录根目录写在里面，如/page.jsp。

以“初始化 Servlet”为例。很多网站中，首页上就存在很多从数据库中查询的数据结果，但是查询数据库的代码又不能写在 JSP 内，因此，可以用 Servlet 查询数据库，得到结果，跳转到 JSP 显示。以下程序模拟这个功能。

建立 Web 项目 Prj07，同时建立一个包 servlets，在里面创建一个名为 InitServlet 的 Servlet。代码如下。

InitServlet.java

```
package servlets;
```

```java
import java.io.IOException;
import javax.servlet.RequestDispatcher;
import javax.servlet.ServletContext;
import javax.servlet.ServletException;
import javax.servlet.http.HttpServlet;
import javax.servlet.http.HttpServletRequest;
import javax.servlet.http.HttpServletResponse;

public class InitServlet extends HttpServlet {

    public void doGet(HttpServletRequest request, HttpServletResponse response)
            throws ServletException, IOException {
        String msg = "欢迎光临";//模拟从数据库查询
        request.setAttribute("msg", msg);
        ServletContext application = this.getServletContext();
        RequestDispatcher rd = application.getRequestDispatcher("/index.jsp");
        rd.forward(request, response);
    }
}
```

该 Servlet 模拟从数据库查询，跳转到/index.jsp，/index.jsp 页面的代码如下。

index.jsp

```jsp
<%@ page language="java" import="java.util.*" pageEncoding="gb2312"%>
<html>
  <body>
    <%=request.getAttribute("msg") %> <br>
  </body>
</html>
```

运行 InitServlet，得到的效果如图 7-1 所示。

欢迎光临

图 7-1　InitServlet 运行效果

问答

问：在 Servlet 内，一般什么时候使用重定向，什么时候使用服务器内跳转？

答：当不需要传递参数或者需要跳转到另一个服务器页面时使用重定向。

当需要从 A 页面跳转到 B 页面时，存在着大量暂态数据（即在 B 页面显示过后就可以不用的数据）时，为了节省内存，可以使用服务器内跳转，可以避免把很多内容存储在 session 中，从而导致服务器内存消耗过大的情况。

7.2　ServletContext 高级功能

ServletContext 是 application 对象所对应的接口，它具有一些高级功能，其中最常见的是获取绝对路径。ServletContext 能够直接获取当前工程中资源在服务器硬盘上的绝对路径。其方法如下所示。

```
ServletContext.getRealPath("资源在项目中的路径");
```

以下例子，获得项目根目录在服务器硬盘上的绝对路径。

ShowRealPathServlet.java

```
package servlets;

import java.io.IOException;
import javax.servlet.ServletContext;
import javax.servlet.ServletException;
import javax.servlet.http.HttpServlet;
import javax.servlet.http.HttpServletRequest;
import javax.servlet.http.HttpServletResponse;
public class ShowRealPathServlet extends HttpServlet {
    public void doGet(HttpServletRequest request, HttpServletResponse response)
    throws ServletException, IOException {
        ServletContext application = this.getServletContext();
        String realPath = application.getRealPath("/");
        System.out.println("项目绝对路径是: " + realPath);
    }
}
```

在浏览器地址栏中输入 ShowRealPathServlet 的 URL，控制台中将得到如图 7-2 所示的效果。

```
项目局对路径是: C:\Program Files\apache-tomcat-9.0.0.M15\webapps\Prj07\
```

图 7-2　控制台输出的项目绝对路径

可以看到当前工程根目录的绝对路径。

注意

（1）根据 Tomcat 的不同的安装方法，不同用户机器上显示的效果可能不相同。

（2）获取服务器上资源在硬盘上的绝对路径有什么作用？一般情况下，有些操作可能和服务器硬盘读写有关，如文件上传，此时就需要得知文件保存的路径，如果保存在当前项目中的某个目录中，那就必须知道该目录在硬盘上的绝对路径。

（3）实际上，以下几种方法都可以得到 ServletContext 对象。

① 通过 session 获得。

```
javax.servlet.http.HttpSession.getServletContext();
```

② 通过 pageContext 获得。

```
javax.servlet.jsp.pageContext.getServletContext();
```

③ 通过 ServletConfig 获得。

```
javax.servlet.ServletConfig.getServletContext();
```

④ 通过 Servlet 获得。

```
javax.servlet.http.HttpServlet.getServletContext();
```

7.3 使用过滤器

7.3.1 为什么需要过滤器

为什么需要过滤器？首先来看以下几个情况。

1．情况一

为了解决中文乱码问题，经常会看到如下一段代码。

```
request.setCharacterEncoding("gb2312");
response.setContentType("text/html;charset=gb2312");
```

这是 Servlet 用来设置编码用的，如果 Servlet 的处理方法最前面没有加入这一段代码，就很可能会出现乱码问题。

如果是一个大工程的话，会有很多 Servlet，于是很多人发现在这么多代码中重复设置编码，非常麻烦。而且，一旦需求变了，需要换成另外的编码，对程序员来说将是一件很烦琐的事情。

2．情况二

很多的门户网站都会有登录页面，这是为了业务需求，同时也是为了使用户控制更加的安全。如果客户没有登录就访问网站的某一页面，在很多情况下会引发安全问题。应该如何避免这种情况？传统情况下，可以使用 session 检查来完成，但是在很多页面上都添加 session 检查代码，也会比较烦琐。

3．情况三

许多的网站都存在着各种不同的权限，例如，只有管理员才可以对网站的某些数据进行维护和修改，一般的普通用户是无法完成该功能的。登录过后，网页如何区分普通用户与管理员？如果是每一个页面写一个判断用户类型的代码，似乎也非常烦琐。

上面提到的三种情况都可以用过滤器来解决。

过滤器属于一种小巧的、可插入的 Web 组件，它能够对 Web 应用程序的前期处理和后期处理进行控制，可以拦截请求和响应，查看、提取或者以某种方式操作正在客户端和服务器之间进行交换的数据。

7.3.2　编写过滤器

Servlet 过滤器可以当作一个只需要在 web.xml 文件中配置就可以灵活使用、可以重用的模块化组件。它能够对 JSP、HTML、Servlet 文件进行过滤。实现一个过滤器需要以下两个步骤。

1．实现接口

```
javax.servlet.Filter;
```

2．实现三个方法

初始化方法：表示的是过滤器初始化时的动作。

```
public void init(FilterConfig config) ;
```

消亡方法：表示的是过滤器消亡时的动作。

```
public void destroy() ;
```

过滤函数：表示的是过滤器过滤时的动作。

```
public void doFilter(ServletRequest request, ServletResponse response,
         FilterChain chain) ;
```

下面以情况一中的中文乱码问题进行举例说明。

在没有使用过滤器的情况下，首先提供一个表单。

filterForm.jsp

```
<%@ page language="java" import="java.util.*" pageEncoding="gb2312"%>
<html>
<body>
      <form action="servlet/DealWithServlet" method="post">
         请输入学生信息的模糊资料：
         <input type="text" name="stuname"><br>
         <input type="submit" value="查询">
      </form>
  </body>
</html>
```

运行该页面后，效果如图 7-3 所示。

请输入学生信息的模糊资料：

查询

图 7-3　filterForm 页面

提交后交给 Servlet 处理。

DealWithServlet.java

```
package servlets;

import java.io.IOException;
import javax.servlet.RequestDispatcher;
import javax.servlet.ServletException;
import javax.servlet.http.HttpServlet;
import javax.servlet.http.HttpServletRequest;
import javax.servlet.http.HttpServletResponse;

public class DealWithServlet extends HttpServlet {
public void doPost(HttpServletRequest request, HttpServletResponse response)
      throws ServletException, IOException {
      String stuname = request.getParameter("stuname");
      System.out.println("学生姓名:" + stuname);
   }
}
```

在 filterForm.jsp 中输入“张三”，提交，得到如图 7-4 所示的效果。

学生姓名:ÕÅÈý

图 7-4　DealWithServlet.java 结果显示 1

以前解决此乱码的方法是在 Servlet 中设置编码，但前面已经讲过了有很多不利的因素。现在开始用添加过滤器的方法解决乱码问题。

EncodingFilter.java

```
package filter;

import java.io.IOException;
import javax.servlet.Filter;
import javax.servlet.FilterChain;
import javax.servlet.FilterConfig;
import javax.servlet.ServletException;
import javax.servlet.ServletRequest;
import javax.servlet.ServletResponse;

public class EncodingFilter implements Filter {
   public void init(FilterConfig config) throws ServletException {}
   public void destroy() {}
   public void doFilter(ServletRequest request, ServletResponse response,
         FilterChain chain) throws IOException, ServletException {
      request.setCharacterEncoding("gb2312");
      chain.doFilter(request, response);
   }
```

```
}
```

然后在 web.xml 文件中配置此过滤器。

web.xml

```
...
<filter>
    <filter-name>EncodingFilter</filter-name>
    <filter-class>filter.EncodingFilter</filter-class>
</filter>
<filter-mapping>
    <filter-name>EncodingFilter</filter-name>
    <url-pattern>/*</url-pattern>
</filter-mapping>
...
```

重新登录页面并提交，得到如图 7-5 所示的效果。

学生姓名:张三

图 7-5　DealWithServlet.java 结果显示 2

乱码问题成功解决，很显然，过滤器是后面加入的，没有对 Servlet 源码产生任何影响，所以能够很好地方便开发人员扩展。比如现在业务需求发现需要换成另外一个编码，如“ISO-8859-1”，只需要在过滤器中改成如下所示。

```
...
public class EncodingFilter implements Filter {
    ...
    public void doFilter(ServletRequest request, ServletResponse response,
            FilterChain chain) throws IOException, ServletException {
        request.setCharacterEncoding("ISO-8859-1");
        chain.doFilter(request, response);
    }
}
```

而如果是传统的在 Servlet 中设置编码的话就不得不在所有的 Servlet 中进行修改了。

从前面的内容可以看出，过滤器的配置同 Servlet 非常相似，过滤器的配置一般在 web.xml 中进行，基本结构如下。

web.xml

```
...
<filter>
    <filter-name>EncodingFilter</filter-name>
    <filter-class>filter.EncodingFilter</filter-class>
    <init-param>
        <param-name>paramName</param-name>
```

```
        <param-value>paramValue</param-value>
    </init-param>
    </filter>
    <filter-mapping>
        <filter-name>EncodingFilter</filter-name>
        <url-pattern>/*</url-pattern>
    </filter-mapping>
...
```

从上面可以看出，过滤器的配置有以下几个步骤。

1. 用<filter>元素定义过滤器

<filter>元素有两个必要子元素。

（1）<filter-name>元素用来设定过滤器的名字。

（2）<filter- class>元素用来设定过滤器的类路径。

同时<filter>元素还包括一些可选子要素：<icon>、<description>、<display-name>、<init-param>等，其中使用最多的是<init-param>。<init-param>一般与过滤器的初始化函数一起使用，用于参数的初始化。通过 FilterConfig.getInitParamenter()函数来获得。

2. 用<filter-mapping>配置过滤器的映射

在<filter-mapping>元素中，<filter-name>用来设定过滤器的名字，另外，配置过滤器的映射最主要的是<url-pattern>元素，用于指定过滤模式。一般常见的过滤模式有三种。

（1）过滤所有文件。

```
<filter-mapping>
<filter-name>FilterName</filter-name>
<url-pattern>/*</url-pattern>
</filter-mapping>
```

它的意义是过滤器对所有访问的资源之前进行过滤，*符号代表所有资源。

（2）过滤一个或者多个 Servlet(JSP)。

```
<filter-mapping>
<filter-name>FilterName</filter-name>
<url-pattern>/PATH1/ServletName1(JSPName1)</url-pattern>
</filter-mapping>
<filter-mapping>
<filter-name>FilterName</filter-name>
<url-pattern>/PATH2/ServletName2(JSPName2)</url-pattern>
</filter-mapping>
```

它的意义是过滤器能够对一个 Servlet(JSP)或者多个 Servlet(JSP)进行过滤。

（3）过滤一个或者多个文件目录。

```
<filter-mapping>
<filter-name>FilterName</filter-name>
<url-pattern>/PATH1/* </url-pattern>
```

```
</filter-mapping>
```

它的意义是对 PATH1 目录下的资源进行过滤。

特别说明

<url-pattern>内部以/开头，这个/表示的是虚拟目录根目录。

7.3.3　需要注意的问题

下面用代码来测试过滤器的初始化和 doFilter 时机。

TestFilter.java

```
package filter;

import java.io.IOException;
import javax.servlet.Filter;
import javax.servlet.FilterChain;
import javax.servlet.FilterConfig;
import javax.servlet.ServletException;
import javax.servlet.ServletRequest;
import javax.servlet.ServletResponse;

public class TestFilter implements Filter {
    public TestFilter(){
        System.out.println("过滤器构造函数");
    }
    public void init(FilterConfig config) throws ServletException {
        System.out.println("过滤器初始化函数");
    }
    public void destroy() {
        System.out.println("过滤器消亡函数");
    }
    public void doFilter(ServletRequest request, ServletResponse response,
            FilterChain chain) throws IOException, ServletException {
        System.out.println("过滤器 doFilter 函数");
        chain.doFilter(request, response);
    }
}
```

TestFilter 过滤器不做任何处理，仅作为测试，在 web.xml 中配置成对所有资源进行过滤（配置过程略）。

再编写一个 Servlet，代码如下。

TestServlet.java

```
package servlets;
```

```
import java.io.IOException;
import javax.servlet.ServletException;
import javax.servlet.http.HttpServlet;
import javax.servlet.http.HttpServletRequest;
import javax.servlet.http.HttpServletResponse;

public class TestServlet extends HttpServlet {
   public void doGet(HttpServletRequest request, HttpServletResponse
   response)
          throws ServletException, IOException {
      System.out.println("TestServlet 被调用");
   }
}
```

启动服务器在控制台上能够得到如图 7-6 所示的效果。

因此，过滤器的初始化是在服务器运行的时候自动运行的。

再运行 TestServlet，得到如图 7-7 所示的效果。

```
过滤器构造函数
过滤器初始化函数
```

图 7-6　启动服务器的控制台输出

```
过滤器doFilter函数
TestServlet被调用
```

图 7-7　运行 TestServlet 的控制台输出

可以发现过滤器的 doFilter 函数是在 Servlet 被调用之前被调用的。

问答

问：运行服务器后就要对过滤器进行初始化，会不会影响服务器的性能？

答：会。在大型项目中有时候会需要很多过滤器，但是如果每一个过滤器都在服务器中实例化的话，会带来很大的开销，导致启动速度变慢。解决方法有很多，比如把一些简单的验证逻辑交给客户端（如 AJAX 技术），或者如果不涉及太核心安全的功能，可以在客户端编写程序完成需求。

从上面的例子中可以看出，过滤器的功能比较强大，它的常见应用场合总结如下。

（1）获取请求数据并操作。过滤器能够处理请求对象，获得所请求的处理时间，浏览器类型等相关信息，并且能够进行日志操作。

（2）性能保障。比如，客户端在发送请求之前可以对内容压缩处理，过滤器在内容获取并在到达 Servlet 和 JSP 页面之前将其解压缩，然后再取得响应内容，并在响应内容发送到客户端之前将其转换压缩格式。又如，过滤器可以设置缓存，对于响应频率比较高的内容可以从缓存中直接提取，然后发送至客户端，提高应用效率。

（3）安全保障。过滤器可以从上下文中获取注册信息，当注册信息不合法时，过滤器予以拒绝。同时过滤器还可以根据用户身份的不同进行权限控制。

（4）会话处理。过滤器可以通过对会话管理集中处理内容的显示，这样使得页面代码可以不考虑会话细节，从而使代码和页面分离。

7.4 异常处理

在 Web 应用程序中，总会发生各种各样的异常：例如数据库连接失败，0 被作为除数，得到的值是空，或者是数组溢出等。如果出现了这些异常，系统不做任何处理，显然是不行的。本节将介绍一种异常处理方法，比前面章节中讲解的异常处理更加简便。

一般情况下，通过自定义一个公共的 error.jsp 页面来实现统一的异常处理。步骤如下。

1. 创建一个 error.jsp 页面

error.jsp

```
<%@ page language="java" pageEncoding="gb2312" isErrorPage="true"%>
<html>
<body>
      对不起，您操作错误
 </body>
</html>
```

注意

isErrorPage 的属性一定要配置成为 true。

2. 在 web.xml 中注册该页面

web.xml

```
...
<error-page>
     <exception-type>某种 Exception</exception-type>
     <location>/error.jsp</location>
</error-page>
...
```

使当出现某种异常的时候由 error.jsp 页面处理。例如：

```
...
<error-page>
     <exception-type>java.lang.Exception </exception-type>
     <location>/error.jsp</location>
</error-page>
...
```

表示由 error.jsp 来处理所有的异常。

此处建立一个页面用于进行测试。

makeError.jsp

```
<%@ page language="java" pageEncoding="gb2312"%>
<html>
<body>
```

```
        <%
            String account = (String)session.getAttribute("account");
            out.println(account.length());
          %>
  </body>
</html>
```

运行该页面，显然会产生 java.lang.NullPointerException。Servlet 容器会自动根据 web.xml 中的配置找到此异常相对应的页面，结果显示如图 7-8 所示。

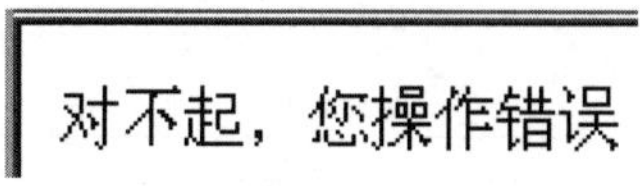

对不起，您操作错误

图 7-8　makeError.jsp 错误页面

所有的 Exception 都被 error.jsp 统一处理了。

小　　结

本章讲解了 Web 容器中，Servlet 经常使用的高级功能。主要包括在 Servlet 内实现跳转、利用 ServletContext 获取资源的物理路径、过滤器和异常处理等。

上 机 习 题

在数据库中建立表格 T_BOOK(BOOKID,BOOKNAME,BOOKPRICE)，插入一些记录。

1．编写学生模糊查询界面，请求提交给 Servlet 处理，然后跳转到显示页面，用两种方法实现跳转，比较其区别。

2．在服务器上的某个目录中，有一个公司信息的文本文件，包含公司的基本介绍。编写一个程序，运行，能够将这个文本文件中的文字内容显示在界面的多行文本框内；用户还可以进行修改，修改完毕，提交，将内容写回文件。

3．编写一个应用，用户登录成功之后到达欢迎页面。为了防止某些用户直接访问欢迎页面，用过滤器来实现 session 的检查。

4．使用过滤器还可以实现 Cookie 的检查。编写一个应用，在登录页面中让用户选择“是否保存登录状态”，如果保存，后面用户访问各个页面时，由过滤器来进行 Cookie 检查，如果 Cookie 检查通过验证，则直接跳转到欢迎页面。

第 8 章 EL&JSTL

建议学时：2

表达式语言（Expression Language，EL），是 JSP 标准的一部分，可以大幅度地在 JSP 上减少 Java 代码，具有广泛的应用。本章将首先学习 EL 在 JSP 中常用的功能，包括 EL 的基本语法、EL 基本运算符、EL 中的数据访问和隐含对象。

通过 EL 的学习，可以利用 EL，在 JSP 上减少 Java 代码，但是仅使用 EL，功能还不够强大。实际上，EL 是 JSTL（JSP 标准标签库）1.0 为方便存取数据所自定义的语言。因此，JSTL 具有更广泛的作用。本章将学习 JSTL，介绍 JSTL 标签库中的常用标签。

8.1 认识表达式语言

8.1.1 为什么需要表达式语言

EL 全名为 Expression Language，原本是 JSTL 1.0（JavaServer Pages Standard Tag Library）为方便存取数据所自定义的语言，后来成了 JSP 标准的一部分，如今 EL 已经是一项成熟、标准的技术。

EL 的中文名称为表达式语言，很显然，和表达式应该具有一些联系。<%=变量名%>是典型的表达式，其用于将变量显示在客户端；同理，<%out.print(变量名) %>和其作用相同。EL 具有与表达式相同的输出的功能，另外其还具有简单的运算符、访问对象、简单的 JavaBean 访问、简单的集合访问功能。

经过前面几章对 JSP 和 Servlet 基础的学习，可以发现，JSP 页面是处于表示层的，主要用于将内容显示。在实际的应用开发过程中，因为项目的规模都比较大，因此，页面的设计会由专业的页面设计人员去完成。通常这些设计人员对 Java 编程不甚了解，所用工具是 HTML。所以，在 JSP 中嵌入过多的 Java 源代码不利于项目的开发。

通过 Servlet 或者 JavaBean，可以消除一部分 Java 代码。然而在 JSP 中一些显示代码是无法去除的。因此为了解决上述问题，JSTL 标准标记库应运而生。而 EL 就是 JSTL 的基础。因为 EL 是 JSP 2.0 新增的功能，所以只有支持 Servlet 2.4 / JSP 2.0 的 Container，才能在 JSP 网页中直接使用 EL。Tomcat 9.0 中可以直接使用 EL。

8.1.2 表达式语言基本语法

EL 语法很简单，其最大的特点就是使用很方便。

观察下列代码：

```
User user = (User)session.getAttribute("user");
String sex = user.getSex( );
out.print(sex);
```

其作用是从 session 中得到 User 对象，然后打印 user 中的 sex 属性，如果写在 JSP 上，显得冗长，但是使用 EL 进行表达，就显得很简单了，如下所示。

```
${sessionScope.user.sex}
```

上述 EL 范例的意思是：从 session 的范围中，取得用户的性别。显然，使用了 EL，需要编写输出信息的代码时，代码量少了，工作的效率自然会提高。

综上所述，EL 最基本的语法结构如下。

```
${ Expression }
```

8.2 基本运算符

8.2.1 .和[]运算符

EL 提供了两种实现对相应数据存取的运算符：.(点操作)和[]操作。例如，下列两段代码所代表的意思是一样的。

```
${sessionScope.user.sex}
```

等价于：

```
String str = "sex";
${sessionScope.user[str]}
```

但是，以下两种情况中. 和 [ ]运算符不能互换。

（1）当要存取的数据的名称中包含一些特殊字符（即非字母或数字符号）时，只能使用[ ]运算符，例如：

```
${sessionScope.user["user-sex"]}
```

不能写成

```
${sessionScope.user.user-sex}
```

（2）当动态取值时，只能使用[]，例如：

```
${sessionScope.user[param]}
```

param 是自定义的变量时，其值可以是 user 对象的“name”、“age”以及“address”等，此时只能用[]操作。

8.2.2　算术运算符

EL 本身定义了一些用来操作或者比较的表达式运算符，它们的出现可以满足更多 JSP 应用程序所需的表示逻辑。首先，了解 EL 运算中的算术运算符。

表 8-1 列出了 EL 中常见的运算符。

表 8-1　EL 算术运算符

算术运算符	说明	范例	结果
+	加	${17+5}	22
-	减	${17-5}	12
*	乘	${17*5}	85
/或 div	除	${17/5}或者${17div5}	3
%或 mod	余数	${17%5}或者${17mod5}	2

8.2.3　关系运算符

下面介绍的是 EL 的关系运算符，如表 8-2 所示。

表 8-2　EL 关系运算符

关系运算符	说明	范例	结果
==或 eq	等于	${5==5}或${5 eq 5}	true
!=或 ne	不等于	${5!=5}或${5 ne 5}	false
<或 lt	小于	${5<5}或${5 lt 5}	false
>或 gt	大于	${5>5}或${5 gt 5}	false
<=或 le	小于等于	${5<=5}或${5 le 5}	true

注意，在使用 EL 关系运算符判断两个变量是否相等时，不能够写成：${变量 1}== ${变量 2}或者${ ${变量 1}==${变量 2}}，而应写成${变量 1 = =变量 2}。

8.2.4　逻辑运算符

以下介绍 EL 运算中的逻辑运算符。表 8-3 显示了常见的逻辑运算符。

表 8-3　EL 逻辑运算符

逻辑运算符	说明	范例	结果
&&或 and	并且	${A&&B}或${A and B}	true/false
||或 or	或者	${A\|\|B}或${A or B}	true/false
!或 not	非	${!A}或${not A }	true/false

8.2.5　其他运算符

EL 运算中还有其他常用的运算符，下面简单介绍。

1．条件运算符

条件运算符的基本语法如下。

```
${A?B:C}
```

上面语法的意思是，如果 A 为真，则整个表达式的值为 B 的值，否则就是 C 的值。

2. empty 运算符

empty 运算符的基本语法如下。

```
${ empty A }
```

empty 运算符的规则是：如果 A 为 null，返回 true；如果 A 不存在，返回 true；如果 A 为空字符串，返回 true；如果 A 为空数组，返回 true；否则，返回 false。

8.3 数 据 访 问

8.3.1 对象的作用域

在 EL 中，对象有 4 个不同的作用域，分别是 pageScope、requestScope、sessionScope 以及 applicationScope，实际上对应着 JSP 中相应的作用域，如表 8-4 所示。

表 8-4 JSP 对象作用域

作用域	类型	说明
pageScope	java.util.Map	取得 page 范围的属性名称所对应的值
requestScope	java.util.Map	取得 request 范围的属性名称所对应的值
sessionScope	java.util.Map	取得 session 范围的属性名称所对应的值
applicationScope	java.util.Map	取得 spplication 范围的属性名称所对应的值

以下介绍这几个作用域之间的区别和用法。由于 pageScope 比较简单，此处不做过多的介绍。下面是 scopeExample.jsp 程序。

scopeExample.jsp

```
<%@ page contentType="text/html; charset=gb2312"%>
<html>
    <body>
        <%
            //在 application 内放进内容
            application.setAttribute("applicationMsg","Welcome Application!");
            //在 session 内放进内容
            session.setAttribute("sessionMsg", "Welcome Session!");
        %>
        application 内的内容${applicationScope.applicationMsg }<br>
        application 内的内容${applicationMsg }<br>
        session 内的内容${sessionScope.sessionMsg }<br>
        session 内的内容${sessionMsg }<br>
    </body>
</html>
```

传统获得对象的方法不仅复杂，还要事先知道对象的类型。EL 表达式则非常简单，而且系统会自动寻找相应的对象。运行 scopeExample.jsp 程序后，程序运行的效果如图 8-1 所示。

```
application内的内容Welcome Application!
application内的内容Welcome Application!
session内的内容Welcome Session!
session内的内容Welcome Session!
```

图 8-1　scopeExample.jsp 页面运行效果

不过，如果在不同的作用域中有相同名称的对象，这时要注意系统查找的顺序，此时会按照 page→request→session→application 的顺序查找相应的对象。

8.3.2　访问 JavaBean

前面的章节提到过，在实际应用开发中，通常把项目的业务逻辑放在 Servlet 中处理，由 Servlet 实例化 JavaBean，最后，在指定的 JSP 程序中显示 JavaBean 中的内容。下面介绍 EL 访问 JavaBean 的用法。

使用 EL 表达式访问 JavaBean，基本语法如下。

```
${bean.property}
```

EL 表达式不仅能清晰地把所要显示的 JavaBean 中的信息显示出来，而且，语法简单易懂。下面看一个具体的例子，该例子展示了如何在 JSP 中显示 JavaBean 的内容。首先，定义 JavaBean：Student，程序如下。

Student.java

```
package beans;

public class Student {
   private String stuno;
   private String stuname;
   public String getStuno() {
      return stuno;
   }
   public void setStuno(String stuno) {
      this.stuno = stuno;
   }
   public String getStuname() {
      return stuname;
   }
   public void setStuname(String stuname) {
      this.stuname = stuname;
   }
}
```

在该 JavaBean 中定义了两个属性：stuno，stuname。接着，就要在 showStudent.jsp 程序中设置 JavaBean 的属性。在该程序中，先创建了 student 的对象，接着向对象中属性设置值，然后把该对象放到 session 的作用域中，最后，取出 studentBean 对象，将其属性值显示出来。下面是 showStudent.jsp 程序。

showStudent.jsp

```
<%@ page language="java" contentType="text/html;charset=gb2312"
        import="beans.Student"%>
<html>
    <body>
        使用 EL 访问 JavaBean<HR>
        <%
          Student student = new Student();
          student.setStuno("0001");
          student.setStuname("张三");
          session.setAttribute("student", student);
        %>
        学号：${sessionScope.student.stuno }<br>
        姓名：${sessionScope.student.stuname }<br>
    </body>
</html>
```

在该 JSP 程序中，EL 表达式${ student.stuno }从 session 作用域中取得 student 对象，然后从该对象中取出其中的 stuno 属性并显示。程序在客户端运行的结果如图 8-2 所示。

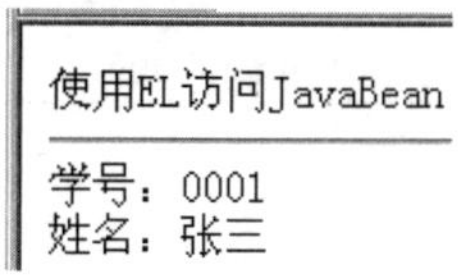

使用EL访问JavaBean

学号：0001
姓名：张三

图 8-2　showStudent.jsp 页面运行效果

8.3.3　访问集合

在实际应用开发中，可能会有这样的需求：将多个实例对象放到集合中，这些集合包括 Vector、List、Map 等。然后在 JSP 中取出这些对象，继而显示其中内容。下面介绍如何通过 EL 表达式去实现上述需求。

使用 EL 表达式来获取集合数据，其基本语法如下。

```
${collection[elementName]}
```

比如：

```
${sessionScope.shoppingCart[0].price}
```

该例子的意思是显示 session 中集合 shoppingCart 中第一项物品的价格。

8.3.4　其他隐含对象

除了上面介绍的对象的作用外，EL 还定义了其他的隐含对象，可以利用它们方便快捷地调用程序中的数据，表 8-5 列出了常见的其他的隐含对象。

表 8-5　EL 中隐含对象

隐含对象	类型	说明
pageContext	javax.servlet.ServletContext	表示此 JSP 的 PageContext
param	java.util.Map	获取单个参数
paramValues	java.util.Map	获取捆绑数组参数
cookie	java.util.Map	获取 Cookie 的值
initParam	java.util.Map	获取 web.xml 中参数值

比较常用的有：

（1）param 对象获得参数。例如：

```
<a href="paramExample2.jsp?m=3&n=4"/>到达 paramExample2.jsp 页面
```

单击这个链接，在 paramExample2.jsp 页面中就可以利用${param.m}和${param.n}获得 m 和 n 两个参数。

（2）cookie 对象获得值。例如：

```
${cookie.account.value }
```

可以获得客户端 Cookie 对象 account 的值。

8.4　认识 JSTL

前面介绍 EL 表达式时已经涉及 JSTL 的来历。在大型项目开发中，处于表示层的 JSP 页面的功能就是显示数据，如果在其中嵌入大量的 Java 代码，对于不熟悉 Java 编程的网页设计师来说是件麻烦事，这样不利于项目的开发。鉴于此，JSTL 应运而生，为解决上述提到的问题提供了较好的解决方案。

JSTL 是标准的已制定好的标签库，可以应用于各种领域，如基本输入输出、流程控制、循环、XML 文件剖析、数据库查询及国际化和文字格式标准化等应用。

本章中使用的是 JSTL 1.2.2 版本。在 MyEclipse 中，如果要使用 JSTL，可以通过菜单选择 Install JSTL Libraries Facet 进行导入，如图 8-3 所示。

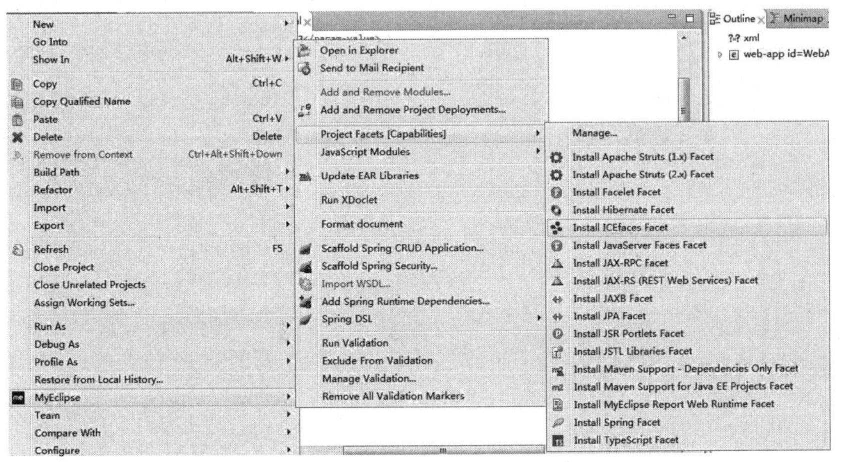

图 8-3　导入 JSTL

JSTL 所提供的标签库主要分为 5 大类，详见表 8-6。

表 8-6　JSTL 标签函数库

JSTL	推荐前缀	URI	范例
核心标签库	c	http://java.sun.com/jsp/jstl/core	<c:out>
I18N 标签库	fmt	http://java.sun.com/jsp/jstl/fmt	<fmt:formatDate>
SQL 标签库	sql	http://java.sun.com/jsp/jstl/sql	<sql:query>
XML 标签库	x	http://java.sun.com/jsp/jstl/xml	<x:forBach>
函数标签库	fn	http://java.sun.com/jsp/jstl/functions	<fn:split>

使用 JSTL 必须使用 taglib 指令，taglib 指令的作用是声明 JSP 文件使用的标签库，同时引入该标签库，并指定标签的前缀。以声明核心标签库 core 为例，其基本语法如下。

```
<%@ taglib prefix="c" uri="http://java.sun.com/jsp/jstl/core"%>
```

上面例子声明的是核心标签库，“prefix”表示前缀，习惯上把核心标签库的前缀定义为“c”，当然，可以定义为其他的名称。通常 taglib 指令定义于 JSP 中，位于 page 指令之后。

8.5　核心标签库

8.5.1　核心标签库介绍

JSTL 的核心标签库，又称 core 标签库，其功能是在 JSP 中为一般的处理提供通用的支持。核心标签库包括与变量、控制流以及访问基于 URL 的资源相关的标签。其标签一共分为 4 类，详见表 8-7。

表 8-7　核心标签库

分类	功能分类	标签名称
core	表达式操作	out
		set
		remove
		catch
	流程控制	if
		choose
		when
		otherwise
	迭代操作	forEach
		forTokens
	URL 操作	import
		param
		url
		redirect

8.5.2　用核心标签进行基本数据操作

下面介绍使用核心标签库基本数据操作标签。在此处介绍的几个标签是：<c:out>、<c:set>以及<c:remove>。

1. <c:out>

<c:out>标签主要用来显示数据的内容，就像是 <%=表达式%> 一样，其基本语法格式如下。

```
<c:out value="变量名"> </c:out>
```

属性 value 指定要显示的数据，如下是简单的<c:out>例子。

outExample.jsp

```
<%@ page language="java" contentType="text/html; charset=gb2312"%>
<%@ taglib prefix="c" uri="http://java.sun.com/jsp/jstl/core"%>
<html>
    <body>
        <%
            session.setAttribute("msg", "这是<c:out>示例");
        %>
        <c:out value="${msg}"></c:out>
    </body>
</html>
```

在该程序中定义了作用域为 session 的变量“msg”，然后使用<c:out>显示其内容，程序运行的效果如图 8-4 所示。

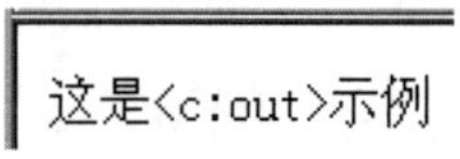

这是<c:out>示例

图 8-4　outExample.jsp 页面运行效果

在<c:out>标签中还包含 escapeXml 属性，其用于指定在使用<c:out>标记输出诸如“<”、“>;”和“&”之类的字符（在 HTML 和 XML 中具有特殊意义）时是否应该进行转义。如果将 escapeXml 设置为 false，则会按照 HTML 标签处理。如下是“escapeXML”属性的例子。

escapeXmlExample.jsp

```
<%@ page language="java" contentType="text/html; charset=gb2312"%>
<%@ taglib prefix="c" uri="http://java.sun.com/jsp/jstl/core"%>
<html>
    <body>
        <%
            session.setAttribute("msg", "<B>这是<c:out>示例</B>");
        %>
```

```
        <c:out value="${msg}"></c:out><br>
        <c:out value="${msg}" escapeXml="false"></c:out>
    </body>
</html>
```

在该程序中，变量“msg”的值增加了“<B></B>”。不设置 escapeXml 属性时，其值默认为“true”。通过程序运行的效果，可以看到 escapeXml 属性的作用，如图 8-5 所示。

<B>这是<c:out>示例</B>
这是示例

图 8-5　escapeXmlExample.jsp 页面运行效果

在第二个例子中，“<B>这是<c:out>示例</B>”中，其中<c:out>被解释为标签，但是由于里面没有输出任何内容，因此没有任何输出。

2．<c:set>

<c:set>标签用于对变量或 JavaBean 中的变量属性赋值。<c:set>标签中包含以下的属性：value、target、property、var 以及 scope。例如：

```
<c:set value="欢迎" scope="session" var="msg"></c:set>
<c:out value="${msg}"></c:out>
```

表示将字符串“欢迎”存入 session，起名为 msg，然后显示。

3．<c:remove>

<c: remove >标签用于删除存在于 scope 中的变量。<c:remove/>标签中包含两个属性：var 以及 scope，分别表示需要删除的变量名以及变量的作用范围。例如

```
<%
   session.setAttribute("msg", "欢迎");
%>
<c:remove var="msg" scope="session" />
```

表示将 session 中的 msg 移除。

8.5.3　用核心标签进行流程控制

下面介绍核心标签库的流程控制标签，进行流程控制。在本节中，将介绍的是<c:if>、<c:choose>、<c:when>、<c:otherwise>、<c:forEach>以及<c:forToken>这几个流程控制标签。

1．<c:if>

<c:if>标签用于简单的条件语句。其基本语法如下。

```
<c:if test="${判断条件}">
…
</c:if>
```

接着，用简单的例子介绍<c:if>标签的用法。

ifExample.jsp

```
<%@ page language="java" contentType="text/html; charset=gb2312"%>
<%@ taglib prefix="c" uri="http://java.sun.com/jsp/jstl/core"%>
<html>
    <body>
        <%
            session.setAttribute("score", 5);
        %>
        <c:if test="${ score >=60}">及格</c:if>
        <c:if test="${ score <60}">不及格</c:if>
    </body>
</html>
```

在该例子中定义了名叫“score”的变量，其值为 5，放入 session，然后进行判断并显示相应的内容，程序的运行效果如图 8-6 所示。

不及格

图 8-6　ifExample.jsp 页面运行效果

2. <c:choose>、<c:when>和<c:otherwise>

<c:choose>、<c:when>和<c:otherwise>这三个标签通常会一起使用，它们用于实现复杂条件判断语句，类似“if-else if”的条件语句。它们的基本用法如下。

```
<c:choose>
<c:when test="${条件 1}">体</c:when>
<c:when test="${条件 2}">体</c:when>
<c:when test="${条件 N}">体</c:when>
<c:otherwise>体</c: otherwise >
</c:choose>
```

如上面的代码可以改为：

chooseExample.jsp

```
<%@ page language="java" contentType="text/html; charset=gb2312"%>
<%@ taglib prefix="c" uri="http://java.sun.com/jsp/jstl/core"%>
<html>
    <body>
        <%
            session.setAttribute("score", 5);
        %>
        <c:choose>
            <c:when test="${ score >=60}">及格</c:when>
            <c:when test="${ score <60}">不及格</c:when>
        </c:choose>
```

```
    </body>
</html>
```

该例子是对 ifExample.jsp 的改造。效果相同。

3. <c:forEach>

<c:forEach>为循环控制标签，功能是将集合(Collection)中的成员顺序浏览一遍，在实际应用开发中，其使用频率最高。基本语法如下。

```
<c:forEach var="元素名" items="集合名" begin="起始" end="结束" step="步长">
体
< /c:forEach>
```

例如：

```
<c:forEach var="student" items="${students}">
${student}
< /c:forEach>
```

表示将 students 集合进行遍历，每个元素起名为 student，显示出来。例如：

forEachExample1.jsp

```
<%@ page language="java" contentType="text/html; charset=gb2312"
        import="java.util.*"%>
<%@ taglib prefix="c" uri="http://java.sun.com/jsp/jstl/core"%>
<html>
    <body>
        <%
        ArrayList al= new ArrayList();
        al.add("张华");
        al.add("黄天");
        al.add("梁海洋");
        session.setAttribute("students",al);
        %>
        <c:forEach items="${students}" var="student">
        ${student}
        </c:forEach>
    </body>
</html>
```

在该例子中，实例化了 ArrayList 对象 al，向 al 中加入了三个学生姓名，放入 session。程序中利用<c:forEach>标签把 al 中的内容遍历显示出来，运行效果如图 8-7 所示。

张华 黄天 梁海洋

图 8-7　forEachExample1.jsp 页面运行效果

注意，此处对集合的操作，是个广泛的概念，实际上，数组、Set、Iterator 等内容也可以使用同样的方法遍历。

另一种情况是，集合里面含有 JavaBean，如 ArrayList 数组中包含的是一个个 Student，然后放在 session 中，遍历方法如下。

```
<c:forEach items="${students}" var="student">
   ${student.stuno}, ${student.stuname}
</c:forEach>
```

HashMap 也是一种比较复杂的集合，如以下例子展示了 HashMap 遍历的方法。

forEachExample2.jsp

```
<%@ page language="java" contentType="text/html; charset=gb2312"
   import="java.util.*"%>
<%@ taglib prefix="c" uri="http://java.sun.com/jsp/jstl/core"%>
<html>
   <body>
      <%
         HashMap hm = new HashMap();
         hm.put("name", "rose");
         hm.put("age", "10");
         session.setAttribute("hm", hm);
      %>
      <c:forEach items="${hm}" var="student">
         ${student.key},${student.value}<br>
      </c:forEach>
   </body>
</html>
```

在该例子中，使用的复杂集合是 HashMap。程序的功能与前面的相似。程序运行的效果如图 8-8 所示。

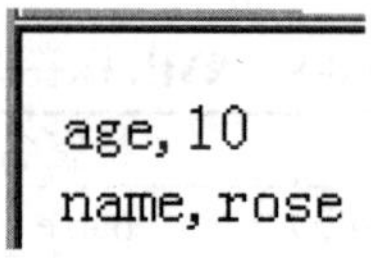

age,10
name,rose

图 8-8　forEachExample2.jsp 页面运行效果

4. <c:forTokens>

<c:forTokens>标签是用来浏览字符串中所有的成员，其成员是由分隔符 delims 所分隔的。其基本语法如下。

```
<c:forTokens items="字符串" delims="分隔符" var="子串名"
begin="起始" end="结束" step="步长">
体
</c:forTokens>
```

代码如下。

forTokensExample.jsp

```
<%@ page language="java" contentType="text/html; charset=gb2312"%>
<%@ taglib prefix="c" uri="http://java.sun.com/jsp/jstl/core"%>
<html>
    <body>
        <%
          session.setAttribute("msg","这是一个#forTokens#示例");
        %>
        <c:forTokens items="${msg}" delims="#" var="msg">
          ${msg }<br>
        </c:forTokens>
    </body>
</html>
```

在页面中要把上面定义的字符串“msg”以“#”作为分隔符截成三段，然后分别显示出来。程序运行效果如图 8-9 所示。

这是一个
forTokens
示例

图 8-9　forTokensExample.jsp 页面运行效果

8.6　XML 标签库简介

在实际应用开发中，XML 格式的数据已成为信息交换的优先选择。XML 标签为程序员提供了对 XML 文件的基本操作。其标签一共分为三大类，详见表 8-8。

表 8-8　XML 标签库

分类	功能分类	标签名称
XML	基本操作（核心）	parse
		out
		set
	流程控制	if
		choose
		when
		otherwise
		forEach
	转换	transform
		param

这些标签的基本功能如下。

（1）<x:parse>：解析 XML 文件。

（2）<x:out>：在<x:parse>解析后保存的变量中取得指定的 XML 文件内容，并显示在页面上。

（3）<x:set>：将某个 XML 文件中元素的实体内容或属性保存到变量中。

（4）<x:if>：由 XPath 的判断得到结果，根据情况决定是否显示其标签所包含的内容。

（5）<x:choose>、<x:when>和<x:otherwise>：通常会放在一起使用，功能跟核心标签库中的<c:choose>、<c:when>和<c:otherwise>相似，也是提供“if-else if”语句的功能。

（6）<x:forEach>：对 XML 文件元素进行循环控制。

8.7　国际化标签库简介

JSTL 中 I18N 标签库，又称国际化标签库。I18N 是单词 Internationalization 的缩写。国际化标签库可以在 JSP 中完成国际化的功能。其标签一共分为三类，详见表 8-9。

表 8-9　I18N 标签库

分类	功能分类	标签名称
I18N	区域设置	setLocale
	消息格式化	requestEncoding
		message
		param
		bundle
		setBundle
	数字和日期格式化	timeZone
		setTimeZone
		formatNumber
		parseNumber
		formatDate
		parseDate

最常见的标签功能如下。

（1）<fmt:setLocale>：用来设置 Locale 环境。

（2）<fmt:bundle>和<fmt:setBundle>：对资源文件进行绑定。

（3）<fmt:message>：显示资源文件中定义的消息。

（4）<fmt:param>：位于<fmt:message>标签内，为该消息提供参数值。

（5）<fmt:requestEncoding>：为请求设置字符编码。

（6）<fmt:timeZone>和<fmt:setTimeZone>：用于设定时区。

（7）<fmt:formatNumber>：对数字进行格式化。

（8）<fmt:parseNumber>：用于解析数字，其功能与<fmt:formatNumber>标签正好相反。

（9）<fmt:formatDate>：用于格式化日期。

（10）<fmt:parseDate>：功能与<fmt:formatDate>标签相反。

8.8　数据库标签库简介

数据库标签库可以为程序员提供在 JSP 程序中与数据库进行交互的功能。然而，由于与数据库交互的工作本身属于业务逻辑层，因此，数据库标签库其实是违背了多层框架的思想。

数据库标签库包含 6 个标签：<sql:setDateSource>、<sql:query>、<sql:update>、<sql:transaction>、<sql:param>以及<sql:dateParam>。由于使用较少，读者可以查询相应文档。

8.9　函数标签库简介

函数标签库通常被用于 EL 表达式语句中，可以简化运算。在 JSP 2.0 中，函数标签库为 EL 表达式语句提供了更多的功能。其分类如表 8-10 所示。

表 8-10　函数标签库

分类	功能分类	标签名称
函数标签库	集合长度函数	length
	字符串操作函数	contains
		containsIgnoreCase
		endsWith
		escapeXml
		indexOf
		join
		replace
		split
		startsWith
		substring
		substringAfter
		substringBefore
		toLowerCase
		toUpperCase
		trim

下面介绍函数标签库的基本使用。

1．<fn:length>

<fn:length>标签的作用是计算传入对象的长度，该对象应为集合类型或者 String 类型。其基本语法格式如下。

```
${fn:length(对象) }
```

2．<fn:contains>

<fn:contains>标签是用来判断源字符串是否包含子字符串，返回 boolean 类型的结果。其基本语法格式如下。

```
${fn:contains("源字符串","子字符串") }
```

3. <fn: containsIgnoreCase>

<fn:containsIgnoreCase>标签的功能和用法都与<fn:contains>标签相似，唯一不同的是对于字符串的包含比较，将忽略大小写。其基本语法格式如下。

```
${fn:containsIgnoreCase("源字符串","子字符串") }
```

4. <fn:startsWith>

<fn:startsWith>标签的功能是判断源字符串是否以指定字符串作为词头，其包含两个String类型的参数，前者是源字符串，后者是指定的词头字符串，其返回类型是boolean类型，基本语法格式如下。

```
${fn:startsWith("源字符串", "指定字符串") }
```

5. <fn:endsWith>

<fn:endsWith>标签的功能是判断源字符串是否以指定字符串作为词尾，其语法与<fn:startsWith>标签相似，也会返回boolean类型的值，基本语法格式如下。

```
${fn:endsWith("源字符串", "指定字符串") }
```

6. <fn:escapeXml>

<fn:escapeXml>标签用于将所有特殊字符转化为字符实体码，其基本语法格式如下。

```
${fn:escapeXml(特殊字符) }
```

7. <fn:indexOf>

<fn:indexOf>标签的功能是得到子字符串与源字符串匹配的起始位置。若匹配不成功，该标签将返回“-1”；否则，返回起始的位置，其基本语法格式如下。

```
${fn:indexOf("源字符串", "指定字符串") }
```

8. <fn:join>

<fn:join>标签用于将字符串数组中的每个字符串加上分隔符，并连接起来，返回String类型的值，基本语法格式如下。

```
${fn:join(数组, "分隔符") }
```

9. <fn:replace>

<fn:replace>标签功能是为源字符串做替代工作。其基本语法格式如下。

```
${fn:replace("源字符串","被替换字符串","替换字符串") }
```

10. <fn:split>

<fn:split>标签功能是将一组由分隔符分隔的字符串转换成字符串数组，因此，其返回值是String数组。基本语法格式如下。

```
${fn:split("源字符串","分隔符") }
```

11. <fn:substring>

<fn:substring>标签用于截取字符串。其基本语法格式如下。

```
${fn:substring("源字符串",起始位置，结束位置) }
```

12. <fn:substringAfter>

<fn:substringAfter>标签也是用于截取字符串，从指定子字符串一直截取到源字符串的末尾。其基本语法格式如下。

```
${fn:substringAfter("源字符串","子字符串") }
```

13. <fn:substringBefore>

<fn:substringBefore>标签也是用于截取字符串，其截取的部分是源字符串的开始到指定子字符串。其基本语法格式如下。

```
${fn:substringBefore("源字符串","子字符串") }
```

14. <fn:toLowerCase>

<fn:toLowerCase>标签用于将源字符串的字符转换成小写字符，返回 String 类型的值。其基本语法格式如下。

```
${fn:toLowerCase("源字符串") }
```

15. <fn:toUpperCase>

<fn:toUpperCase>标签则用于将源字符串的字符转换成大写字符，返回 String 类型的值。其基本语法格式如下。

```
${fn:toUpperCase("源字符串") }
```

16. <fn:trim>

<fn:trim>标签的功能是除去源字符串两端的空格，返回新的 String 类型的字符串。其基本语法格式如下。

```
${fn:trim("源字符串") }
```

小　　结

本章讲解了 EL 在 JSP 中常用的功能，包括 EL 中的基本语法、EL 基本运算符、EL 中的数据访问和隐含对象。然后阐述了 JSTL，介绍标签库中的常用标签，重点讲解了核心标签库。

上 机 习 题

1. 用表达式语言测试并显示：

（1）Cookie 中的某个值；

（2）web.xml 中某个参数值；

（3）page、request、session、application 中某个值。

在数据库中建立表格 T_BOOK(BOOKID,BOOKNAME,BOOKPRICE)，插入一些记录。

2．开发图书信息模糊查询界面，输入图书名称的模糊信息，能够显示所有图书的 ID、名称和价格。在图书信息的显示代码中使用 JSTL。

3．在第 2 题中，增加一个功能：如果图书价格在 50 元以上，则以黄色字体显示其名称。

第 9 章 Ajax

建议学时：2

Ajax（Asynchronous JavaScript and XML）是 Web 2.0 中的一种代表技术，可以为用户带来较好的体验。本章将学习 Ajax 的基础知识，首先通过一些实际的案例，学习 Ajax 技术的必要性，了解 Ajax 技术的原理，接下来，将学习 Ajax 技术的基础 API 编程。

9.1 Ajax 概述

9.1.1 为什么需要 Ajax 技术

在编写 Ajax 之前，先来思考 Ajax 的作用。

例如，在学生管理系统上进行登录，输入账号以及密码，提交，系统能够根据输入的账号密码，在数据库中进行搜索，判断是否登录成功。

假设在 login.jsp 中输入账号密码，提交给 LoginServlet，LoginServlet 调用 DAO 去访问数据库，根据结果返回 loginResult.jsp 给客户端。在验证的过程中，客户只能等待。例如，login.jsp 界面如图 9-1 所示。

单击“登录”按钮，如果服务器端反应足够慢，客户看到的界面将是如图 9-2 所示效果。

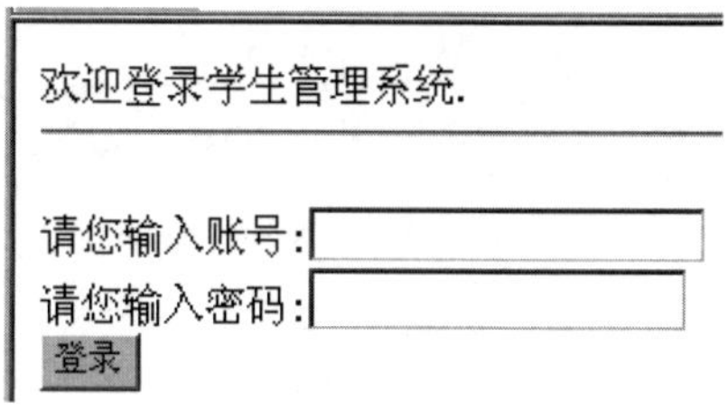

欢迎登录学生管理系统.

请您输入账号:

请您输入密码:

登录

图 9-1 login.jsp 页面运行效果

正在打开网页 http:/

图 9-2 等待页面运行效果

此时，如果服务器因为访问频繁，或者网络传输问题，客户就要花费大量时间等待。

现在的网页越来越复杂，界面上不可能只有一个登录表单，如图 9-3 所示的网页结构，就是一个复杂的网页。

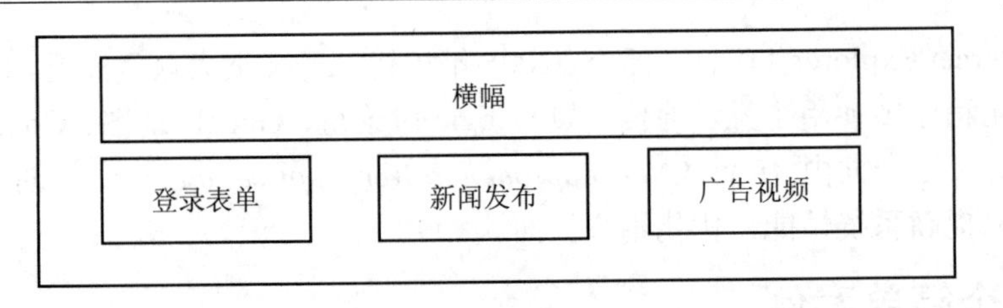

图 9-3　网页结构

这种情况下的等待，将带来如下问题。

（1）客户等待时，界面一片空白，客户浏览效果不好。

（2）一般情况下，网页上除了有登录表单之外，还会有其他内容，如新闻、图片、视频等，用户失去了访问这些内容的权利。

（3）有些情况下，登录之后的界面和登录界面只有少量不同，其他内容基本相同。这样，这些相同内容需要重新载入，浪费时间。

于是，提出这样的方案：能否在登录提交时，浏览器界面不刷新，提交改为在后台异步进行，当服务器端验证完毕，将结果在界面上原来登录表单所在的位置显示出来。登录之后的效果如图 9-4 所示。

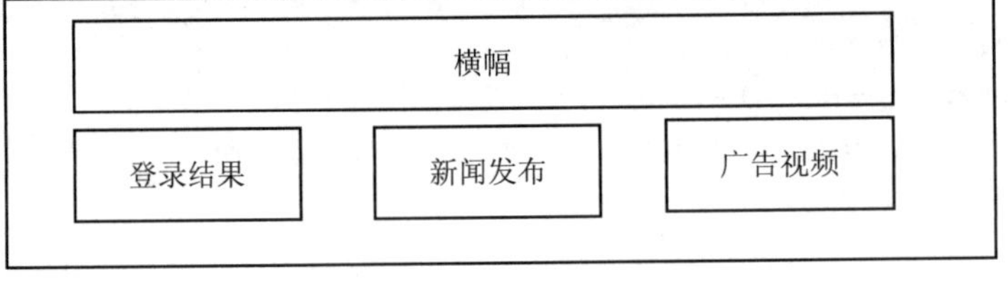

图 9-4　登录成功后页面

Ajax 技术就能够完成这个功能。

这里需要提到的是“异步”的概念。异步(Asynchronous)的概念和同步（Synchronous）相对。当一个异步过程调用发出后，调用者不需要立刻得到结果，可以继续做自己的事情，等到过程调用完毕，再通过回调函数通知调用方。而同步情况下，调用方必须等待对方得到结果，才能继续运行。

9.1.2　Ajax 技术介绍

Ajax 实际上并不是新技术，而是几个老技术的融合。Ajax 包含以下 5 个部分。

（1）异步数据获取技术，使用 XMLHttpRequest。

（2）基于标准的表示技术，使用 XHTML 与 CSS。

（3）动态显示和交互技术，使用 Document Object Model（文档对象模型）。

（4）数据互换和操作技术，使用 XML 与 XSLT。

（5）JavaScript，将以上技术融合在一起。

其中，异步数据获取技术是所有技术的基础。

Ajax 技术在 1998 年前后得到了应用。允许客户端脚本发送 HTTP 请求(XMLHTTP)的第一个组件由 Outlook Web Access 小组开发。该组件原属于微软 Exchange Server，并且迅速地成为 Internet Explorer 4.0 的一部分。2005 年年初，Ajax 被大众所接受。Google 在它著名的交互应用程序中使用了异步通信，如 Google 讨论组、Google 地图、Google 搜索建议、Gmail 等。Ajax 这个词由 *Ajax: A New Approach to Web Applications* 一文所创，Ajax 前景非常乐观，可以提高系统性能，优化用户界面。

9.1.3 一个简单案例

本节首先并不讲解这些技术本身，而是以简单的案例来说明这些技术。

假如在欢迎页面上有一个按钮，单击，能够显示公司信息。传统方法如下。

welcome1.jsp

```
<%@ page language="java" import="java.util.*" pageEncoding="gb2312"%>
<!DOCTYPE HTML PUBLIC "-//W3C//DTD HTML 4.01 Transitional//EN">
<html>
  <body>
      <SCRIPT LANGUAGE="JavaScript">
      function showInfo(){
          window.location = "info.jsp";
    }
    </SCRIPT>
        欢迎来到本系统. <HR>
        <input type="button" value="显示公司信息" onClick="showInfo()">
  </body>
</html>
```

运行程序，效果如图 9-5 所示。

欢迎来到本系统.

显示公司信息

图 9-5 welcome1.jsp 页面运行效果

公司信息在另一个网页内，代码如下。

```
info.jsp
<%@ page language="java" import="java.util.*" pageEncoding="gb2312"%>
地址：北京市朝阳门外<BR>
电话:010-89765434
```

单击“显示公司信息”按钮，得到如图 9-6 所示效果。

地址：北京市朝阳门外
电话:010-89765434

图 9-6 info.jsp 页面运行效果

但是，此时用户可以看到，界面上进行了刷新，浏览器的地址栏中也发生了改变。如果服务器反应慢，用户会面临着空白界面的等待。

使用 Ajax 来完成该功能，info.jsp 不变，主要是对 welcome1.jsp 的修改。首先编写一段短小的 Ajax 代码，然后进行解释。注意，一定要保证自己的浏览器是 IE。如果不是 IE，从后面的篇幅中会得到解决办法。

welcome2.jsp

```
<%@ page language="java" import="java.util.*" pageEncoding="gb2312"%>
<!DOCTYPE HTML PUBLIC "-//W3C//DTD HTML 4.01 Transitional//EN">
<html>
  <body>
     <SCRIPT LANGUAGE="JavaScript">
     function showInfo(){
        var xmlHttp=new ActiveXObject("Msxml2.XMLHTTP");
       xmlHttp.open("get", "info.jsp", true);
       xmlHttp.onreadystatechange=function() {
          if (xmlHttp.readyState==4) {
             infoDiv.innerHTML = xmlHttp.responseText;
          }
       }
       xmlHttp.send();
    }
    </SCRIPT>
       欢迎来到本系统. <HR>
       <input type="button" value="显示公司信息" onClick="showInfo()">
       <div id="infoDiv"></div>
  </body>
</html>
```

运行该页面，效果如图 9-7 所示。

单击按钮，效果如图 9-8 所示。

图 9-7　welcome2.jsp 页面运行效果 1

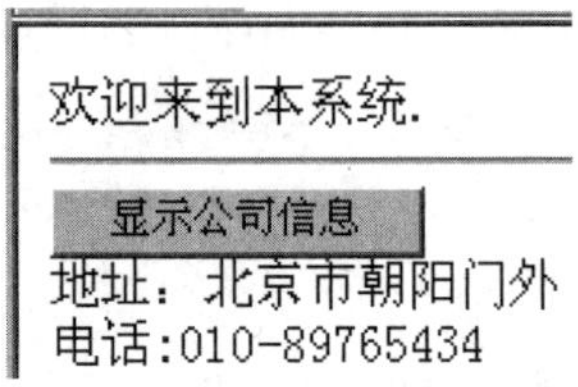

图 9-8　welcome2.jsp 页面运行效果 2

注意，此时页面没有进行刷新，浏览器地址栏中没有任何变化。言下之意，如果服务器反应缓慢，没关系，welcome2.jsp 没有刷新，用户还能够在此时浏览页面剩余的部分，不至于在空白页面上等待。

以上 welcome2.jsp 就是用 Ajax 实现的简单功能，9.2 节将会详细介绍其技术要点。

9.2 Ajax 开发

9.2.1 Ajax 核心代码

从 welcome2.jsp 中可以看出，单击按钮之后，触发了 JavaScript 的 showInfo 函数，该函数内包含 Ajax 的核心代码。

```
<SCRIPT LANGUAGE="JavaScript">
function showInfo(){
      var xmlHttp=new ActiveXObject("Msxml2.XMLHTTP");     //步骤 1
      xmlHttp.open("get", "info.jsp", true);               //步骤 2
      xmlHttp.onreadystatechange=function() {              //步骤 3
         if (xmlHttp.readyState==4) {                      //步骤 4
            infoDiv.innerHTML = xmlHttp.responseText;
         }
      }
      xmlHttp.send();                                      //步骤 5
   }
</SCRIPT>
```

根据上面的标记可以发现，实现 Ajax 的程序需要 5 个步骤。9.2.2 节将对这 5 个步骤进行详细的解释。

9.2.2 API 解释

9.2.1 节中的 5 个步骤实际上包含 Ajax 的核心代码。

步骤 1：在 IE 中实例化 Msxml2.XMLHTTP 对象。

```
var xmlHttp=new ActiveXObject("Msxml2.XMLHTTP");
```

Msxml2.XMLHTTP 是 IE 浏览器内置的对象，该对象具有异步提交数据和获取结果的功能。如果不是 IE 浏览器，实例化方法如下。

```
<SCRIPT LANGUAGE="JavaScript">
var xmlHttp=new XMLHttpRequest();                 //Mozilla 等浏览器
</SCRIPT>
```

其他浏览器的写法可以查看相应文档，因为不同浏览器都有相应的内置对象。在此推荐一个编程框架。

```
<SCRIPT LANGUAGE="JavaScript">
var xmlHttp = false;
function initAjax(){
   if(window. XMLHttpRequest){ //Mozilla 等浏览器
      xmlHttp=new XMLHttpRequest();
```

```
        }
        else if(window.ActiveXObject){ //IE 浏览器
            try{
                xmlHttp=new ActiveXObject("Msxml2.XMLHTTP");
            }catch(e){
                try{
                    xmlHttp=new ActiveXObject("Microsoft.XMLHTTP");
                }catch(e){
                    window.alert("该浏览器不支持 Ajax");
                }
            }
        }
    }
    </SCRIPT>
```

当然，可以在网页载入时运行该函数。

```
<html>
  <body onLoad="initAjax ()">
  …
</html>
```

步骤 2：指定异步提交的目标和提交方式，调用了 xmlHttp 的 open 方法。

```
xmlHttp.open("get", "info.jsp", true);
```

该方法一共有三个参数，参数 1 表示请求的方式，一般有如下选择：get，post。

参数 2 表示请求的目标是 info.jsp；当然，也可以在此处给 info.jsp 一些参数，如写成：

```
xmlHttp.open("get", "info.jsp?account=0001", true);
```

表示赋给 info.jsp 名为 account，值为 0001 的参数，info.jsp 可以通过 request.getParameter ("account")方法获得该参数的值。

参数 3 最重要，为 true 表示异步请求，否则表示非异步请求。异步请求可以通俗地理解为后台提交，在此种情况下，请求在后台执行。以前面的 welcome2.jsp 为例，如果参数 3 取 true，按钮被单击下去之后马上抬起。但是如果是 false，按钮被单击下去之后，要等到服务器返回信息之后才能抬起，等待时间之内，网页处于类似停滞状态。

在 Ajax 情况下，第三个参数选择 true 值。

注意，此时只是指定异步提交的目标和提交方式，并没有进行真正的提交。

步骤 3：指定当 xmlHttp 状态改变时，需要进行的处理。处理一般是以响应函数的形式进行。

```
xmlHttp.onreadystatechange=function() {
    //处理代码
}
```

该代码中用到了 xmlHttp 的 onreadystatechange 事件，表示 xmlHttp 状态改变时，调用

处理代码。此种方式是将处理代码直接写在后面，还有一种情况，那就是将处理代码单独写成函数。

```
xmlHttp.onreadystatechange=handle;
…
function handle(){
    //处理代码
}
```

在请求的过程中，xmlHttp 的状态不断改变，其状态保存在 xmlHttp 的 readyState 属性中，用 xmlHttp.readyState 表示，常见的 readyState 属性值如下。

0：未初始化状态，对象已创建，尚未调用 open()。

1：已初始化状态，调用 open()方法以后。

2：发送数据状态，调用 send()方法以后。

3：数据传送中状态，已经接到部分数据，但接收尚未完成。

4：完成状态，数据全部接收完成。

每次状态改变，都会调用相应处理函数。下面用例子来说明该性质。

welcome3.jsp

```
<%@ page language="java" import="java.util.*" pageEncoding="gb2312"%>
<!DOCTYPE HTML PUBLIC "-//W3C//DTD HTML 4.01 Transitional//EN">
<html>
  <body>
      <SCRIPT LANGUAGE="JavaScript">
      var xmlHttp=new ActiveXObject("Msxml2.XMLHTTP");
      function showInfo(){
          xmlHttp.open("get", "info.jsp", true);
          xmlHttp.onreadystatechange=showState;
          xmlHttp.send();
      }
      function showState(){
          document.writeln(xmlHttp.readyState);
      }
      </SCRIPT>
          欢迎来到本系统. <HR>
          <input type="button" value="显示公司信息" onClick="showInfo()">
  </body>
</html>
```

运行程序，效果如图 9-9 所示。

欢迎来到本系统.

显示公司信息

图 9-9 welcome3.jsp 页面运行效果 1

单击按钮，效果如图 9-10 所示。

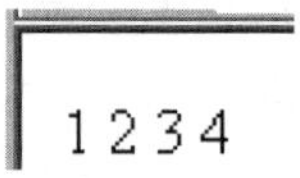

1 2 3 4

图 9-10　welcome3.jsp 页面运行效果 2

说明该响应函数运行了 4 次。注意，0 在此处没有打印出来，是什么原因，读者可以自行分析。一般情况下，仅仅在 readyState 状态为 4 时才做相应操作。

步骤 4：编写处理代码。

```
xmlHttp.onreadystatechange=function() {
    if (xmlHttp.readyState==4) {
        infoDiv.innerHTML = xmlHttp.responseText;
        }
    }
```

该代码表示，当 xmlHttp 的 readyState 为 4 时，将 infoDiv 内部的 HTML 代码变为 xmlHttp.responseText，其中，xmlHttp.responseText 表示 xmlHttp 从提交目标中得到的输出的文本内容，也就是 info.jsp 的输出。

注意，xmlHttp 除了 responseText 属性外，还有一个属性 responseXml，表示从提交目标得到的 XML 格式的数据，限于篇幅，本章暂不进行讲解。

特别说明

（1）infoDiv 除了具有 innerHTML 属性之外，还有 innerText 属性，表示在该 div 内显示内容时，不考虑其中的 HTML 格式的标签，即：将内容原样显示。例如，本例中，如果将 infoDiv.innerHTML=xmlHttp.responseText;改为 infoDiv.innerText= xmlHttp.responseText;的话，显示的效果将会如图 9-11 所示。

欢迎来到本系统.
显示公司信息
地址：北京市朝阳门外
电话:010-89765434

图 9-11　welcome3.jsp 页面运行效果 3

（2）除了 div 可以达到动态显示内容的效果之外，HTML 中的 span 也可以做到该效果。不同的是，span 将其内部的内容以文本段显示，div 将其内部的内容以段落显示。一般而言，使用 div 从界面上看到的效果是：内容会另起一行单独显示。

步骤 5：发出请求，调用 xmlHttp 的 send 函数。

```
xmlHttp.send();
```

如果请求方式是 get 的话，send 可以没有参数，或者参数为 null；如果请求方式是 post，可以将需要传送的内容传入 send 函数中以字符串的形式发出。

不过，即使是以 post 方式请求，send 函数仍然可以将参数置空，因为可以将需要传送的内容附加在 URL 后面进行请求，例如：

```
xmlHttp.open("post", "info.jsp?account=0001", true);
...
xmlHttp.send();
```

在 info.jsp 中用 request.getParameter("account")得到。

由于 Ajax 项目中，目标页面是异步提交，因此，如果目标页面发生了修改，在客户端不一定能够马上检测到，显示的仍是以前的目标页面的内容。在此种情况下，可以用如下方法进行解决。

（1）将目标页面直接输入 URL 进行访问，迫使服务器重新编译。

（2）将目标页面用 response.setHeader("Cache-Control","no-cache");设置为不在客户端缓存驻留。

9.3 Ajax 简单案例

9.3.1 表单验证需求

以登录界面为例，首先编写登录页面 login.jsp，如图 9-12 所示。

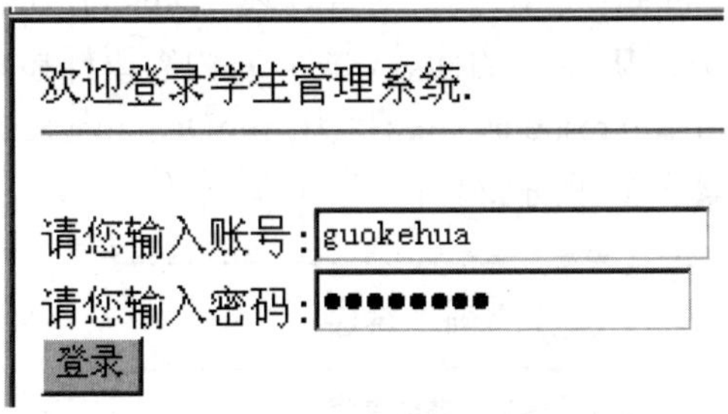

欢迎登录学生管理系统.
请您输入账号: guokehua
请您输入密码: ••••••••
登录

图 9-12 登录页面运行效果

如果登录成功（如 guokehua 登录成功），则在界面上显示如图 9-13 所示的信息。

如果登录失败，显示结果如图 9-14 所示。

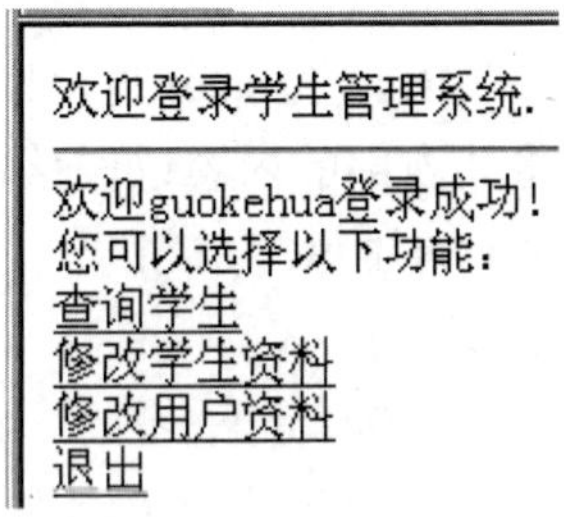

欢迎登录学生管理系统.
欢迎guokehua登录成功!
您可以选择以下功能:
查询学生
修改学生资料
修改用户资料
退出

图 9-13 登录成功

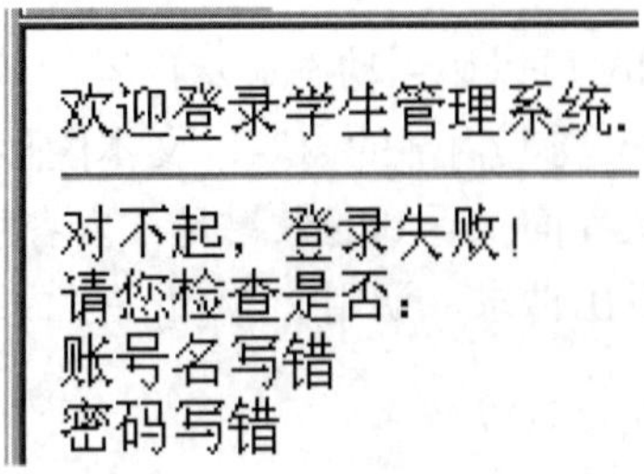

欢迎登录学生管理系统.
对不起，登录失败!
请您检查是否:
账号名写错
密码写错

图 9-14 登录失败

在登录时，浏览器窗口不刷新，浏览器地址栏上的地址不变，网页上其他部分的浏览不受影响。

9.3.2　实现方法

很明显，以上功能的实现可以借助于 Ajax。首先，登录表单中的账号和密码提交到 Servlet，由 Servlet 调用 DAO 进行验证，最后根据验证结果决定跳转到某个页面显示。

由于篇幅关系，对 DAO 的功能进行了简化，认为账号密码相等就登录成功。

以下是 LoginServlet 的源代码。

LoginServlet.java

```
package servlets;
import java.io.IOException;
import javax.servlet.RequestDispatcher;
import javax.servlet.ServletContext;
import javax.servlet.ServletException;
import javax.servlet.http.HttpServlet;
import javax.servlet.http.HttpServletRequest;
import javax.servlet.http.HttpServletResponse;
import javax.servlet.http.HttpSession;

public class LoginServlet extends HttpServlet {

    public void doPost(HttpServletRequest request, HttpServletResponse response)
            throws ServletException, IOException {
        String account = request.getParameter("account");
        String password = request.getParameter("password");
        String loginState = "Fail";
        String targetUrl = "/loginFail.jsp";
        //认为账号密码相等就算登录成功，此处是对 DAO 的简化
        if(account.equals(password)){
            loginState = "Success";
            targetUrl = "/loginSuccess.jsp";
            HttpSession session = request.getSession();
            session.setAttribute("account", account);
        }
        request.setAttribute("loginState", loginState);
        ServletContext application = this.getServletContext();
        RequestDispatcher rd =
            application.getRequestDispatcher(targetUrl);
        rd.forward(request, response);
    }
}
```

该 Servlet 中，进行了数据验证。如果登录成功，跳转到 loginSuccess.jsp；登录失败，跳转到 loginFail.jsp。loginSuccess.jsp 的代码如下。

loginSuccess.jsp

```
<%@ page language="java" contentType="text/html; charset=gb2312"%>
<html>
    <body>
        欢迎${account}登录成功!<BR>
        您可以选择以下功能：<BR>
        <a href="">查询学生</a><BR>
        <a href="">修改学生资料</a><BR>
        <a href="">修改用户资料</a><BR>
        <a href="">退出</a><BR>
    </body>
</html>
```

此处仅进行模拟。loginFail.jsp 的代码如下。

loginFail.jsp

```
<%@ page language="java" contentType="text/html; charset=gb2312"%>
<html>
    <body>
        对不起，登录失败！<BR>
        请您检查是否：<BR>
        账号名写错<BR>
        密码写错
    </body>
</html>
```

最后是 login.jsp，该 JSP 上有一个表单，单击“登录”按钮，进行异步提交。代码如下。

login.jsp

```
<%@ page language="java" import="java.util.*" pageEncoding="gb2312"%>
<!DOCTYPE HTML PUBLIC "-//W3C//DTD HTML 4.01 Transitional//EN">
<html>
  <body>
      <SCRIPT LANGUAGE="JavaScript">
          function login(){
              var account = document.loginForm.account.value;
              var password = document.loginForm.password.value;
              var xmlHttp=new ActiveXObject("Msxml2.XMLHTTP");
              var url =
                     "servlet/LoginServlet?account="+account+"&password="+
                     password;
            xmlHttp.open("post", url, true);
```

```
            xmlHttp.onreadystatechange=function() {
                if (xmlHttp.readyState==4) {
                    resultDiv.innerHTML = xmlHttp.responseText;
                }
                else{
                    resultDiv.innerHTML += "正在登录，请稍候......";
                }
            }
            xmlHttp.send();
        }
    </SCRIPT>
    欢迎登录学生管理系统. <hr>
    <div id="resultDiv">
    <form name="loginForm">
        请您输入账号:<input type="text" name="account"><BR>
        请您输入密码:<input type="password" name="password"><BR>
        <input type="button" value="登录" onclick="login()">
    </form>
    </div>
  </body>
</html>
```

运行，即可得到相应的效果。

注意，此处的按钮类型千万不要写成 submit，否则会造成表单提交，界面刷新，不是 Ajax 效果。

9.3.3　需要注意的问题

从以上阐述可以看出，Ajax 具有如下优点。

（1）减轻服务器负担，避免整个浏览器窗口刷新时造成的重复请求。

（2）带来更好的用户体验。

（3）进一步促进页面呈现和数据本身的分离等。

但是，Ajax 也有相应的缺点，主要体现在以下方面。

（1）对浏览器具有一定的限制，对于不兼容的浏览器，可能无法使用。

（2）Ajax 没有刷新页面，浏览器上的“后退”按钮是失效的，因此，客户经常无法回退到以前的操作等。

Ajax 的开发，涉及一些复杂的 JavaScript 代码编写，为了简化 Ajax 开发，许多团队推出了一系列框架，主要分为以下几类。

（1）Bindows，2003 年发布，网址是 http://www.bindows.net。Bindows 是一个软件开发包，通过强力联合 DHTML、JavaScript、CSS 和 XML 等技术，能生成高度交互的互联网应用程序，成为桌面应用程序的强有力对手。

（2）BackBase，2003 年发布，网址是 http://www.backbase.com，是一个全面的浏览器端框架，支持丰富的浏览器功能以及与.NET 和 Java 的集成。

（3）Flash JavaScript 集成包，网址是 http://www.osflash.org/doku.php?id=flashjs，允许 JavaScript 和 Flash 内容的集成。

（4）Google AjaxSLT，2005 年发布，网址是 http://goog-ajaxslt.sourceforge.net/，是一个 JavaScript 框架，用来执行 XSLT 转换以及 XPath 查询。

（5）交互式网站框架，2005 年发布，网址是 http://sourceforge.net/projects/iwf/，目的是从浏览器端对 Ajax 基础结构予以多方面的支持。

（6）jQuery：该框架对 DOM 元素的选择进行了大量的简化。

读者在开发 Ajax 程序时，可以根据需要选择相应框架，对开发进行简化。

小　　结

本章学习了 Ajax 的基础知识。首先讲解了 Ajax 技术的原理，最后通过一个简单的案例，讲解了 Ajax 技术的基础 API 编程。

上 机 习 题

在数据库中建立表格 T_CUSTOMER(ACCOUNT,PASSWORD,CNAME)，插入一些记录。

1. 编写注册页面，输入账号、密码、确认密码、姓名，完成注册的功能，并能够判断是否重复注册。提交后界面不刷新。

2. 制作一个登录页面，输入账号和密码，如果匹配，则显示“登录成功”，否则显示“登录失败”。界面不刷新。

第 4 部分

轻量级框架开发

第10章 MVC 和 Struts 基本原理

建议学时：2

在软件开发中，项目的模块化、标准化非常重要，在网站制作中同样如此。本章首先将讲解 MVC 思想，并与传统方法进行对比，阐述该思想给软件开发带来的巨大好处。然后讲解基于 MVC 思想的 Struts 框架，阐述其基本原理，并举例说明 Struts 框架下用例的开发方法。

10.1 MVC 模式

MVC（Model、View、Controller）是软件开发过程中比较流行的设计思想。在了解 MVC 之前，首先要明确一点，MVC 是一种设计模式（设计思想），不是一种编程技术。

现在用一个场景来引入这种模式。某公司制作一个股票查询软件，输入股票的代号就可以显示该股票走势。如何实现？

有一种很容易想到的方案：编写一个 JSP，接受用户输入并验证，同样是这个 JSP，在数据库中提取数据之后将股票走势显示。

但是，软件需求可能是变化的。在系统运营的过程中，可能会出现下面的情况。

（1）公司突然决定，股票显示应该更美观一些，要改变显示方法。

（2）由于计算机犯罪越来越多，要求在验证信息的时候增加一些功能，如安全密钥等。

（3）公司的数据库迁移，数据库变成了不同的名字，表结构也改变了，查询时需要修改代码。

如果使用以上方案，要解决这些问题，就必须把 JSP 的某一部分改掉。但是，编写代码时，最忌讳的就是在很长的一段程序中修改很小的一部分，这样做代价很高，并且在开发过程中分工也很不方便。例如，美工人员修改显示方法时，需要面对大量数据库访问代码。因此，在该方案中，将页面设计和商业逻辑混合在一起，在修改时必须读懂所有代码。

基于该问题，可以将该 JSP 拆成三个模块来实现。首先，编写 JSP，负责输入查询代码，提交到 Servlet，Servlet 进行安全验证，调用 DAO 来访问数据库，得到结果，跳转到 JSP 显示。这样的方法，虽然前期设计比较复杂，但有如下特点。

1．适合分工，每一个程序员只需要关心他自己所需要关心的那个模块。

2．维护方便，比如需要修改其中的一个部分，对相应的模块进行修改就可以了。

对比这两种方案，可以发现，第二种方案把程序分为不同的模块，显示、业务逻辑、过程控制都独立起来，使得软件在可伸缩性和可维护性方面有了很大的优势。如要改变外观显示，只需要修改 JSP 就可以了；修改验证方法，只需要修改 Servlet 就可以了；数据库迁移，只需要修改 DAO 就可以了。这种思想就是 MVC 思想。

在 Web 开发中，MVC 思想的核心概念如下。

M(Model)，封装应用程序的数据结构和事务逻辑，集中体现应用程序的状态，当数据状态改变的时候，能够在视图中体现出来。JavaBean 非常适合这个角色。

V(View)，是 Model 的外在表现，模型状态改变时，有所体现。JSP 非常适合这个角色。

C(Controller)，对用户的输入进行响应，将模型和视图联系到一起，负责将数据写到模型中，并调用视图。Java Servlet 非常适合这个角色。

MVC 思想如图 10-1 所示。

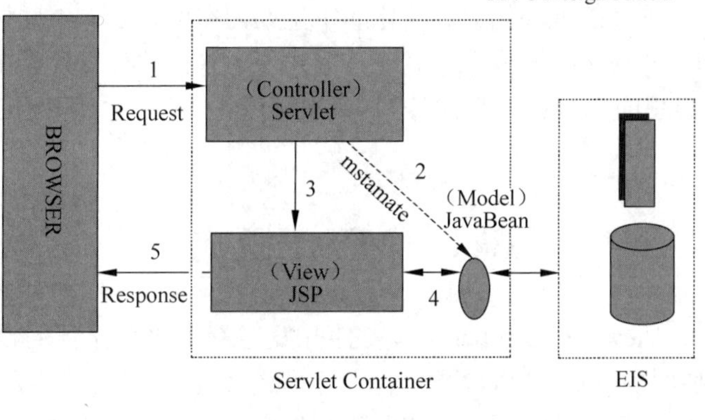

图 10-1　MVC 思想

其工作步骤如下。

（1）用户在表单中输入，表单提交给 Servlet，Servlet 验证输入，然后实例化 JavaBean。

（2）JavaBean 查询数据库，查询结果暂存在 JavaBean 中。

（3）Servlet 跳转到 JSP，JSP 使用 JavaBean，得到它里面的查询结果，并显示出来。

10.2　Struts 框架的基本原理

10.2.1　Struts 框架简介

MVC 思想给网站设计带来了巨大的好处，但是，MVC 毕竟只是一种思想，不同的程序员写出来的基于 MVC 思想的应用，风格可能不一样。影响程序的标准化。

在项目开发时，标准化是很重要的。比如，如果团队中某个人被换掉，顶替者如果还需要阅读不同风格的代码，将会带来较大的代价。所以有必要对 MVC 模式来实行标准化，让程序员在某个标准下进行开发。

很多人致力于这个工作，并且发布了一些框架，Struts 就是这样一个框架，在使用的过程中，受到了广泛的承认。因此，MVC 模式是 Struts 框架的基础，或者说，Struts 是为了规范 MVC 开发而发布的一个框架。类似的框架还有 WebWork、SpringMVC 等。

要编写基于 Struts 框架的应用，需要导入一些支持的包，也就是 Struts 开发包。这些开发包可以到网上去下载。下载地址为 http://struts.apache.org/。

在页面中提供了各个版本的 Struts 开发包。以 Struts 1.3 版本为例，下载地址为 http://struts.apache.org/download.cgi#struts1310，如图 10-2 所示。

Struts 1.3.10

Struts 1.3.10 is the latest production release of
distribution, or as separate library, source, examp
distributions.

- Full Distribution:
  - struts-1.3.10-all.zip [PGP] [MD5]
- Library:
  - struts-1.3.10-lib.zip [PGP] [MD5]
- Source:
  - struts-1.3.10-src.zip [PGP] [MD5]
- Examples:
  - struts-1.3.10-apps.zip [PGP] [MD5]
- Documentation:
  - struts-1.3.10-docs.zip [PGP] [MD5]

图 10-2　Struts 1.3 下载页面

可以下载源文件、开发包和文档等。一般情况下，将开发包解压缩之后，将其中的.jar 文件复制到 Web 项目的 lib 目录下即可。不过，幸运的是，MyEclipse 软件给我们提供了对 Struts 框架的支持，如果使用 MyEclipse，不需要专门在网上下载开发包。

10.2.2　Struts 框架原理

在 Struts 中，常用的组件有：JSP、ActionServlet、ActionForm、Action、JavaBean、配置文件等。它们之间的关系如图 10-3 所示。

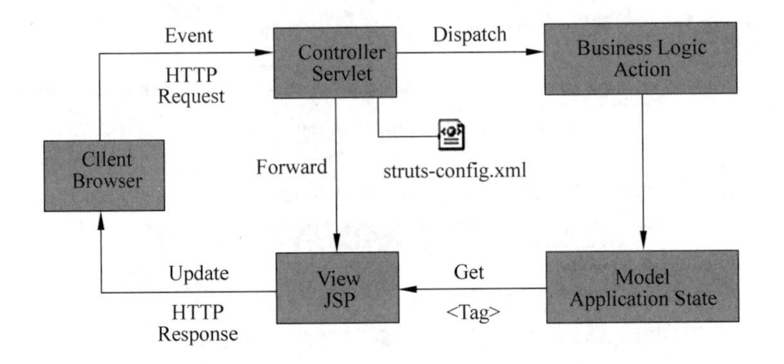

图 10-3　Struts 组件之间的关系

对于一个动作，其执行步骤如下。

（1）用户输入，JSP 表单提交给 ActionServlet。

（2）ActionServlet 将表单信息封装在 ActionForm 内，转交 Action。

（3）ActionServlet 不直接处理业务逻辑，让 Action 来调用 JavaBean(DAO)。

（4）Action 返回要跳转到的 JSP 页面地址给 ActionServlet。

（5）ActionServlet 进行跳转，结果在 JSP 上显示。

10.3　Struts 框架的基本使用方法

该部分内容使用实际案例进行讲解。在学生管理系统中，用户输入账号密码进行登录，如果登录成功，就跳转到成功页面，否则跳转到失败页面。为了简便起见，认为账号密码相等就登录成功。

10.3.1　导入 Struts 框架

接下来就开始编写这个项目，用 MyEclipse 新建一个 Web 项目 Prj10。使用 Tomcat 服务器。

下面讲解如何导入 MyEclipse 自带的 Struts 开发包。选中的项目，在 MyEclipse 菜单栏中找到 MyEclipse→Project Facets[Capabilities]→Install Apache Struts 1.x Facets，如图 10-4 所示。

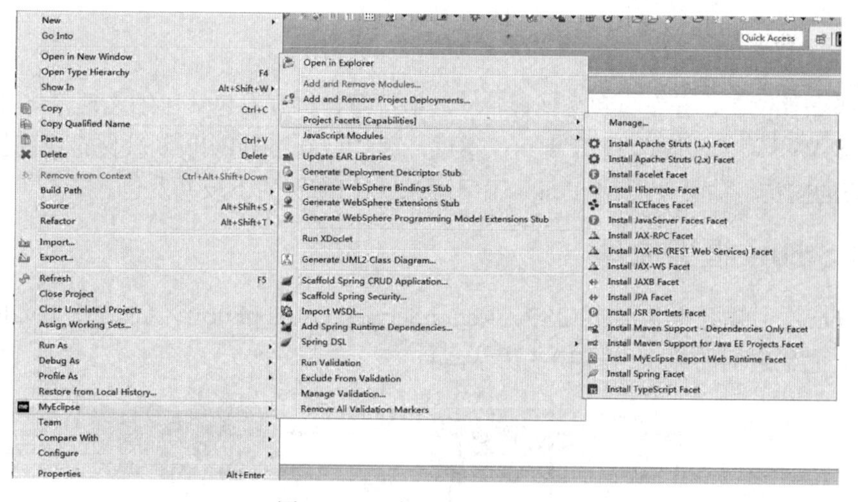

图 10-4　添加 Struts 框架支持

单击菜单，进入导入 Struts 对话框，如图 10-5 所示。

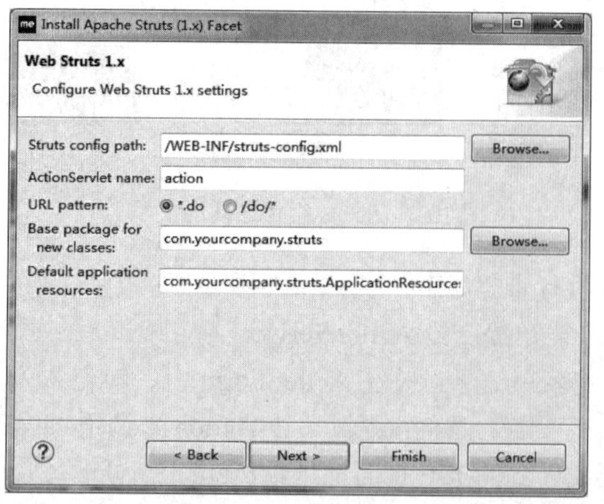

图 10-5　导入 Struts

在该界面中：

Struts config path：Struts 配置文件的路径，一般不改。

ActionServlet name：ActionServlet 在 web.xml 配置时的名称，一般不改。

URL pattern：调用 ActionServlet 时的路径，一般选择*.do。

Base package for new classes：新建的类所放的包的名称，可以不改，在此为了使用方便，改为 prj10。

Default application resources：Struts 资源文件的路径，使用系统默认的就可以了，在后面会详细讲解这个文件。

填写、选择后，单击 Finish 按钮，Struts 框架支持就被导入了该项目，此时项目结构如图 10-6 所示。

```
Prj10
  src
  JRE System Library [jdk1.8.0_111]
  Apache Tomcat v9.0 [Apache Tomcat v9.0]
  JSTL 1.2.2 Library
  Struts 1.3.8 Libraries
  WebRoot
    META-INF
    WEB-INF
      lib
      struts-config.xml
      web.xml
    index.jsp
```

图 10-6　项目结构

src 文件夹中多了一个名为 prj10 的包，也就是前面导入界面中设置的包的存放路径；还多了一个库为 Struts 1.3.8 Libraries，它包含 Struts 的开发包；而在 WEB-INF 文件夹下面多了一些文件，本章中将重点讲解文件 struts-config.xml，这是 Struts 的配置文件，其他的文件以后再讲解。

接下来来看 web.xml 配置文件在导入 Struts 框架支持后有什么变化。web.xml 配置文件内容如下。

web.xml

```
<?xml version="1.0" encoding="UTF-8"?>
<web-app>
<servlet>
   <servlet-name>action</servlet-name>
   <servlet-class>org.apache.struts.action.ActionServlet</servlet-class>
   <init-param>
     <param-name>config</param-name>
     <param-value>/WEB-INF/struts-config.xml</param-value>
   </init-param>
   <init-param>
     <param-name>debug</param-name>
```

```
      <param-value>3</param-value>
    </init-param>
    <init-param>
      <param-name>detail</param-name>
      <param-value>3</param-value>
    </init-param>
    <load-on-startup>0</load-on-startup>
  </servlet>
  <servlet-mapping>
    <servlet-name>action</servlet-name>
    <url-pattern>*.do</url-pattern>
  </servlet-mapping>
</web-app>
```

其中，

```
<servlet-name>action</servlet-name>
<servlet-class>org.apache.struts.action.ActionServlet</servlet-class>
```

表示使用 org.apache.struts.action.ActionServlet，并起名为 action。这个名称是在导入 Struts 的界面中填写的。

```
<init-param>
  <param-name>config</param-name>
  <param-value>/WEB-INF/struts-config.xml</param-value>
</init-param>
```

表示让 org.apache.struts.action.ActionServlet 读取的配置文件的路径为/WEB-INF/struts-config.xml。

```
<load-on-startup>0</load-on-startup>
```

表示应用启动，org.apache.struts.action.ActionServlet 就载入并实例化。

```
<servlet-mapping>
  <servlet-name>action</servlet-name>
  <url-pattern>*.do</url-pattern>
</servlet-mapping>
```

表示在访问名为 action 的 Servlet，也就是 org.apache.struts.action.ActionServlet 时，要添加的扩展名是.do。注意，此处的.do 会在后面的应用中体现出来。

10.3.2 编写 JSP

该项目中，首先来编写一个 JSP，用来容纳查询表单，放在 WebRoot 根目录下。代码如下。

login.jsp

```
<%@ page language="java" pageEncoding="gb2312"%>
```

```
<!DOCTYPE HTML PUBLIC "-//W3C//DTD HTML 4.01 Transitional//EN">
<html>
  <body>
    <form action="[待定]" method="post">
        请您输入账号：<input name="account" type="text"><BR>
        请您输入密码：<input name="password" type="password">
        <input type="submit" value="模糊查询">
    </form>
  </body>
</html>
```

由于提交到 ActionServlet，因此暂时无法确定表单提交的目标。该代码的运行效果如图 10-7 所示。

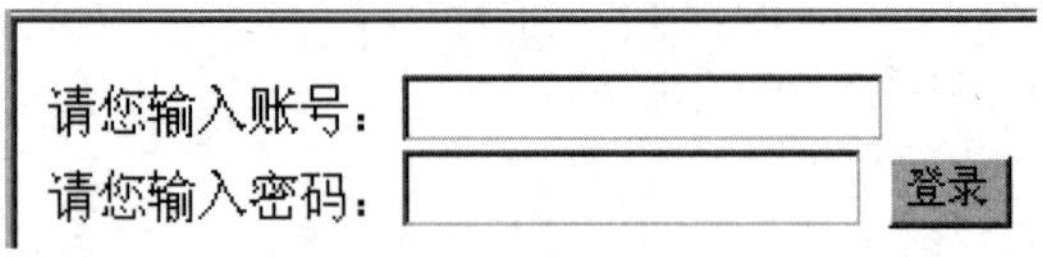

图 10-7　登录页面

登录成功页面的源代码如下。

loginSuccess.jsp

```
<%@ page language="java" pageEncoding="gb2312"%>
<!DOCTYPE HTML PUBLIC "-//W3C//DTD HTML 4.01 Transitional//EN">
<html>
  <body>
        登录成功
  </body>
</html>
```

登录失败页面的源代码为如下。

loginFail.jsp

```
<%@ page language="java" pageEncoding="gb2312"%>
<!DOCTYPE HTML PUBLIC "-//W3C//DTD HTML 4.01 Transitional//EN">
<html>
  <body>
        登录失败
  </body>
</html>
```

10.3.3　编写并配置 ActionForm

接下来的步骤就是：ActionServlet 将表单提交的信息封装在 ActionForm 内，转交给 Action。此时需要编写 ActionForm 来容纳表单里面的数据。在包 prj10 内新建一个类

LoginForm.java。

但是，ActionForm 的编写，必须要满足一定的规范。

（1）必须继承 org.apache.struts.action.ActionForm。

（2）ActionForm 内可能封装的表单元素有很多，要得到它们的值，必须编写和表单元素同名的属性。

以下是 LoginForm.java 的代码。

LoginForm.java

```
package prj10;
import org.apache.struts.action.ActionForm;
public class LoginForm extends ActionForm {
   private String account;
   private String password;
   public String getAccount() {
      return account;
   }
   public void setAccount(String account) {
      this.account = account;
   }
   public String getPassword() {
      return password;
   }
   public void setPassword(String password) {
      this.password = password;
   }
}
```

从以上代码可以看出，LoginForm 继承了 ActionForm，它有属性 account 和 password，与 login.jsp 中的表单元素 account 和 password 必须同名。

完成以上步骤后，LoginForm 只是系统中的一个普通的类，系统如何能够认识它呢？此时必须要将其在 struts-config.xml 中进行注册。打开 struts-config.xml，注册 LoginForm 的代码如下。

struts-config.xml

```
<?xml version="1.0" encoding="UTF-8"?>
<!DOCTYPE struts-config PUBLIC "-//Apache Software Foundation//DTD Struts Configuration 1.2//EN" "http://struts.apache.org/dtds/struts-config_1_2.dtd">
<struts-config>
  <data-sources />
  <form-beans>
     <form-bean name="loginForm" type="prj10.LoginForm"></form-bean>
  </form-beans>
  <global-exceptions />
```

```
  <global-forwards />
  <action-mappings />
  <message-resources parameter="prj10.ApplicationResources" />
</struts-config>
```

代码中，注册了 prj10.LoginForm，并起名为 loginForm。注意，此处的名字可以随意取。

10.3.4 编写并配置 Action

Struts 框架中，要将 ActionForm 转交给 Action 来处理，Action 是负责业务逻辑的。下面来编写 Action。在包 prj10 内新建一个类 LoginAction。

同样，此时的 Action 毕竟只是一个普通的类，要成为一个 Action，必须要满足一定的规范。

（1）必须继承 org.apache.struts.action.Action。

（2）必须重写 execute 方法来处理业务逻辑。

重写 execute 方法，是因为 Action 接收数据后，由 ActionServlet 自动调用它的 execute 方法，该方法的运行，在底层通过反射机制进行。execute 的格式为：

```
public ActionForward execute(ActionMapping mapping, ActionForm form,
HttpServletRequest request,HttpServletResponse response) throws Exception {}
```

Action 的代码如下。

LoginAction.java

```
package prj10;
import javax.servlet.http.HttpServletRequest;
import javax.servlet.http.HttpServletResponse;
import org.apache.struts.action.Action;
import org.apache.struts.action.ActionForm;
import org.apache.struts.action.ActionForward;
import org.apache.struts.action.ActionMapping;

public class LoginAction extends Action{
   public ActionForward execute(ActionMapping mapping, ActionForm form,
         HttpServletRequest request, HttpServletResponse response)
         throws Exception {
      LoginForm loginForm = (LoginForm)form;
      String account = loginForm.getAccount();
      String password = loginForm.getPassword();
      String url = null;
      if(account.equals(password)){
         return new ActionForward("/loginSuccess.jsp");
      }
```

```
        return new ActionForward("/loginFail.jsp");
    }
}
```

execute 方法中，后两个参数 request 和 response，是比较常见的，这两个参数是 Web 容器中的内置对象。Mapping 参数的作用是访问配置文件，form 是传过来的 ActionForm 对象，用于得到 ActionForm 中封装的数据。ActionForward 封装跳转的目标路径。

在代码中，从 form 参数中获取了封装的 account 和 password，进行判断，最后根据判断的结果决定跳转的目标，封装在 ActionForward 中返回。

在 Struts 配置文件中注册 Action 的代码如下。

struts-config.xml

```
<?xml version="1.0" encoding="UTF-8"?>
<!DOCTYPE struts-config PUBLIC "-//Apache Software Foundation//DTD Struts
Configuration 1.2//EN" "http://struts.apache.org/dtds/struts-config_1_2.dtd">
<struts-config>
  <data-sources />
  <form-beans>
     <form-bean name="loginForm" type="prj10.LoginForm"></form-bean>
  </form-beans>
  <global-exceptions />
  <global-forwards />
    <action-mappings>
        <action path="/login" name="loginForm" type="prj10.LoginAction" >
        </action>
    </action-mappings>
  <message-resources parameter="prj10.ApplicationResources" />
</struts-config>
```

从以上配置可以看出，action 标签的主要属性有三个：name、path、type。

我们知道，数据封装到 ActionForm 里面之后要交给 Action 来处理，它们之间的关系，主要靠 name 这个属性，它的值应该与对应的 ActionForm 的 name 属性相同。

type 属性的值指定这个 Action 的类路径。

path 属性是指路径，比如，客户端要提交表单，如何知道要提交给哪个 Action 呢？用 path 这个属性。比如，path="/login"，表示客户访问时的，该 Action 的路径为：/项目名称/login.do。此处的“.do”，是在导入 Struts 框架支持时确定过的，也在 web.xml 中有所体现。

此时，在 login.jsp 中，表单要提交到的路径就可以确定为/Prj10/login.do。因此，login.jsp 可以改成如下所示。

login.jsp

```
<%@ page language="java" pageEncoding="gb2312"%>
<!DOCTYPE HTML PUBLIC "-//W3C//DTD HTML 4.01 Transitional//EN">
```

```
<html>
  <body>
    <form action="/Prj10/login.do" method="post">
        请您输入账号：<input name="account" type="text"><BR>
        请您输入密码：<input name="password" type="password">
        <input type="submit" value="登录">
    </form>
  </body>
</html>
```

10.3.5 测试

对项目进行部署，就可以测试了。访问 login.jsp，输入正确的账号密码（相等），如图 10-8 所示。

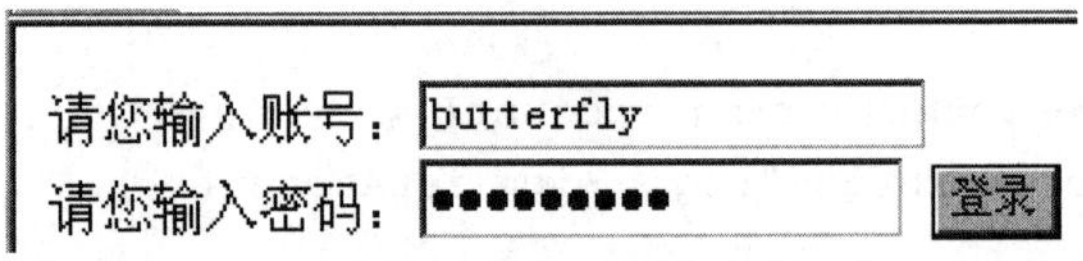

图 10-8 测试登录界面

登录，效果如图 10-9 所示。

如果输入错误的账号密码，登录，显示的效果如图 10-10 所示。

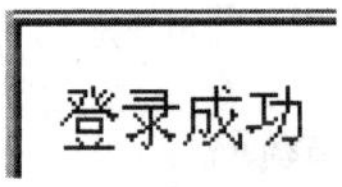

图 10-9 测试登录成功界面

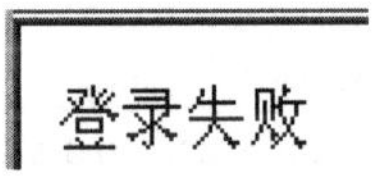

图 10-10 测试登录失败界面

10.4 其 他 问 题

10.4.1 程序运行流程

下面来分析一下，该案例中程序运行的流程。

（1）login.jsp 中的表单提交到的地址为“/Prj10/login.do”，提交给 ActionServlet，ActionServlet 把提交的地址中的项目名称和扩展名“.do”去掉，变为“/login”，读取配置文件。

（2）在配置文件中，根据“/login”，找到配置文件中的 action 对应的类，从而得到要提交到的 LoginAction；通过 action 的 name 属性值 loginForm，找到对应的 Login Form 类。

（3）将表单数据封装为一个 LoginForm 对象，提交给 LoginAction。

（4）ActionServlet 调用 Action 的 execute 方法，处理后返回一个 ActionForward 对象给

ActionServlet。

（5）ActionServlet 跳转到相应的页面。

10.4.2 ActionForm 生命周期

接下来研究该案例中，LoginForm 与 LoginAction 这两个对象的生命周期。

在 LoginForm 中添加一个构造函数，代码如下。

```
…
public LoginForm(){
        System.out.println("LoginForm 构造函数");
}
…
```

在 LoginForm 的 setAccount 函数中添加一句代码：

```
…
public void setAccount(String account) {
        System.out.println("LoginForm setAccount");
        this.account = account;
}
…
```

在 LoginAction 中也添加一个构造函数，代码如下。

```
…
public LoginAction(){
        System.out.println("LoginAction 构造函数");
}
…
```

再来重新部署项目，重新启动服务器，运行 login.jsp，提交，控制台显示如图 10-11 所示。

这说明，ActionServlet 先实例化 LoginForm 对象，然后调用 LoginForm 的 setAccount 函数，封装表单数据，然后实例化 LoginAction，进行处理。

接下来，再重复登录过程，控制台上的显示如图 10-12 所示。

```
LoginForm构造函数
LoginForm setAccount
LoginAction构造函数
```

图 10-11 控制台显示效果 1

```
LoginForm构造函数
LoginForm setAccount
LoginAction构造函数
LoginForm setAccount
```

图 10-12 控制台显示效果 2

可以看到，在第二次提交时，LoginForm 和 LoginAction 不会重新实例化，说明 LoginForm 和 LoginAction 第一次实例化之后就不会再实例化，这和 Servlet 的原理是一样的，实际上是一个对象用多线程的方式来运行。

10.4.3 其他问题

从以上代码可以看出，login.jsp 提交给 login.do，login.do 是在配置文件中出现的，ActionForm 是通过 name 属性和 LoginAction 联系起来的，所以说 JSP 和 Action 的耦合度很低，它们的开发者都只要知道配置文件就可以了。

另外，该框架中，技术含量最高的是 ActionServlet，它可以读取配置文件，但是它的内容被框架化，在底层已经实现了，不需要程序员去编写，这样带来了很大的方便。

在这个案例中，会有如下几个问题。

（1）能否不将表单数据封装到 LoginForm？

答案是可以的。可以在配置文件中，将 action 配置的 name 属性去掉，而在 LoginAction 中使用传统的 request 得到参数值。此时，LoginAction 中得到数据的代码为：

```
…
String sname = request.getParameter("account");
```

（2）Action 中，execute 的 ActionMapping 参数有何作用？

ActionMapping 参数的作用是访问配置文件。比如，Action 中跳转到的目标发生了改变，此时如果修改 LoginAction 的源代码，比较麻烦，因此，可以将跳转目标在配置文件中进行配置。比如：

struts-config.xml

```
<?xml version="1.0" encoding="UTF-8"?>
<!DOCTYPE struts-config PUBLIC "-//Apache Software Foundation//DTD Struts Configuration 1.2//EN" "http://struts.apache.org/dtds/struts-config_1_2.dtd">
<struts-config>
  <data-sources />
  <form-beans>
    <form-bean name="loginForm" type="prj10.LoginForm"></form-bean>
  </form-beans>
  <global-exceptions />
  <global-forwards>
    <forward name="SUCCESS" path="/loginSuccess.jsp"></forward>
    <forward name="FAIL" path="/loginfail.jsp"></forward>
  </global-forwards>
    <action-mappings>
        <action path="/login" name="loginForm" type="prj10.LoginAction" >
        </action>
    </action-mappings>
  <message-resources parameter="prj10.ApplicationResources" />
</struts-config>
```

这样，就在 Struts 配置文件中注册了一个跳转目标，它的逻辑名称为“SUCCESS”和

“FAIL”，此时，要实现跳转，可以在 Action 中用如下代码实现。

```
…
public ActionForward execute(ActionMapping mapping, ActionForm form,
          HttpServletRequest request, HttpServletResponse response)
          throws Exception {
       LoginForm loginForm = (LoginForm) form;
       String account = loginForm.getAccount();
       String password = loginForm.getPassword();
       String url = null;
       if (account.equals(password)) {
          return mapping.findForward("SUCCESS");
       }
       return mapping.findForward("FAIL");
   }
…
```

以上叫做全局跳转，“SUCCESS”和“FAIL”可以被所有 Action 使用。实际上，跳转目标也可以在 Struts 配置文件的另外一个地方进行注册，称为局部跳转，代码如下。

```
<action-mappings>
    <action path="/login" type="prj10.LoginAction" name="loginForm">
       <!-- 设置 URL 逻辑名称(局部，只有这个 Action 可以识别到)-->
       <forward name="FAIL" path="/loginFail.jsp"></forward>
   </action>
</action-mappings>
```

这里注册的跳转目标，只能在当前 Action 中使用，不能在别的 Action 里面使用。

小　　结

本章首先讲解了 MVC 思想，并与传统方法进行对比，阐述该思想给软件开发带来的巨大好处。然后讲解了基于 MVC 思想的 Struts 框架，并举例说明 Struts 框架下用例的开发方法。

上 机 习 题

在数据库中建立表格 T_BOOK(BOOKID,BOOKNAME,BOOKPRICE)，插入一些记录。

1. 编写一个模糊查询图书的应用，输入图书名称的模糊资料，显示查询的图书的 ID、名称和价格。要求使用 Struts 1.3 完成。

2. 在第 1 题中，图书信息后面增加一个“删除图书”链接，单击，可以将图书信息从数据库中删除。删除后跳转到模糊查询界面。要求使用 Struts 1.3 完成。

第 11 章

Struts 标签和错误处理

建议学时：4

Struts 中提供了大量的标签，方便程序的开发，在 JSP 中减少 Java 代码。本章将介绍 Struts 标签库常用的标签。

资源文件在 Web 开发中使用较多，本章将讲解资源文件的使用；基于 Struts 框架进行开发时，可能需要针对用户的输入，提供一些错误提示，本章还将讲解 Struts 框架中对错误处理的一些特有的机制。

11.1　认识 Struts 标签库

11.1.1　Struts 标签库简介

标签是 Struts 的一个特色。在 Struts 中，提供了几个标签库，每个标签库又包含很多标签。这些标签可以使网页的开发更加简便，或者能在 JSP 中尽可能减少 Java 代码。不过，并不是所有的标签都需要掌握，本章主要介绍常用的一些标签。

常用的主要有三个标签库，分别如下。

（1）struts-html taglib（html 标签库）：包含用来生成动态 HTML 用户界面和窗体的标签。

（2）struts-bean taglib（bean 标签库）：包含在访问 bean 和 bean 属性时使用的标签，也包含一些消息显示的标签。

（3）struts-logic taglib（逻辑标签库）：包含的标签用来管理一些逻辑条件，根据逻辑条件进行一些操作。

注意，在 struts-1.3.10 中并没有专门的 tld 文件，所以不存在导入 tld 文件了。tld 是一个缩写，全称为 taglib description，意思是标签库定义文件。struts-1.3.10 的 tld 文件内置在 struts-taglib-1.3.10.jar 中，在页面中引入标签库时只需要在 JSP 页面中声明即可。代码如下。

```
<%@ taglib uri="http://struts.apache.org/tags-bean" prefix="bean" %>
<%@ taglib uri="http://struts.apache.org/tags-html" prefix="html" %>
<%@ taglib uri="http://struts.apache.org/tags-logic" prefix="logic" %>
```

11.1.2　使用 Struts 1.3 标签库新建 JSP 的方法

本章创建 Web 项目 Prj11，然后在其中添加 Struts 1.3 框架支持。在添加了 Struts 框架支持后，WEB-INF 文件夹结构如图 11-1 所示。

首先在 WebRoot 目录下新建一个 JSP：新建 JSP 的对话框如图 11-2 所示。

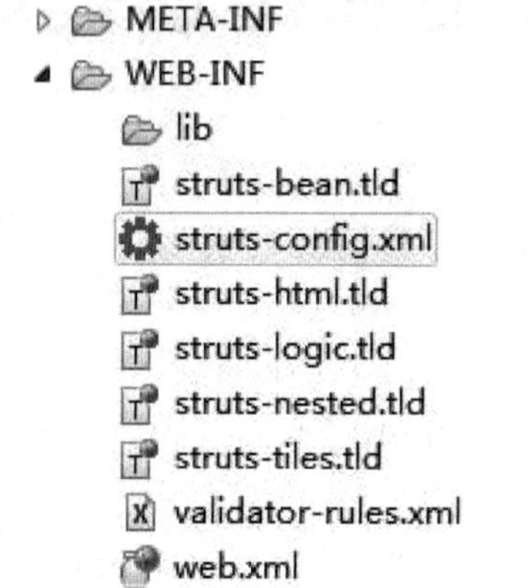

图 11-1

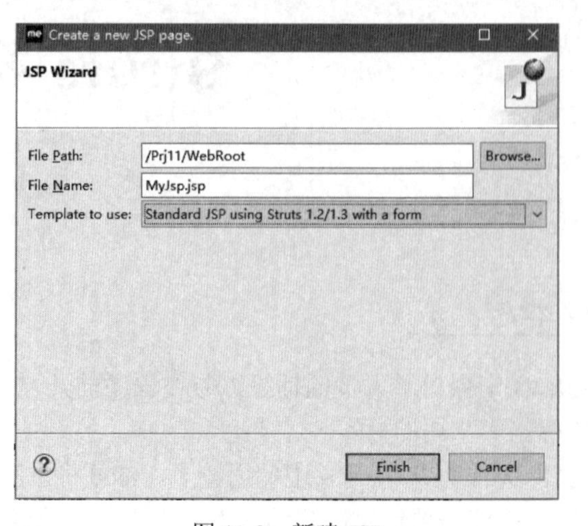

图 11-2　新建 JSP

在对话框中有一个下拉菜单 Template to use，这个下拉菜单是让开发者选择新建该 JSP 页面所使用的模板，在之前的项目中，一般都是选择 Default JSP template，这是默认的最简单的模板，还有其他一些模板可以被使用，在这里选择 Standard JSP using Struts 1.2/1.3 这个模板，这个模板将建立使用 Struts 1.2 或者 Struts 1.3 版本风格的 JSP 页面。

单击 Finish 按钮，完成。打开新建的 JSP，去掉一些多余的代码， JSP 页面的完整代码如下。

MyJsp.jsp

```
<%@ page language="java" pageEncoding="gb2312"%>
<%@ taglib uri="http://struts.apache.org/tags-bean" prefix="bean" %>
<%@ taglib uri="http://struts.apache.org/tags-html" prefix="html" %>
<%@ taglib uri="http://struts.apache.org/tags-logic" prefix="logic" %>
<%@ taglib uri="http://struts.apache.org/tags-tiles" prefix="tiles" %>
<!DOCTYPE HTML PUBLIC "-//W3C//DTD HTML 4.01 Transitional//EN">
<html:html lang="true">
  <body>
    This a struts page. <br>
  </body>
</html:html>
```

这个 JSP 代码跟传统的 JSP 具有一些区别。主要是多了以下 4 句代码。

```
<%@ taglib uri="http://struts.apache.org/tags-bean" prefix="bean" %>
<%@ taglib uri="http://struts.apache.org/tags-html" prefix="html" %>
<%@ taglib uri="http://struts.apache.org/tags-logic" prefix="logic" %>
<%@ taglib uri="http://struts.apache.org/tags-tiles" prefix="tiles" %>
```

这 4 句代码的作用是导入 Struts 定义好的标签库，uri 属性是标签库的访问地址，prefix 是标签库中的标签在使用时的前缀。

JSP 中导入标签库的代码中，uri 的值是不能随便写的，每个标签库都有一个唯一的 uri 与之对应；prefix 的值是可以随便写的，它只是标签使用时的前缀，可以更改。只是为了方便使用和交流，在此一般不改。如果前缀是 html，则 html 标签库中的标签可以写为：<html:标签名称 />。

11.2　struts-html 输入标签的使用

下面使用一个案例来对 html 标签库进行讲解，该案例的情景是完成注册的功能，使用这个案例的原因是，在注册开发中，要使用到各种各样的 HTML 表单元素，方便讲解。

11.2.1　使用 struts-html 标签生成一个表单

Struts 提供了图形界面来开发 Action、ActionForm 和相应的 JSP。首先，打开 Struts 配置文件，进入图形化界面，右击，选择 New 命令，出现如图 11-3 所示的几种选项。

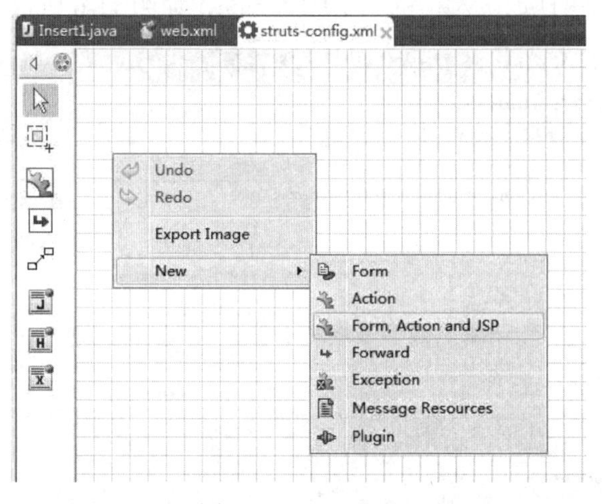

图 11-3　图形界面

在该案例中，要用到表单，也就要用到 ActionForm，因此，选择 Form,Action and JSP。然后进入新建 FormBean 的对话框，如图 11-4 所示。

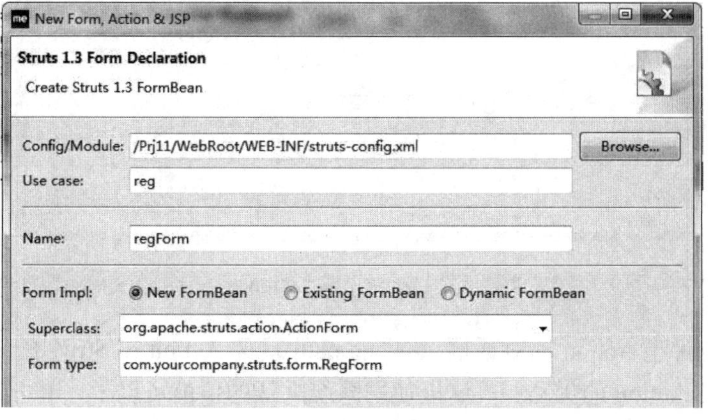

图 11-4　配置 ActionForm

在该对话框中，Use case 表示用例，实际上就是动作。本案例中命名为“reg”。

Form Impl 选择 New FormBean，Superclass（父类）选择 org.apache.struts.action.Action Form。在该对话框中的底部，选择 JSP 选项卡，如图 11-5 所示。

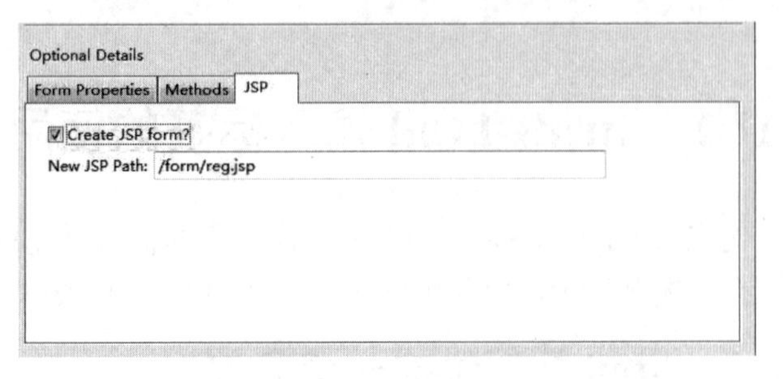

图 11-5　选择 JSP

New JSP Path 是指新建的 JSP 的路径，将其放在项目的根目录下面，命名为：/reg.jsp。单击 Next 按钮，出现如下对话框，生成 Action，如图 11-6 所示。

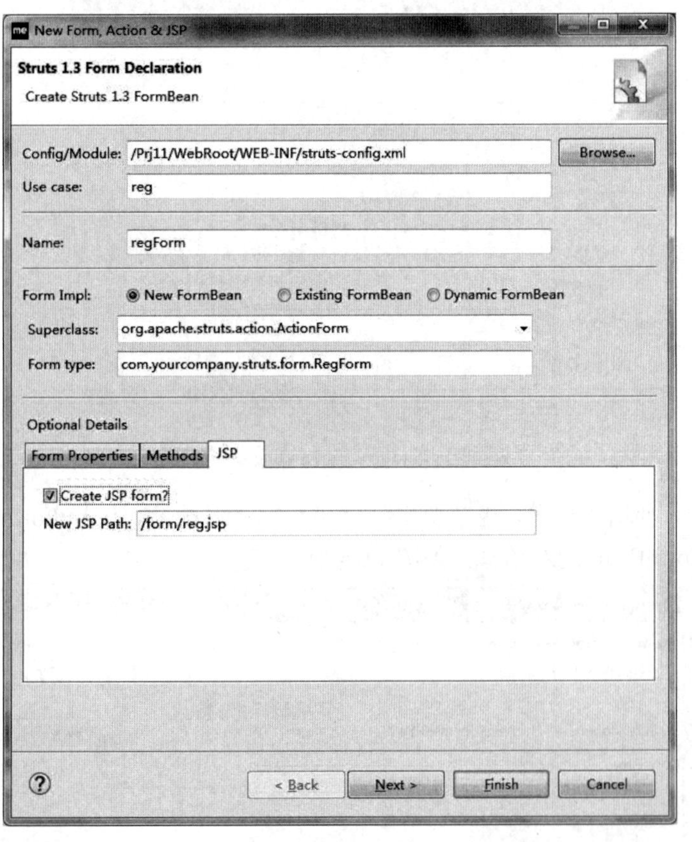

图 11-6　生成 Action

该对话框是新建 Action 的对话框，这里的 path 就是 Action 在 Struts 配置文件中的 path 属性，Type 就是 Action 的类路径，这里使用系统默认的值就可以了。单击 Finish 按钮。就可以自动生成 prj11.action.RegAction、prj11.form.RegForm 和 reg.jsp，并将它们进行配置。

读者可以查看项目结构。

打开 reg.jsp，代码如下。

reg.jsp

```
<%@ page language="java" pageEncoding="gb2312"%>
<%@ taglib uri="http://struts.apache.org/tags-bean" prefix="bean"%>
<%@ taglib uri="http://struts.apache.org/tags-html" prefix="html"%>
<html>
    <body>
        <html:form action="/reg">
            <html:submit/><html:cancel/>
        </html:form>
    </body>
</html>
```

运行效果如图 11-7 所示。

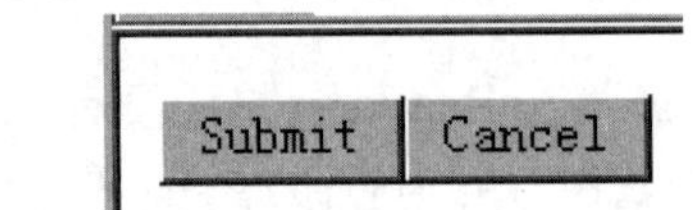

图 11-7　reg.jsp 表单运行效果

在 reg.jsp 中，系统已经自动生成了一个表单，但是，这个表单不能输入任何内容。生成表单的标签为<html:form>，它有两个常用的属性：action 和 method，它们代表的含义和<form>的含义是一样的。action 表示表单提交到的地址，method 表示提交方式。

但是，Struts 标签生成表单和用传统方法生成表单的方式是有区别的。传统方法生成的表单可以不指定 action 属性，表示提交到当前页面，但是用 Struts 标签生成的标签，如果不指定 action 属性，却会报错。另外，传统的表单 action 属性应该包含项目名称，它开头的“/”表示的是服务器的根目录，如 action="/Prj11/reg.do"，而用 Struts 标签生成的表单，开头的“/”表示的是项目的虚拟路径。所以在这里，生成表单的 action 为：action="/reg.do"。

在客户端查看该网页的源代码，源代码中生成表单的代码如下。

```
<form name="regForm" method="post" action="/Prj11_1/reg.do">
</form>
```

这说明，服务器端通过该 Struts 标签在向客户端输出了传统表单。

11.2.2　struts-html 简单输入标签的使用

html 标签库可用于生成各种表单元素。在表单元素中，使用频率最高的就是文本框。struts-html 中生成文本框的标签为<html:text>，它的常用属性有以下几个。

（1）property，用来指定输入框的名称，和传统表单元素的 name 属性基本相同。

（2）value，用来设定初始值。

下面编写一个最简单的文本框表单元素，reg.jsp 代码如下。

```
reg.jsp
<%@ page language="java" pageEncoding="gb2312"%>
<%@ taglib uri="http://struts.apache.org/tags-bean" prefix="bean"%>
<%@ taglib uri="http://struts.apache.org/tags-html" prefix="html"%>
<html>
    <body>
        <html:form action="/reg">
            请您输入账号(文本框):<html:text property="account"></html:text>
            <BR>
            <html:submit/><html:cancel/>
        </html:form>
    </body>
</html>
```

部署，测试 reg.jsp，页面报错，显示错误原因如下。

```
No getter method for property: "account" of bean: "prj15.form.RegForm"
```

这个错误的意思是，account 属性在 RegForm 里面没有 get 方法。也就是说，必须要在对应的 ActionForm 里面定义同名属性，并为它添加 set 和 get 方法。现在就为这个表单元素添加同名属性和 get、set 方法，代码如下。

RegForm.java

```
…
public class RegForm extends ActionForm{
 private String account;
   public String getAccount() {
      return account;
   }
   public void setAccount(String account) {
      this.account = account;
   }
…
```

这样，网页就可以正常运行了。因此，一般情况下，应该在 ActionForm 中定义和表单元素同名的属性。这一点是与传统表单不一样的地方，前面讲过，用传统方法开发的表单可以不用 ActionForm，直接提交给 Action。

在 Web 页面开发中，还有几个标签，它们的功能与文本框不一样，但是使用方法基本相同。这些标签包括如下几种。

（1）<html:password>：密码框。

（2）<html: textarea>：多行文本框。主要有 property、rows、cols 几个属性。property 的意义与文本框的相同，rows 用来设置行数，cols 用来设置列数。

（3）<html:hidden>：隐藏表单域。

（4）<html:radio>：单选按钮。主要有 property、value 两个属性，value 是指选定提交

后传给服务器的值，不能使用 checked 来设置初始值，只能使用 ActionForm 中的属性默认值来设置初始值。

（5）<html:select>：下拉菜单。主要有 property 属性和 value 属性。<html:option>表示菜单元素，有 value 属性，表示选定提交时传给服务器的值。

对这些标签不再进行一一讲解，下面编写一个含有这几种表单元素的注册案例来说明这几个标签。

在 reg.jsp 中添加这几种表单元素，reg.jsp 生成表单的代码如下。

reg.jsp

```
…
<html:form action="/reg.do">
    请您输入帐号(文本框):<html:text property="account"></html:text><BR>
    请您输入密码(密码框):
    <html:password property="password"></html:password><BR>
    请您输入个人信息(多行文本框):<BR>
    <html:textarea property="info" rows="5" cols="40" value=""></html:
    textarea><BR>
    <html:hidden property="hiddenInfo" value="Welcome"/><BR>
    选择性别(单选按钮):
    <html:radio property="sex" value="boy"></html:radio>男
    <html:radio property="sex" value="girl"></html:radio>女<BR>
    选择籍贯(下拉菜单):
    <html:select property="home" value="hubei">
        <html:option value="hunan">湖南</html:option>
        <html:option value="hubei">湖北</html:option>
        <html:option value="beijing">北京</html:option>
    </html:select><BR>
    <br><html:submit value="提交注册信息"></html:submit>
</html:form>
…
```

在 RegForm 中要分别定义与表单元素 property 的值相同的属性，并为它们添加 get、set 函数，代码如下。

RegForm.java

```
public class RegForm extends ActionForm {
    private String account;
    private String password;
    private String info;
    private String hiddenInfo;
    private String sex = "boy";    //设定初始值
    private String home;
    …//各属性对应的 get、set 函数
}
```

重新部署这个项目，运行 reg.jsp 页面，页面显示如图 11-8 所示。

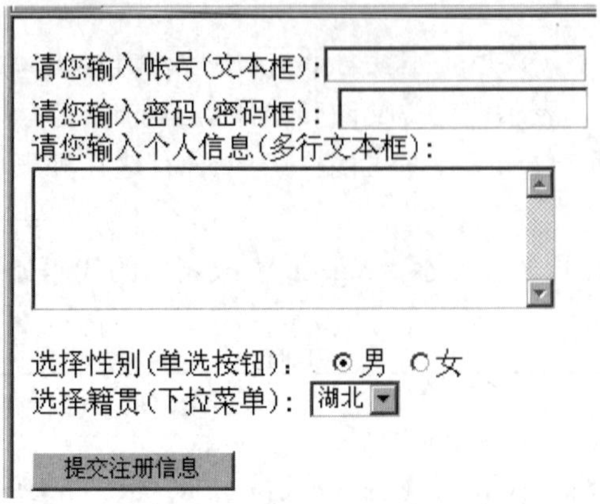

请您输入帐号(文本框)：
请您输入密码(密码框)：
请您输入个人信息(多行文本框)：
选择性别(单选按钮)： ⊙男 ○女
选择籍贯(下拉菜单)： 湖北
提交注册信息

图 11-8　reg.java 表单效果

可以看到，性别（单选按钮）由于 RegForm 中的 sex 初始值为 boy，所以默认选择了“男”，而“籍贯”（下拉菜单）使用了 value 属性来设置初始值。

11.2.3　struts-html 复杂输入标签的使用

前面的几个标签都比较简单，下面讲解几个比较复杂的输入标签。

第一个就是<html:multibox>：复选框，它常用的属性有 property 和 value。对于具有相同含义的成组复选框，一般将它们的 property 属性设置成相同的值，此时获取的数据应该是数组类型。下面就以“选择爱好”为例开发成组复选框，代码如下。

reg.jsp

```
...
选择爱好(复选框)：
<html:multibox property="fav" value="sing"></html:multibox>唱歌
<html:multibox property="fav" value="dance"></html:multibox>跳舞
<html:multibox property="fav" value="ball"></html:multibox>打球
<html:multibox property="fav" value="swim"></html:multibox>游泳<BR>
...
```

自然地，要在 RegForm 中添加一个同名的属性，它的数据类型应该是字符串数组，并为它添加 get、set 函数。在此给该数组一个初始值 sing，对应的代码如下。

RegForm.java

```
private String[] fav = {"sing"};
    public String[] getFav() {
        return fav;
    }
    public void setFav(String[] fav) {
        this.fav = fav;
    }
```

此时注册页面选择爱好的显示如图 11-9 所示。

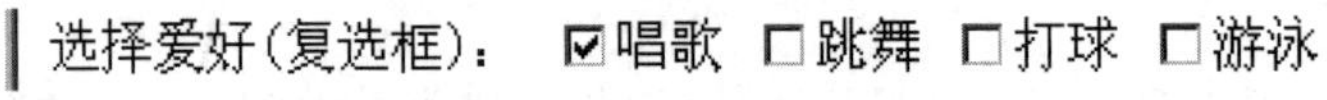

选择爱好(复选框)： ☑唱歌 □跳舞 □打球 □游泳

图 11-9 reg.java 显示效果

从代码中可以看出，复选框可以通过在 ActionForm 中设置初始值的方法来设置表单元素的初始值。

multibox 一般情况下适合成组复选框，在 Struts 中，如果单个复选框使用，如选择“是否为会员”，则使用<html: checkbox>。读者可以自行测试。

和复选框类似的表单元素还有列表框，实际上只是在<html:select>标签中设置了它的行数 size 属性和 multiple（多选支持）。

下面添加一个多选列表框，用来选择喜爱的书本，reg.jsp 中生成多选列表框的代码如下。

```
...
选择您喜爱的书本(多选列表框)：
<html:select property="books" multiple="true" size="5">
    <html:option value="sanguoyanyi">三国演义</html:option>
    <html:option value="xiyouji">西游记</html:option>
    <html:option value="shuihuzhuan">水浒传</html:option>
    <html:option value="hongloumeng">红楼梦</html:option>
</html:select>
...
```

在 RegForm 中，添加同名数组属性即可。

```
...
private String[] books = {"sanguoyanyi","hongloumeng"};
... //get、set 函数
...
```

11.3 Struts 资源文件的使用方法

11.3.1 认识 Struts 资源文件

Struts 的资源文件，不仅可以很好地给 Web 应用提供国际化支持，而且在 Struts 错误处理中起到重要的作用。

在 Web 项目 Prj11 中，打开 Struts 配置文件的代码。

struts-config.xml

```
<?xml version="1.0" encoding="UTF-8"?>
<!DOCTYPE struts-config PUBLIC "-//Apache Software Foundation//DTD Struts
Configuration 1.2//EN" "http://struts.apache.org/dtds/struts-config_1_2.
```

```
dtd">
<struts-config>
 …
  <message-resources parameter="prj11.ApplicationResources" />
</struts-config>
```

最后一行具有内容：

```
<message-resources parameter="prj11.ApplicationResources" />
```

该行指定了项目中的消息资源，它的 parameter 参数的值应该是 Prj11 包内的一个文件名。打开项目结构，Prj11 包内的内容如图 11-10 所示。

Prj11
src
com.yourcompany.struts
ApplicationResources.properties

图 11-10　Prj11 包中的内容

Prj11 包里面含有文件 ApplicationResources.properties，该文件就是 Struts 文件默认的资源文件。不过，言下之意，还可以有其他的资源文件，这将在后面的篇幅中讲解。打开这个资源文件，默认情况下，里面什么内容都没有。如果输入一段文字，可以保存，但是不能保存中文内容。

为了使资源文件可以显示中文，可以修改资源文件的编码。方法是右击资源文件，选择 Properties 菜单，打开，出现一个设置资源文件属性的窗口，在 Text file encoding 中，可以设置资源文件的编码，在此设置为 gb2312。界面如图 11-11 所示。

Text file encoding
Default (determined from content: ISO-8859-1)
Other: gb2312

图 11-11　修改资源文件的编码

资源文件的写法，有如下规定：

（1）行注释用“#”开头。如“#这是一个资源文件”，表示该行是注释，效果如图 11-12 所示。

（2）内容用“key=value”表示，写在一行中。其中，key 表示消息的 key，value 为消息内容。如“info=欢迎光临”，表示定义了一个值为“欢迎光临”的消息资源，key 为“info”，效果如图 11-13 所示。

ApplicationResources.properties
#这是一个资源文件

图 11-12　资源文件 1

ApplicationResources.properties
#这是一个资源文件
info=欢迎光临

图 11-13　资源文件 2

这个资源文件有什么用呢？下面使用一个案例来讲解这个问题。

11.3.2　Struts 默认资源文件的使用方法

本节使用一个登录用例来说明问题。该用例名称为“login”，用可视化界面为它创建相应的 Action、ActionForm 和 JSP。在 ActionForm 中添加两个属性：account 和 password。这时候，让系统自动创建一个 JSP，这个 JSP 页面中含有一个表单。项目结构如图 11-14 所示。

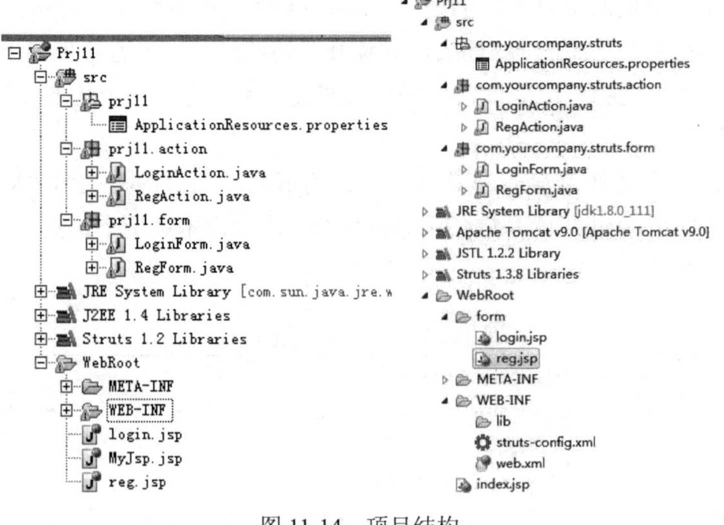

图 11-14　项目结构

将 login.jsp 的代码改为：

login.jsp

```
<%@ page language="java" pageEncoding="gb2312"%>
<%@ taglib uri="http://struts.apache.org/tags-html" prefix="html"%>
<html>
    <body>
        <html:form action="/login">
            Please input your account: <html:text property="account"/><br/>
            Please input your password: <html:password property="password"/>
             <br/>
            <html:submit/><html:cancel/>
        </html:form>
    </body>
</html>
```

部署这个项目，访问 login.jsp 页面，显示如图 11-15 所示的效果。

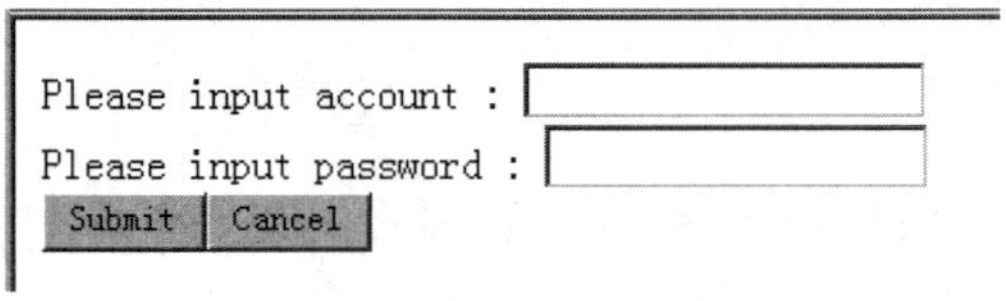

Please input account :
Please input password :
Submit　Cancel

图 11-15　登录页面

很显然，为了方便用户输入，在输入账号的文本框前加一句“Please input your account:”，在输入密码的密码框前加了一句“Please input your password:”。

在真实的项目中，这些提示信息被“硬编码”在网页中，是否有什么问题？

很明显，在一个大的网站里面，这样的提示可能有很多句，有可能它们提示的内容都是一样的，比如很多地方都要输入账号密码，如果每个地方都把这个提示写一遍,这样是不科学的。为什么呢？因为不同的页面可能是不同的团队，不同的人员开发的，它们可能有不同的风格，在某个页面中可能写的是“Please input account:”，另外页面中可能就写成“Input Account”，没有一个统一的标准，导致开发的站点，用户看起来很不专业。

如何解决这个问题呢？很简单，可以将这些提示专门写到一个地方，让页面来调用。这就要用到资源文件。

前面讲过，资源文件中存放的是一条一条的消息，消息的格式为“key=value”。key 就是这条消息的标记，value 就是这条消息的内容。比如说本案例中，要把这两句提示写进资源文件，代码如下。

ApplicationResources.properties

```
info.input.account=Please input account :
info.input.password=Please input password :
```

这样就可以在页面中调用这两句提示消息。

如何在页面中调用资源文件中的消息呢？这里使用的是 Struts 的<bean:message>标签，该标签有一个属性，名为“key”，使用该属性来指定使用的消息 key。此时，login.jsp 页面中的表单的代码如下。

login.jsp

```
<%@ page language="java" pageEncoding="gb2312"%>
<%@ taglib uri="http://struts.apache.org/tags-html" prefix="html"%>
<%@ taglib uri="http://struts.apache.org/tags-bean" prefix="bean"%>
<html>
   <body>
      <html:form action="/login">
         <bean:message key="info.input.account" />
         <html:text property="account" />    <br />
         <bean:message key="info.input.password" />
         <html:password property="password" /><br />
         <html:submit /><html:cancel />
      </html:form>
   </body>
</html>
```

重新部署这个项目，访问 login.jsp 页面，显示的结果和图 11-15 相同。可以看到，使用资源文件的方法产生的结果与前面那种方法产生的结果是一样的。

11.3.3　在资源文件中传参数

实际上，以上写法还是有改进的余地的。看资源文件代码。

```
info.input.account=Please input account :
info.input.password=Please input password :
```

这两条消息前两个单词是一样的，都是“Please input”，能否将前面这两个单词只写一次，后面的单词通过参数确定呢？

这也是可以的，它用到资源文件传参数的方法。资源文件中的消息可以获取参数，它最多可以获取 5 个参数，分别用{0}、{1}、{2}、{3}、{4}表示。在本案例中，可以在资源文件中添加一条消息，用于提示输入，它的代码如下。

ApplicationResources.properties

```
info.input=Please input {0} :
```

页面调用时，<bean:message>标签中，可以指定 arg0 属性，表示传值给{0}，以此类推，还有 arg1、arg2、arg3、arg4 属性，只要在调用这条消息时指定消息的参数值就可以了。login.jsp 页面的代码如下。

login.jsp

```
<%@ page language="java" pageEncoding="gb2312"%>
<%@ taglib uri="http://struts.apache.org/tags-html" prefix="html"%>
<%@ taglib uri="http://struts.apache.org/tags-bean" prefix="bean"%>
<html>
    <body>
        <html:form action="/login">
            <bean:message key="info.input" arg0="account"/>
            <html:text property="account" /><br />
            <bean:message key="info.input" arg0="password"/>
            <html:password property="password" /><br />
            <html:submit />    <html:cancel />
        </html:form>
    </body>
</html>
```

重新部署这个项目，访问 login.jsp 页面，显示的结果和图 11-15 仍然相同。

可以看出，使用传参数的方法，可以更加灵活地使用资源文件。值得注意的是，消息的值可以含有一些 HTML 标签，可以用来控制输出信息的格式。比如说想让提示信息显示为红色。这时候可以在资源文件中把这个提示信息的代码改为：

```
info.input=<font color=red>Please input {0} :</font>
```

重新部署该项目，访问 login.jsp 页面，显示如图 11-16 所示的效果。

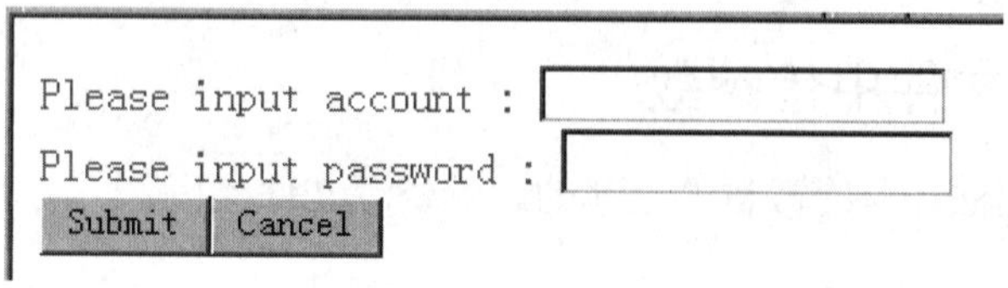

图 11-16　新的登录页面

现在讨论另一个问题，显示的提示信息是否可以是中文呢？
在资源文件中增加：

```
info.inputCH=请输入{0} :
```

然后在网页中，通过<bean:message>来显示该提示，login.jsp 页面中的表单的代码为：

```
<html:form action="/login">
    <bean:message key="info.inputCH" arg0="账号"/>
    <html:text property="account"/><br/>
    <bean:message key="info.inputCH" arg0="密码"/>
    <html:password property="password"/><br/>
    <html:submit/><html:cancel/>
</html:form>
```

重新部署这个项目，访问 login.jsp 页面，如图 11-17 所示。

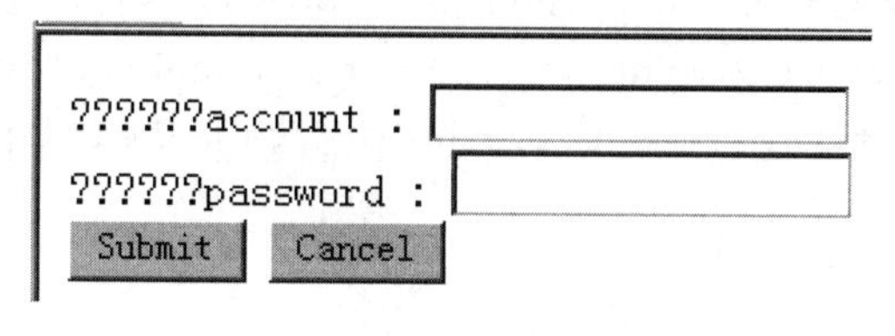

图 11-17 含有乱码的登录页面

这说明，使用中文时，传给消息的参数可以正常显示，资源文件中存储消息的中文却显示乱码。

实际上，资源文件必须经过转码，才能使页面调用时显示中文。但是一个资源文件如果既含中文又有英文，就很乱了。所以，在实际开发过程中，应该新建一个中文的资源文件，便于各种语言的切换。

11.3.4　多个资源文件

下面来新建一个资源文件，名字叫做 ApplicationResources_zh_CN.properties，也放入包 Prj11 中，修改它的编码为 gb2312。在里面写一个消息，用于提示用户输入，代码为：

```
info.input=请输入{0}:
```

此时，系统只认识默认资源文件，不认识该资源文件。因此，必须对资源文件在 Struts 配置文件中进行注册。注册的代码如下。

struts-config.xml

```
<?xml version="1.0" encoding="UTF-8"?>
<!DOCTYPE struts-config PUBLIC "-//Apache Software Foundation//DTD Struts
Configuration 1.2//EN" "http://struts.apache.org/dtds/struts-config_1_2.dtd">
<struts-config>
  …
  <message-resources parameter="prj11.ApplicationResources" />
  <message-resources key="zh_CN" parameter="prj11.ApplicationResources_zh_CN"/>
</struts-config>
```

可以看出，注册该资源文件的代码，和之前的系统自动注册默认资源文件的代码有点区别，多了一个 key 属性。要注意的是，资源文件注册的 key 属性与资源文件中信息的 key 意义是不一样的，该属性的值可以被<bean:message>标签用于确定不同的资源文件，这个属性的作用，在接下来的案例中会体现出来。

如前所述，默认情况下，中文显示为乱码。需要把这个资源文件进行转码。转码的方法是用命令行。在“开始”菜单中输入“cmd”，到达 ApplicationResources_zh_CN.properties 所在的目录，在命令行中，输入如下命令：

```
native2ascii -encoding gb2312 ApplicationResources_zh_CN.properties temp
```

然后删除 ApplicationResources_zh_CN.properties，将 temp 文件重命名为 ApplicationResources_zh_CN.properties 即可。

使用该命令时，可能出现提示“native2ascii 不是内部或外部命令，也不是可运行的程序或批处理文件”，只需要配置环境变量 path 即可。此时，这个资源文件的代码变为如图 11-18 所示。

```
ApplicationResources_zh_CN.properties
info.input=\u8BF7\u8F93\u5165{0} \:
```

图 11-18　资源文件代码

也就是说，这个资源文件已经成功进行了转码。

在页面中，如何调用这个消息呢，毕竟该消息不是从默认的资源文件中得到的。此时，可以使用<bean:message>的 bundle 属性，来指定该资源文件在 Struts 配置文件中注册的 key 值。此时，login.jsp 页面中的表单的代码如下。

login.jsp

```
<%@ page language="java" pageEncoding="gb2312"%>
<%@ taglib uri="http://struts.apache.org/tags-html" prefix="html"%>
<%@ taglib uri="http://struts.apache.org/tags-bean" prefix="bean"%>
<html>
    <body>
        <html:form action="/login">
            <bean:message key="info.input" arg0="账号" bundle="zh_CN" />
            <html:text property="account" /><br />
```

```
        <bean:message key="info.input" arg0="密码" bundle="zh_CN" />
        <html:password property="password" /><br />
        <html:submit /><html:cancel />
    </html:form>
  </body>
</html>
```

可以看出，<bean:message>标签的 bundle 属性与资源文件配置时的 key 属性是对应的，如果是默认资源文件，该属性可以省略。

重新部署该项目，访问 login.jsp 页面，显示效果如图 11-19 所示。

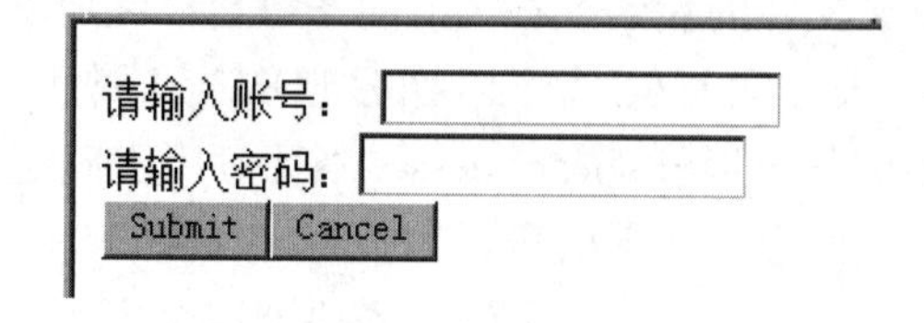

图 11-19　登录页面（资源文件显示中文）

这样就可以解决资源文件的中文问题了。

11.4　Struts 错误处理

11.4.1　Struts 错误简介

我们知道，项目是给用户使用的，用户使用时，可能会进行一些误操作，此时，应该给他们相应的提示，这些提示在开发阶段如何组织呢？这就是 Struts 错误处理要解决的问题。

一般情况下，将 Struts 错误分为两种，一种是前端错误，前端错误一般比较简单。比如说输入不能为空，或者账号、密码必须是 6～10 位，这些都是前端错误。

前端错误最简单的方法是可以使用 JavaScript 来实现，但是，JavaScript 运行在客户端，可能被客户修改或者绕过，因此，可以尽可能地将前端错误处理放在服务器端进行。在 Struts 里可以使用 ActionForm 来实现。

第二种错误是业务逻辑错误，业务逻辑错误可能关系到一个复杂的业务逻辑。比如说，登录不成功，就是一种业务逻辑错误。但是它必须要在数据库中查询才知道登录是否成功；又如，取款的时候余额不够取，也属于业务逻辑错误。这种错误的信息也必须在页面上显示出来。

下面仍然使用登录的案例对两种错误分别进行讲解。

这个案例要实现的效果是：登录时账号、密码不能为空，为空则显示“XXX cannot be null”；账号必须在 6～10 之间，不在则显示“length of account must between 6 and 10”；账号 butterfly 在数据库黑名单中，不能够登录，此用户登录提交后，系统跳回登录页面，并显示“butrterfly is in black list!”。

实际上，在 Struts 中，发生错误时返回的错误消息也应该是从资源文件中得到的。可以首先在资源文件中定义这三条错误信息。代码如下。

ApplicationResources.properties

```
error.null={0} cannot be null!
error.length=length of {0} must between {1} and {2}!
error.login={0} is in black list!!
```

第 1 条消息是用来提示输入为空，传入一个参数——{0}来指定为空的输入。

第 2 条消息是用来提示输入的长度必须在一个范围内，{0}指定输入的名称，{1}表示输入长度的下限，{2}表示输入长度的上限。

第 3 条消息是用来显示某个账号在黑名单里面。{0}用来指定输入的账号。

11.4.2 前端错误的处理方法

在该案例中，控制账号、密码不能为空，账号、密码必须在 6～10 之间都属于前端错误要处理的问题。这一节主要就是来讲解这两个问题。

首先需要考虑一个问题：客户提交，当出现前端错误之后，系统应该在某个页面中显示错误信息，本例中是登录页面自身中显示错误信息。如何来指定这个显示错误信息的页面呢？

在 Struts 中，错误信息页面用 action 的 input 属性来确定。在使用图形化界面来新建 Action、ActionForm、JSP 时，系统已经默认自动注册了一个错误信息页面。注册 Action 的代码如下。

struts-config.xml

```
...
<action-mappings >
    <action
      attribute="loginForm"
      input="/login.jsp"
      name="loginForm"
      path="/login"
      scope="request"
      type="prj11.action.LoginAction" />
</action-mappings>
...
```

这段代码中，action 有一个属性 input。这个属性就是来注册当发生前端错误时，系统跳转到的页面。

前面讲到，可以使用 ActionForm 来实现前端错误的处理，那么处理的方法应该是在 ActionForm 中。打开系统自动生成的 LoginForm.java 文件，发现里面有一个 validate 函数，这个函数的代码如下。

LoginForm.java

```
...
public ActionErrors validate(ActionMapping mapping,
```

```
        HttpServletRequest request) {
    return null;
}
...
```

实际上，ActionForm 使用这个函数进行前端错误处理。

该函数返回一个 ActionErrors 对象，它是一个错误集合，专门用来容纳 ActionMessage，当内部有 ActionMessage 时，认为发生了前端错误。

该函数进行前端错误验证的流程为：判断是否发生前端错误，如果发生前端错误，则把错误封装在 ActionMessage 对象中，然后放到 ActionErrors 中，返回。

将错误封装在 ActionMessage 中的方法是使用其构造函数。如以下代码：

```
ActionErrors errors = new ActionErrors();
ActionMessage error = new ActionMessage("error.null","account");
errors.add("account",error);
```

表示将资源文件里面的“error.null”消息取出，并将字符串“account”传给其参数{0}(“account”后面还可以接其他参数，来初始化消息中的{1}、{2}等)，封装。然后将 ActionMessage 对象放到 ActionErrors 中，并给定一个标记“account”。

为什么要给一个标记呢？因为 ActionErrors 中的错误信息可能很多，系统取出时，只有用不同的标记才能将其区分。因此，LoginForm 的代码如下。

LoginForm.java

```
...
import org.apache.struts.action.ActionMessage;
...
public  ActionErrors  validate(ActionMapping  mapping,HttpServletRequest
request) {
    ActionErrors errors = new ActionErrors();
    if(account.length()==0){
        ActionMessage error = new ActionMessage("error.null","account");
        errors.add("account",error);
    }
    else if(account.length()>10 || account.length()<6 ){
        ActionMessage error = new ActionMessage("error.length","account",
        "6","10");
        errors.add("account",error);
    }
    if(password.length()==0){
        ActionMessage error = new ActionMessage("error.null","password");
        errors.add("password",error);
    }
    else if(password.length()>10 || password.length()<6 ){
        ActionMessage error =
            new ActionMessage("error.length","password","6","10");
```

```
        errors.add("password",error);
    }
    return errors;
}
...
```

在这段代码中，首先实例化了一个 ActionErrors 对象。前端错误发生时，则实例化一个对应的 ActionMessage 对象，该对象封装了此前端错误的错误信息，并且添加到 ActionErrors 对象中。当用户输入出现前端错误时，系统会返回一个不为空的 ActionErrors 对象，里面容纳了所有的前端错误信息，然后系统会跳转到指定的页面显示错误信息。

如何在页面上显示错误信息呢。这里要介绍一个新的标签——<html:errors>。该标签有一个很重要的属性 property，指定错误信息在 errors 中的标记。如果系统没找到标记与 property 相同的 error，则什么都不显示，否则显示标记与 property 相同的 error 的错误信息。如果不指定 property 属性，则显示返回的所有的错误信息。

login.jsp 页面代码如下。

login.jsp

```
<%@ page language="java" pageEncoding="gb2312"%>
<%@ taglib uri="http://struts.apache.org/tags-html" prefix="html"%>
<%@ taglib uri="http://struts.apache.org/tags-bean" prefix="bean"%>
<html>
    <body>
        <html:form action="/login">
            <bean:message key="info.input" arg0="account" />
            <html:text property="account" />
            <html:errors property="account" />    <br />
            <bean:message key="info.input" arg0="password" />
            <html:password property="password" />
            <html:errors property="password" />    <br />
            <html:submit />    <html:cancel />
        </html:form>
    </body>
</html>
```

重新部署该项目，访问 login.jsp 页面，显示如图 11-20 所示的效果。

```
Please input account  : [          ]
Please input password : [          ]
[Submit][Cancel]
```

图 11-20　登录页面

账号和密码都不输入，提交，页面显示如图 11-21 所示的效果。

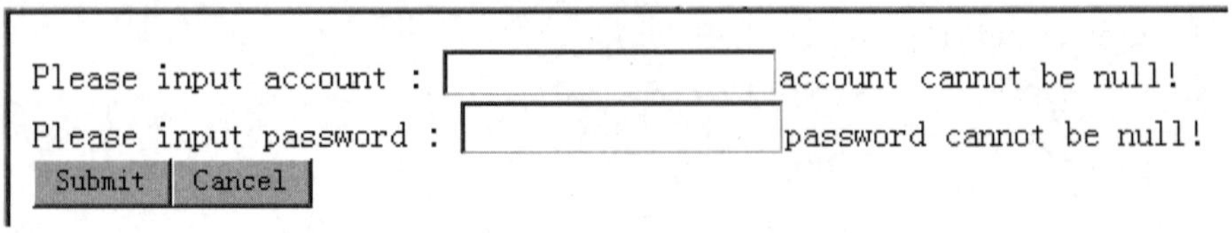

Please input account : account cannot be null!
Please input password : password cannot be null!
Submit Cancel

图 11-21　显示输入不能为空的错误页面

得到的结果可以显示错误信息。接下来不输入密码，输入一个账号“0001”，提交，页面显示如图 11-22 所示。

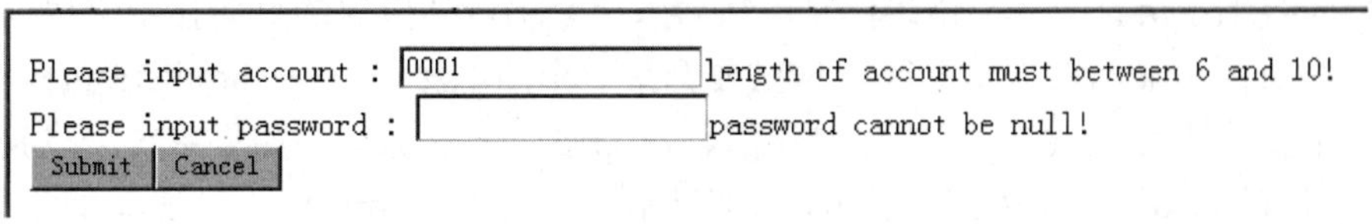

Please input account : 0001 length of account must between 6 and 10!
Please input password : password cannot be null!
Submit Cancel

图 11-22 显示错误页面

得到的结果也可以显示错误信息。接下来输入密码“000000”，以及一个账号“000000”，提交，发现页面没有跳转回到 login.jsp 页面，说明正常地实现了错误处理的功能。

11.4.3　业务逻辑错误的处理方法

在本案例中，让数据库中黑名单中的账号不能登录，属于业务逻辑错误处理。这是因为：在实际的项目中，黑名单中的数据应该是从数据库中查询出来的，在前端并不能知道哪个账号可以登录，哪个账号不能登录，必须要经过查询数据库。

而实际上，查询数据库的过程是属于业务逻辑方面的，应该在 Action 中去完成，所以业务逻辑错误处理也应该是在 Action 中来进行。

Action 处理业务逻辑的流程和 ActionForm 处理前端错误的流程是类似的。Action 处理业务逻辑的流程是：Action 得到 ActionForm 中的数据，首先查询数据库，如果需要给客户一个错误信息，首先实例化 ActionErrors 对象，然后执行业务逻辑。当发生业务逻辑错误时，则实例化一个对应的 ActionMessage 用来封装这个业务逻辑错误的错误信息，并且添加到 ActionErrors 对象中。

但是，和前端错误不同的是实现跳转的过程。前端错误发生后，底层的 ActionServlet 调用 ActionForm 的 validate 函数，如果发现返回的 ActionErrors 对象不为空，则在配置文件中寻找这个 Action 对应的 input 属性，找到跳转目标，然后实现跳转。但是当发生业务逻辑错误时，Action 的 execute 函数返回的是一个 ActionForward 对象，在这个对象中封装跳转的目标。可以用 execute 函数的 ActionMapping 参数来封装配置文件中定义的 inputJSP。ActionMapping 可以读取配置文件，它的 getInputForward()方法可以从配置文件中把这个 Action 对应的 input 属性，也就是它的错误显示页面的地址封装成一个 ActionForward 对象返回。代码如下。

```
public ActionForward execute(ActionMapping mapping, ActionForm form,
        HttpServletRequest request, HttpServletResponse response) {
    if(发生业务逻辑错误){
```

```
            return mapping.getInputForward();
        }
        ...
}
```

另外，在组织好 ActionErrors 对象之后，还需要用 Action 的 saveErrors 方法将错误信息保存在某个范围之内，例如：

```
this.saveErrors(request, errors);
```

表示将 ActionErrors 对象 errors 保存在 request 内。

篇幅所限，我们将问题简化，此处不再进行数据库操作，LoginAction 的代码如下。

LoginAction.java

```
package prj11.action;
import javax.servlet.http.HttpServletRequest;
import javax.servlet.http.HttpServletResponse;
import org.apache.struts.action.Action;
import org.apache.struts.action.ActionForm;
import org.apache.struts.action.ActionForward;
import org.apache.struts.action.ActionMapping;
import org.apache.struts.action.ActionMessage;
import org.apache.struts.action.ActionMessages;
import prj11.form.LoginForm;

public class LoginAction extends Action {
    public ActionForward execute(ActionMapping mapping, ActionForm form,
            HttpServletRequest request, HttpServletResponse response) {
        LoginForm loginForm = (LoginForm) form;
        String account = loginForm.getAccount();
        if(account.equals("butterfly")){
            ActionMessages errors = new ActionMessages();
            ActionMessage error = new ActionMessage("error.login",account);
            errors.add("login",error);
            this.saveErrors(request, errors);
            return mapping.getInputForward();
        }
        return null;
    }
}
```

在 login.jsp 页面中，显示错误信息的方法和前端错误的显示方法是一样的。代码如下。

```
<html:errors property="login"/>
```

重新部署这个项目，访问 login.jsp 页面，输入账号“butterfly”，提交，显示效果如图 11-23 所示。

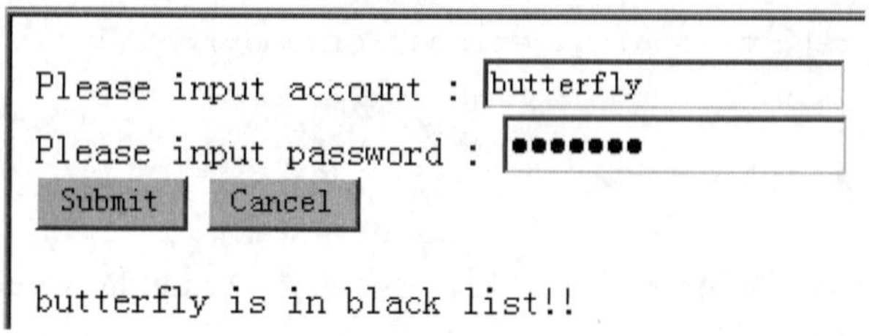

```
Please input account : butterfly
Please input password : •••••••
Submit  Cancel

butterfly is in black list!!
```

图 11-23 登录页面

小 结

本章介绍了 Struts 的重要标签库：html，及其常用的标签。另外，还对 Struts 资源文件和错误处理进行了详细的阐述。

上 机 习 题

在数据库中建立表格 T_CUSTOMER(ACCOUNT,PASSWORD,CNAME)，插入一些记录。

1．编写注册页面，使用 html 标签库中的标签，输入账号、密码、确认密码、姓名，完成注册的功能，并能够判断是否重复注册。如果重复注册，提示错误信息。

2．编写登录页面，包含账号和密码两个表单元素。控制用户的输入，使用户输入的账号和密码必须不为空；账号必须在 5～8 位之间，密码必须在 6～10 位之间；账号必须全部是数字。要求所有的提示信息和错误信息都是从资源文件中得到并且是中文。

第 12 章 Struts 2 基础开发

建议学时：2

前面的章节中，主要学习的是 Struts 1.x，该框架给基于 MVC 的开发提供了一个较好的支持。由于 Struts 2 并不是对 Struts 1.x 的简单改进，因此，本章将讲解 Struts 2 的基本原理，并使用 Struts 2，来实现前面章节中出现的案例。

12.1 Struts 2 简介

大多数框架的版本改进，一般是在原有的基础上增加功能或者进行优化，但是，Struts 2 和 Struts 1 相比，不仅仅是这样，无论从流程还是结构上，都有很多革命性的改进。

不过，Struts 2 并不是新发布的新框架，而是在另一个非常流行的框架 WebWork 基础上发展起来的。因此，Struts 2 并没有继承 Struts 1 的特点，反而和 WebWork 非常类似；换句话说，Struts 2 是衍生自 WebWork，而不是 Struts 1。正是由于这个原因，Struts 2 吸引了众多的 WebWork 开发人员来进行使用。并且由于 Struts 2 是 WebWork 的升级，在各种功能和性能方面都有很好的保证，吸收了 Struts 1 和 WebWork 两者的优势，因此也是一个非常优秀的框架，这就是本书专门讲解 Struts 2 的原因。

Struts 2 和 Struts 1 具有一些不同点，主要集中在以下几个方面。

1. Action 类的编写

在 Struts 1 中，Action 类一般继承基类 org.apache.struts.action.Action。而在 Struts 2 中，Action 类可以实现一个 Action 接口，也可实现其他接口，也可以继承 ActionSupport 基类，甚至不需要实现任何接口，只编写 execute 函数即可。

2. Action 的运行模式

Struts 1 中，Action 是单态的，系统实例化一个对象来处理多个请求，为每个请求分配一个线程，在该线程中运行 execute 函数。因此，在开发时需要特别小心，Action 资源必须是线程安全的或同步的。但是，Struts 2 中，Action 为每一个请求产生一个实例，不会产生线程安全问题。但是，系统又能够及时回收垃圾资源，不会有废弃空间的问题。

3. 对 Web 容器的依赖

Struts 1 中，Action 的 execute 函数内，传入了 Servlet API：HttpServletRequest 和 HttpServletResponse，使得测试必须依赖于 Web 容器。但是，在 Struts 2 中，可以不传入 HttpServletRequest 和 HttpServletResponse，但是也可以访问它们，因此，Action 不依赖于容器，允许 Action 脱离容器单独被测试。

4．对表单数据的封装

Struts 1 中，使用 ActionForm 来封装表单数据，所有的 ActionForm 必须继承 org.apache.strtus.action.ActionForm，有可能造成 ActionForm 类和 VO 类重复编码。但是，Struts 2 中，直接在 Action 中编写表单数据相对应的属性，可以不用编写 ActionForm，而这些属性又可以通过 Web 页面上的标签访问。

此外，在 Struts 2 中，支持了一个功能更强大和灵活的表达式语言——Object Graph Notation Language(OGNL)；在类型转换和校验上开发出了更丰富的 API，限于篇幅，本文不再叙述。

12.2　Struts 2 的基本原理

12.2.1　环境配置

要编写基于 Struts 2 的应用，需要导入一些支持的包，也就是 Struts 2 开发包。这些开发包可以到网上去下载。下载地址为 http://struts.apache.org/。

在页面中提供了各个版本的 Struts 开发包。以 Struts 2.5.8 版本为例，下载地址为 http://struts.apache.org/download.cgi#struts258，如图 12-1 所示。

STRUTS HOME▾ SUPPORT▾ DOCUMENTATION▾ CONTRIBUTING▾ The Apache Software Foundation http://www.apache.org/

Struts 2.5.8

Apache Struts 2.5.8 is an elegant, extensible framework for creating enterprise-ready Java web applications. It is available in a full distribution, or as separate library, source, example and documentation distributions. Struts 2.5.8 is the "best available" version of Struts in the 2.5 series.

- Version Notes
- Full Distribution:
  - struts-2.5.8-all.zip (65MB) [PGP] [MD5]
- Example Applications:
  - struts-2.5.8-apps.zip (35MB) [PGP] [MD5]
- Essential Dependencies Only:
  - struts-2.5.8-min-lib.zip (4MB) [PGP] [MD5]
- All Dependencies:
  - struts-2.5.8-lib.zip (19MB) [PGP] [MD5]
- Documentation:
  - struts-2.5.8-docs.zip (13MB) [PGP] [MD5]
- Source:
  - struts-2.5.8-src.zip (7MB) [PGP] [MD5]

图 12-1　Struts 2.5.8 下载页面

可以下载源文件、开发包和文档等。如果要进行开发，可以选择开发包，单击 struts-2.5.8-lib.zip，可以下载一个压缩包，如图 12-2 所示。

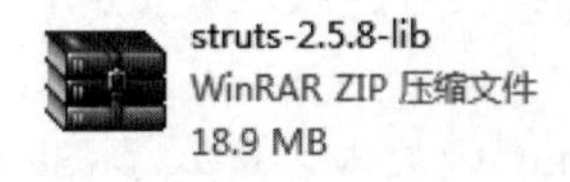

图 12-2　Struts 2.5.8 压缩包

解压缩，就可以找到相应的 jar 文件。

12.2.2　Struts 2 原理

在 Struts 2 中，常用的组件有：FilterDispatcher 过滤器、JSP、Action、JavaBean、配置文件等。对于一个动作，其执行步骤如下。

（1）用户输入，JSP 表单的请求被 FilterDispatcher 截获。

（2）FilterDispatcher 将表单信息转交给 Action，并封装在 Action 内。

（3）Action 来调用 JavaBean(DAO)。

（4）Action 返回要跳转到的 JSP 页面逻辑名称给框架。

（5）框架根据逻辑名称找到相应的网页地址，进行跳转，结果在 JSP 上显示。

12.3　Struts 2 的基本使用方法

该部分内容仍然使用前面的实际案例进行讲解，让读者能够有所比较。在学生管理系统中，用户输入账号密码进行登录，如果登录成功，就跳转到成功页面，否则跳转到失败页面。为了简便起见，认为账号密码相等就登录成功。

12.3.1　导入 Struts 2

由于 MyEclipse 目前并不支持 Struts 2，所以需要手工下载 Struts 2 安装包，然后导入。用 MyEclipse 新建一个 Web 项目 Prj12。使用 Tomcat 服务器。将 Struts 2 开发包解压缩之后，要想正常使用 Struts 2，至少需要 8 个包（可能会因为 Struts 2 的版本不同，包名略有差异，但包名的前半部名称是一样的），只需要将如下的几个包复制到项目中 WEB-INF 中的 lib 目录下，如图 12-3 所示。

然后，手工新建 Struts 2 的配置文件，名为 struts.xml，放在 src 根目录下。此时项目节点情况如图 12-4 所示。

commons-fileupload-1.3.2.jar
commons-io-2.4.jar
commons-lang3-3.4.jar
freemarker-2.3.23.jar
javassist-3.20.0-GA.jar
log4j-api-2.7.jar
ognl-3.1.12.jar
struts2-core-2.5.8.jar

图 12-3　Struts 2 安装包

Prj12_
src
JRE System Library [jdk1.8.0_111]
Apache Tomcat v9.0 [Apache Tomcat v9
Web App Libraries
commons-fileupload-1.3.2.jar - C:\Us
commons-io-2.4.jar - C:\Users\Admir
commons-lang3-3.4.jar - C:\Users\Ac
freemarker-2.3.23.jar - C:\Users\Adm
javassist-3.20.0-GA.jar - C:\Users\Adr
log4j-api-2.7.jar - C:\Users\Administr
ognl-3.1.12.jar - C:\Users\Administrat
struts2-core-2.5.8.jar - C:\Users\Adm
JSTL 1.2.2 Library
WebRoot
META-INF
WEB-INF
index.jsp

图 12-4　Prj12 项目结构

注意，在 src 文件夹还要建立一个名为 Prj12 的包，用于存放以后编写的源代码。在 src 文件夹下面编写了文件 struts.xml，编译后该文件将会放在 WEB-INF/classes 下，其他没有变化。

接下来配置 WEB-INF/web.xml 文件。将 web.xml 配置文件改为如下。

web.xml

```
<?xml version="1.0" encoding="UTF-8"?>
<web-app version="2.4"
    xmlns="http://java.sun.com/xml/ns/j2ee"
    xmlns:xsi="http://www.w3.org/2001/XMLSchema-instance"
    xsi:schemaLocation="http://java.sun.com/xml/ns/j2ee
    http://java.sun.com/xml/ns/j2ee/web-app_2_4.xsd">
    <filter>
        <filter-name>struts2</filter-name>
        <filter-class>org.apache.struts2.dispatcher.FilterDispatcher</filter
        -class>
    </filter>
    <filter-mapping>
        <filter-name>struts2</filter-name>
        <url-pattern>/*</url-pattern>
    </filter-mapping>
</web-app>
```

其中，

```
<filter>
    <filter-name>struts2</filter-name>
    <filter-class>org.apache.struts2.dispatcher.FilterDispatcher</filter-
    class>
</filter>
```

表示使用过滤器 org.apache.struts2.dispatcher.FilterDispatcher 来拦截请求，并起名为 struts2。这个名称可以随意，只要保证和后面一致就行。

```
<filter-mapping>
    <filter-name>struts2</filter-name>
    <url-pattern>/*</url-pattern>
</filter-mapping>
```

表示过滤器 org.apache.struts2.dispatcher.FilterDispatcher 过滤的目标为项目下的所有资源。

12.3.2 编写 JSP

该项目中，首先编写一个 JSP，用来容纳查询表单，放在 WebRoot 根目录下。代码如下。

login.jsp

```
<%@ page language="java" pageEncoding="gb2312"%>
<!DOCTYPE HTML PUBLIC "-//W3C//DTD HTML 4.01 Transitional//EN">
<html>
  <body>
    <form action="[待定]" method="post">
        请您输入账号：<input name="account" type="text"><BR>
        请您输入密码：<input name="password" type="password">
        <input type="submit" value="登录">
    </form>
  </body>
</html>
```

由于提交到 Action，因此暂时无法确定表单提交的目标。该代码的运行效果如图 12-5 所示。

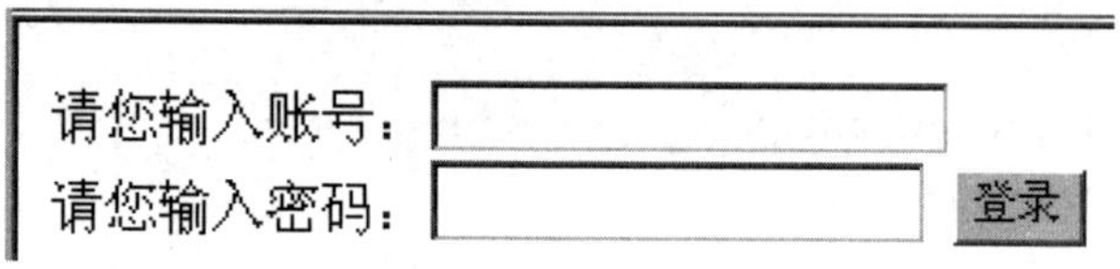

请您输入账号：

请您输入密码：　登录

图 12-5　登录页面

登录成功页面的源代码如下。

loginSuccess.jsp

```
<%@ page language="java" pageEncoding="gb2312"%>
<!DOCTYPE HTML PUBLIC "-//W3C//DTD HTML 4.01 Transitional//EN">
<html>
  <body>
      登录成功
  </body>
</html>
```

登录失败页面的源代码如下。

loginFail.jsp

```
<%@ page language="java" pageEncoding="gb2312"%>
<!DOCTYPE HTML PUBLIC "-//W3C//DTD HTML 4.01 Transitional//EN">
<html>
  <body>
      登录失败
```

```
  </body>
</html>
```

12.3.3 编写并配置 ActionForm

注意，在 Struts 1.x 中，必须要单独建立一个 ActionForm 类，而在 Struts 2 中 ActionForm 和 Action 已经合二为一了。因此，只需要将和表单元素同名的属性编写到 Action 内。Action 只是一个普通的类。在包 prj12 内新建一个类 LoginAction.java。

以下是 LoginAction.java 的代码。

LoginAction.java

```
package prj12;

public class LoginAction {
    private String account;
    public String getAccount() {
        return account;
    }
    public void setAccount(String account) {
        this.account = account;
    }
    private String password;
    public String getPassword() {
        return password;
    }
    public void setPassword(String password) {
        this.password = password;
    }
}
```

从以上代码可以看出，LoginAction 没有继承任何类，它有属性 account 和 password，与 login.jsp 中的表单元素 account 与 password 必须同名。

12.3.4 编写并配置 Action

Struts 2 中，既然 Action 和 ActionForm 合二为一，Action 是负责业务逻辑的，所以必须编写业务逻辑代码。下面来加强 Action 的功能。

要能够处理业务逻辑，必须要满足一个规范，那就是：编写 execute 方法来处理业务逻辑。注意，不是重写，是编写。并且该方法不需要有任何的参数。

编写 execute 方法，是因为 Action 接收数据后，由框架自动调用它的 execute 方法，该方法的运行，在底层通过反射机制进行。execute 的格式为：

```
public String execute(){}
```

该函数返回一个字符串，表示的是目标页面的虚拟名称。关于该名称，后面的篇幅中会提到。

Action 的代码如下。

LoginAction.java

```
package prj12;

public class LoginAction{
    private String account;
    public String getAccount() {
        return account;
    }
    public void setAccount(String account) {
        this.account = account;
    }
    private String password;
    public String getPassword() {
        return password;
    }
    public void setPassword(String password) {
        this.password = password;
    }
    public String execute() throws Exception {
        if(account.equals(password)){
            return "success";
        }
        return "fail";
    }
}
```

在代码中，从框架会自动调用 setter 和 getter 方法，来将表单数据封装在 Action 中。execute 方法中，判断账号和密码是否相等，返回字符串“success”或者“fail”，读者可以看出，此处的两个字符串没有任何含义。因此，应该配置该 Action，以及虚拟页面名称对应的实际文件路径。

在配置文件中进行配置，这一步在 Struts 1.x 和 Struts 2.x 中都是必需的，只是在 Struts 1.x 中的配置文件一般叫 struts-config.xml，而且一般放到 WEB-INF 目录中。而在 Struts 2.x 中的配置文件一般为 struts.xml，放到 WEB-INF/classes 目录中，编写时放在项目的 src 根目录下，前面已经叙述过了。下面是在 struts.xml 中配置 Action 以及相关虚拟页面名称。代码如下。

struts.xml

```
<?xml version="1.0" encoding="UTF-8" ?>
<!DOCTYPE struts PUBLIC
    "-//Apache Software Foundation//DTD Struts Configuration 2.0//EN"
    "http://struts.apache.org/dtds/struts-2.0.dtd">
<struts>
    <package name="struts2" extends="struts-default">
        <action name="login" class="prj12.LoginAction">
            <result name="success">/loginSuccess.jsp</result>
            <result name="fail">/loginFail.jsp</result>
        </action>
    </package>
</struts>
```

从以上配置可以看出，在<struts>标签中可以有多个<package>，名称任意，但不要重名； extends 属性表示继承一个默认的配置文件 struts-default，一般都继承于它，可以不用修改。<action>标签中的 name 属性表示 Action 被提交时的路径，class 指定动作类路径。

另外，通过<result>标签可以确定虚拟名称和实际页面路径的映射。例如：

```
<result name="success">/loginSuccess.jsp</result>
表示"/loginSuccess.jsp"，对应的虚拟名称为"success"，当 Action 的 execute 函数返回
"success"时，程序将跳转到"/loginSuccess.jsp"。
```

由于<action>标签中的 name 属性表示 Action 被提交时的路径，此处为“login”，因此，在 login.jsp 中，表单要提交到的路径就可以确定为/Prj12/login.action，这是 WebWork 的风格，其中的“.action”是默认情况下规定的。因此，login.jsp 可以改成如下。

login.jsp

```
<%@ page language="java" pageEncoding="gb2312"%>
<!DOCTYPE HTML PUBLIC "-//W3C//DTD HTML 4.01 Transitional//EN">
<html>
  <body>
    <form action="/Prj12/login.action" method="post">
        请您输入账号：<input name="account" type="text"><BR>
        请您输入密码：<input name="password" type="password">
        <input type="submit" value="登录">
    </form>
  </body>
</html>
```

12.3.5 测试

对项目进行部署，就可以测试了。访问 login.jsp，输入正确的账号密码（相等），如图 12-6 所示。

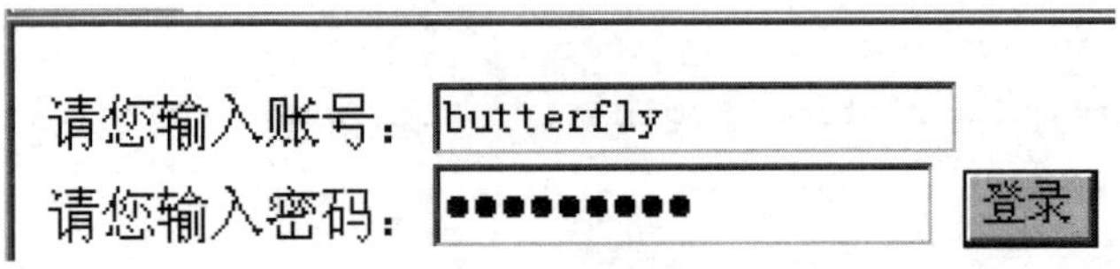

图 12-6　登录界面

登录，效果如图 12-7 所示。

如果输入错误的账号密码，登录，显示的效果如图 12-8 所示。

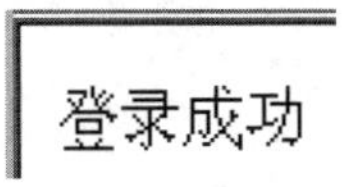

图 12-7　登录成功界面 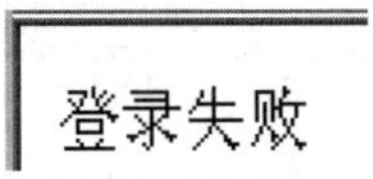　　图 12-8　登录失败界面

12.4　其 他 问 题

12.4.1　程序运行流程

下面来分析一下该案例中程序运行的流程。

（1）login.jsp 中的表单提交到的地址为“/Prj12/login.action”，被 org.apache.struts2.dispatcher.FilterDispatcher 截获，框架把提交的地址的项目名称和扩展名“.action”去掉，变为“/login”，读取配置文件。

（2）在配置文件中，根据“/login”，找到配置文件中的 action 对应的类，从而得到要提交到的类 LoginAction；在 LoginAction 中，实例化对象，将 account 和 password 封装进去。

（3）框架调用 LoginAction 的 execute 方法，处理后返回一个字符串。

（4）框架根据字符串内容，在配置文件中找到相应的页面，并跳转。

12.4.2　Action 生命周期

接下来研究该案例中，LoginAction 的生命周期。

在 LoginAction 中添加一个构造函数，代码如下。

登录，效果如图 12-7 所示。

```
...
public LoginAction(){
        System.out.println("LoginAction 构造函数");
}
...
```

在 LoginAction 的 setAccount 函数和 getAccount 函数中各添加一句代码。

```
...
```

```
public void setAccount(String account) {
        System.out.println("LoginAction setAccount");
        this.account = account;
}
public String getAccount() {
        System.out.println("LoginAction getAccount");
        return account;
}
...
```

在 execute 函数中也添加一句代码。

```
public String execute() throws Exception {
        System.out.println("LoginAction execute");
        if(account.equals(password)){
           return "success";
        }
        return "fail";
    }
```

再来重新部署项目，重新启动服务器，运行 login.jsp，提交，控制台显示如图 12-9 所示。

这说明，框架先实例化 LoginAction 对象，然后调用 LoginAction 的 setAccount 函数，封装表单数据，然后调用 execute 函数，进行处理。

接下来，打开 login.jsp，再重复登录过程，控制台上的显示如图 12-10 所示。

```
LoginAction构造函数
LoginAction setAccount
LoginAction execute
```

图 12-9 控制台显示结果 1

```
LoginAction构造函数
LoginAction setAccount
LoginAction execute
LoginAction构造函数
LoginAction setAccount
LoginAction execute
```

图 12-10 控制台显示结果 2

可以看到，在第二次提交时，LoginAction 会重新实例化，说明每一个 LoginAction 对象都服务一个请求，这和 Servlet 的原理是不一样的。

12.4.3 在 Action 中访问 Web 对象

从以上代码可以看出，和 Struts 1 相比，Struts 2 中的 action 只是一个简单的类，增加了可测试性。但是，在这个案例中，会有如下问题：如何在 Action 中访问 Web 对象，如 request、response、session 和 application？

要获得上述对象，可以在 Struts 2 中使用 org.apache.struts2.ServletActionContext、com.opensymphony.xwork2.ActionContext 类。

获得 request 对象的方法如下。

```
import org.apache.struts2.ServletActionContext;
…
public String execute() throws Exception {
    HttpServletRequest request = ServletActionContext.getRequest();
    //使用 request
}
```

获得 response 对象的方法如下。

```
import org.apache.struts2.ServletActionContext;
…
public String execute() throws Exception {
    HttpServletResponse response = ServletActionContext.getResponse();
    //使用 response
}
```

获得 application 对象的方法如下。

```
import org.apache.struts2.ServletActionContext;
…
public String execute() throws Exception {
    ServletContext application = ServletActionContext.getServletContext();
    //使用 application
}
```

获得 session 对象的方法如下。

```
import com.opensymphony.xwork2.ActionContext;
…
public String execute() throws Exception {
    Map session = ActionContext.getContext().getSession();
    //使用 session
}
```

可以发现这里的 session 是个 Map 对象。在 Struts 2 中，底层的 session 被封装成了 Map 类型，可以直接操作这个 map 进行对 session 的写入和读取操作，而不用去直接操作 HttpSession 对象。

小　结

本章首先讲解了 Struts 2 的基本思想，并与 Struts 1 进行对比，然后讲解了 Struts 2 的结构和基本使用，并举例说明 Struts 2 下用例的开发方法。应该注意的是，Struts 2 涉及的内容很多，读者可以自行进行更加深入的学习。

上 机 习 题

在数据库中建立表格 T_BOOK(BOOKID,BOOKNAME,BOOKPRICE)，插入一些记录。

1．编写一个模糊查询图书的应用，输入图书名称的模糊资料，显示查询的图书的 ID、名称和价格。要求使用 Struts 2 完成。

2．在第 1 题中，在图书信息后面增加一个“删除图书”链接，单击，可以将图书信息从数据库中删除。删除后跳转到模糊查询界面。要求使用 Struts 2 完成。

第 13 章

Hibernate 基础编程

建议学时：2

Hibernate 是 Java 中对象和关系的映射的解决方案，可以将数据库中的一条记录看做一个 Java 对象，大大方便了编程，提高了可维护性。本章将介绍 Hibernate 的作用，创建一个基于 Hibernate 框架的程序，讲解 Hibernate 的配置以及如何使用 Hibernate 对数据进行增删改查。

13.1 对象关系映射

对象关系映射（ORMapping），是软件开发过程中数据库层比较流行的设计思想。在了解 ORMapping 之前，同样要明确一点，ORMapping 是一种设计思想，不是一种编程技术。

用一个实际案例来引入 ORMapping。在某些大型应用场合，我们要对数据库中的记录进行一些操作，如 Insert、Delete、Update、Select 等。这些功能可能在 JSP 里面实现，但是可能会破坏页面的结构，因此，前面提出，可以在 DAO 里面实现。

但是，即使在 DAO 中实现，DAO 的开发人员必须懂得数据库的复杂操作；如果数据库改变了，DAO 的代码必须进行改变。考虑一个场景，以登录为例，Struts 中有一个 Action，Action 内做登录操作，调用 DAO，DAO 要运行一条 SQL 语句，如图 13-1 所示。

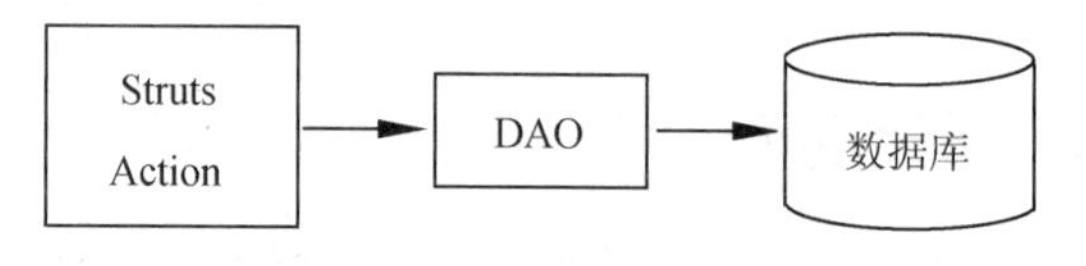

图 13-1　Servlet 在 Web 中的结构

从图 13-1 的结构可以看出，DAO 的开发人员必须懂得数据库结构和 SQL 语法，因此，数据库里的表有改动时，DAO 里的代码也要改动，这样带来了很大不便。例如，先前是从 T_STUDENT 表中查询所有记录，SQL 语句为：

```
SELECT STUNO,STUNAME,STUSEX FROM T_STUDENT
```

如果数据库表名改为 STUDENT，语句又将变为：

```
SELECT STUNO,STUNAME,STUSEX FROM STUDENT
```

而这句 SQL 语句是在 DAO 中组织的，只能修改 DAO 的代码，重新编译部署。

可以发现，SQL 语句的结构是基本不变的，变化的只是表名、列名等，因此，解决该问题的办法是：将表名和列名在配置文件内注册，将表名对应到类，列名对应到类的属性，每当对表内的数据进行操作时，系统实际上从配置文件中读取表名和列名组织 SQL 语句，DAO 的开发人员看来是对对象做操作，如果数据库改变，只需改变配置文件，修改配置文件比修改源代码代价低得多。

因此，最直观的方法是将数据库中的一条记录看做一个对象，对这个对象的操作就直接影响到数据库内部，如图 13-2 所示。

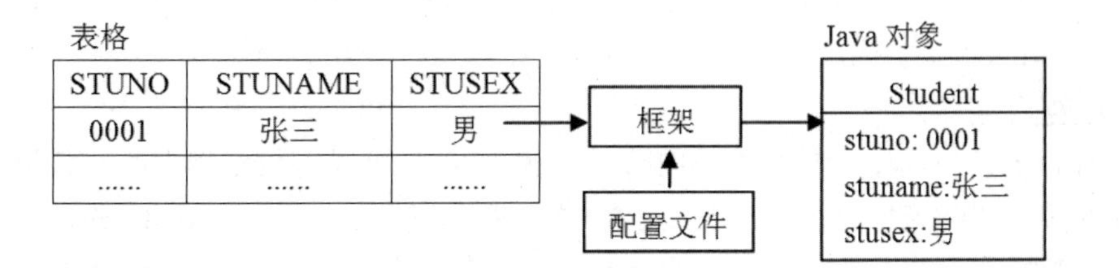

图 13-2　对象和关系的映射

从图 13-2 可以看出，框架首先根据配置文件读取表格中各个列和 Student 中各个属性的映射，然后将其读入之后组织为 Student 对象，所有的工作，只需要在底层进行。

实际上，Student 的作用和 VO 很类似，在本章中，由于 Student 一般封装的是数据库中的持久化信息，因此也可以叫做 PO（Persistence Object），有些文献中，也叫 POJO（Plain Ordinary Java Object，不含业务逻辑代码的普通 Java 对象）。

综上所述，在 ORMapping 中，一个 PO 对象，一般表示数据表中的一条记录，只是对这个记录的操作可以简化成对这个 Bean 对象的操作，操作之后数据库中的记录相应变化；框架必须提供一些能够对这些对象进行操作的函数。

13.2　Hibernate 框架的基本原理

13.2.1　Hibernate 框架简介

ORMapping 思想给数据库层的操作带来了巨大的好处，但是，ORMapping 毕竟只是一种思想，不同的程序员编写出来的基于 ORMapping 思想的应用，风格可能不一样。影响程序的标准化。因此，有必要对 ORMapping 模式进行标准化，让程序员在某个标准下进行开发。

很多人致力于这个工作，并且发布了一些框架，Hibernate 就是这样一个框架，在使用的过程中，受到了广泛的承认。因此，ORMapping 是 Hibernate 框架的基础，或者说，Hibernate 是为了规范 ORMapping 开发而发布的一个框架。类似的框架还有很多，如 iBATIS、Entity Bean 等。

要编写基于 Hibernate 框架的应用，需要导入一些支持的包，也就是 Hibernate 开发包。这些开发包可以到网上去下载。下载地址为 http://www.hibernate.org/downloads.html。

在页面中提供了各个版本的 Hibernate 开发包。以 Hibernate 5 版本为例，通过 http://www.hibernate.org/downloads.html 中的链接到达下载地址，如图 13-3 所示。

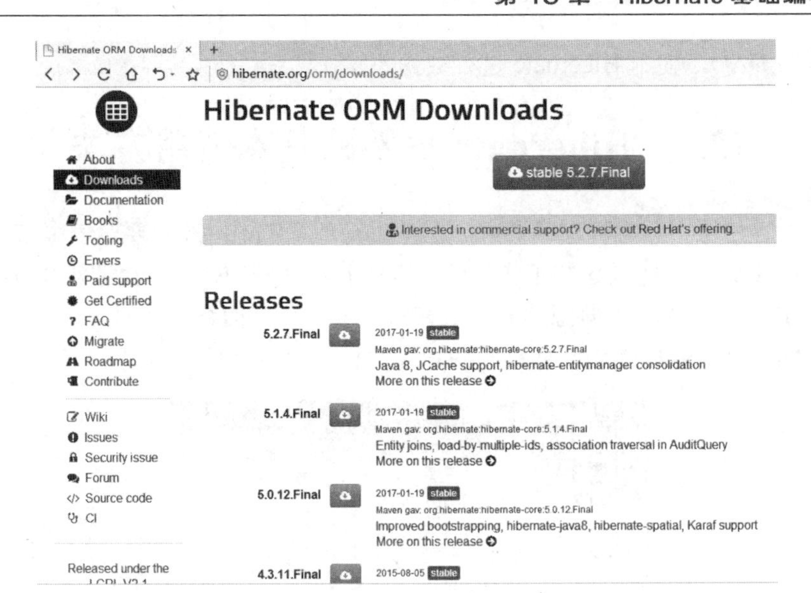

图 13-3　Hibernate 5 下载页面

单击 5.2.7.Final，可以下载源文件、开发包和文档等。一般情况下，将开发包解压缩之后，其中的.jar 文件复制到 Java 项目的 lib 目录下即可。不过，幸运的是，MyEclipse 软件提供了对 Hibernate 框架的支持，如果使用 MyEclipse，则不需要导入开发包。

13.2.2　Hibernate 框架原理

在 Hibernate 中，常用的组件有：PO、框架 API、Hibernate 配置文件、Hibernate 映射文件等。它们之间的关系如图 13-4 所示。

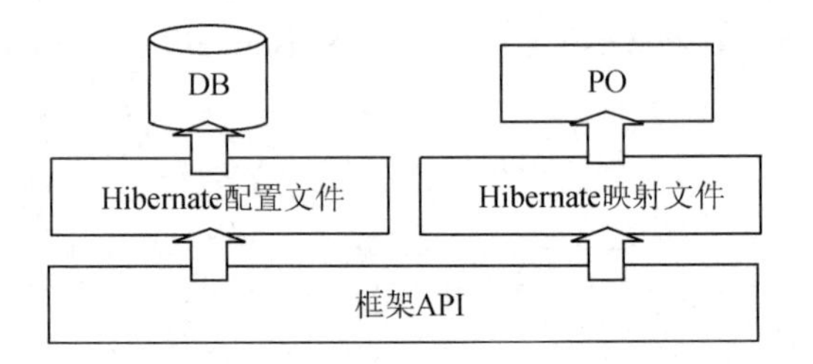

图 13-4　Hibernate 组件之间的关系

对于一个数据库操作，其执行步骤如下。

（1）框架 API 通过读取 Hibernate 配置文件，连接到数据库。

（2）当对 PO 进行操作时，框架 API 通过 Hibernate 映射文件，来决定操作的表名和列名。

（3）框架 API 执行 SQL 语句。

因此，利用 Hibernate 编程，有以下几个步骤。

（1）编写 Hibernate 配置文件，连接到数据库。

（2）编写 PO。

（3）编写 Hibernate 映射文件，将 PO 和表映射，PO 中的属性和表中的列映射。

（4）编写 DAO，使用 Hibernate 进行数据库操作。

13.3　Hibernate 框架的基本使用方法

该部分内容使用实际案例进行讲解。在学生管理系统中，经常要对学生信息进行增删改查，使用 Hibernate 来完成这些工作。已经建立了名为 SCHOOL 的数据库，为讲解方便，我们使用 ODBC 桥接，数据源名称为 DSSchool。在里面建立一张表格 T_STUDENT (STUNO,STUNAME,STUSEX)，插入一些记录，包含学生信息，如图 13-5 所示。

T_STUDENT ：表

STUNO	STUNAME	STUSEX
0001	王海	男
0002	冯山	女
0003	张平	男
0004	刘欢	女
0005	唐为	男
0006	唐风	女
0007	刘平	男
0008	徐少强	男
0009	陈发	女
0010	江海	女

图 13-5　数据表中的数据

13.3.1　导入 Hibernate 框架

接下来就开始编写这个项目，用 MyEclipse 新建一个普通的 Java 项目 Prj13。

下面讲解如何导入 MyEclipse 自带的 Hibernate 开发包。选中项目，在 MyEclipse 菜单栏中找到 MyEclipse→Project Facets[Capabilities]→Install Hibernate Facet，如图 13-6 所示。

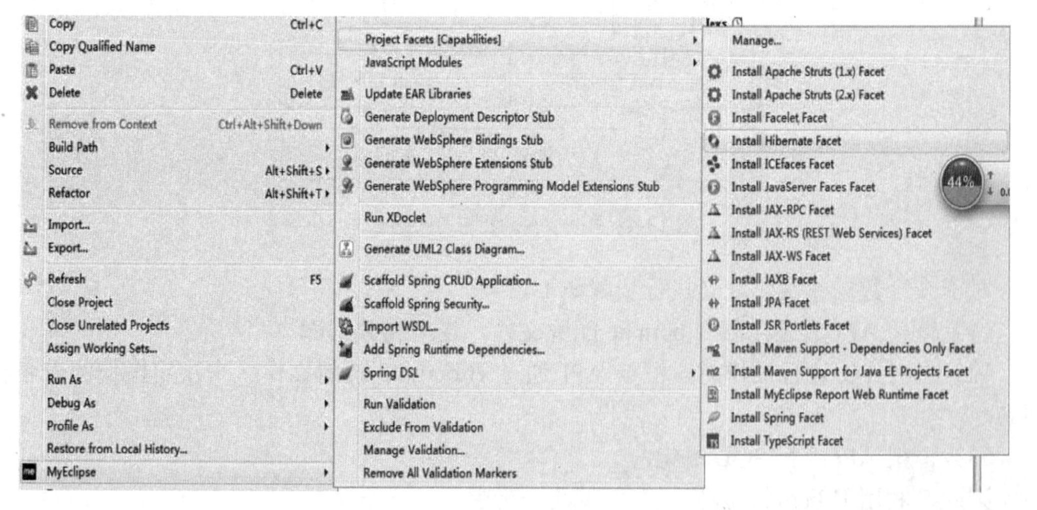

图 13-6　添加 Hibernate 框架支持

单击菜单，进入导入 Hibernate 对话框，如图 13-7 所示。

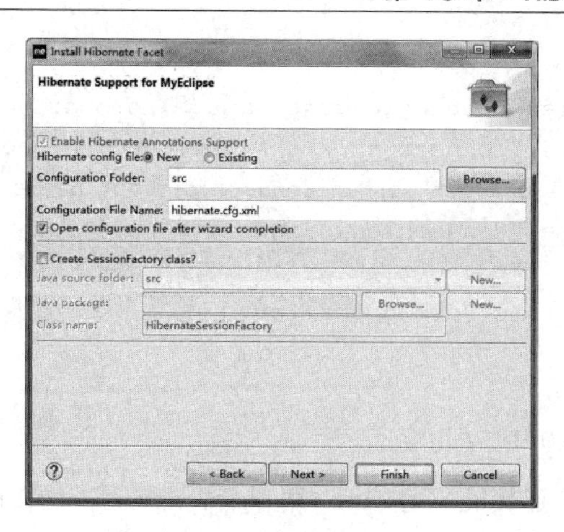

图 13-7　导入 Hibernate

在该界面中，确定了 Hibernate 配置文件的文件名和路径，一般选择默认，最好不要改变，否则编程比较麻烦。

确定是否创建 SessionFactory 工具类，该工具类是为了简化编程的，此处不需要。

单击 Finish 按钮，完成。Hibernate 框架支持就导入了该项目，此时项目节点情况如图 13-8 所示。

```
Prj13
    Deployment Descriptor: Prj13
    JavaScript Resources
    Deployed Resources
    src
        hibernate.cfg.xml
    JRE System Library [jdk1.8.0_111]
    Apache Tomcat v9.0 [Apache Tom
    Web App Libraries
    JSTL 1.2.2 Library
    Hibernate 5.1 Libraries
    WebRoot
```

图 13-8　项目结构

此时，src 文件夹中增加了一个名为 hibernate.cfg.xml 的文件，也就是 Hibernate 配置文件；还增加了一个库 Hibernate 5.1 Libraries，它包含 Hibernate 的开发包。

13.3.2　编写 Hibernate 配置文件

Hibernate 配置文件名为 hibernate.cfg.xml，一般不要修改名称，并放在 src 目录下，该文件的主要目的是为了连接到数据库，打开 hibernate.cfg.xml 源代码，将代码改为如下所示。

hibernate.cfg.xml

```
<?xml version='1.0' encoding='UTF-8'?>
<!DOCTYPE hibernate-configuration PUBLIC
        "-//Hibernate/Hibernate Configuration DTD 3.0//EN"
        "http://hibernate.sourceforge.net/hibernate-configuration-3.0.dtd">
<hibernate-configuration>
```

```
  <session-factory>
    <property name="connection.username"></property>
    <property name="connection.url">jdbc:odbc:DSSchool</property>
    <property name="dialect">org.hibernate.dialect.SQLServerDialect</property>
    <property name="connection.password"></property>
    <property name="connection.driver_class">
        sun.jdbc.odbc.JdbcOdbcDriver
    </property>
</session-factory>
</hibernate-configuration>
```

在该文件中，定义了连接的驱动、url、用户名、密码等，这在前面的章节都有所讲述，如果是使用其他数据库，则进行相应的改变。需要解释的是：

```
…
    <property name="dialect">org.hibernate.dialect.SQLServerDialect</property>
…
```

该句配置中确定了 SQL 语句的方言，由于不同数据库的 SQL 语句稍有不同，因此需要进行方言配置。本例中使用 Access 和 SQL Server 方言接近，因此，使用 SQL Server 方言。

其他方言还有：

```
Oracle9i: org.hibernate.dialect.Oracle9Dialect。
MySQL: org.hibernate.dialect.MySQLDialect 等。
```

13.3.3 编写 PO

前面所做的内容只是把数据库连接的基本消息写在配置文件里，接下来要把 T_STUDENT 表和一个类对应起来。具体操作为：建立一个名为 po 的包，在 po 包里新建一个类，用来对应数据库 T_STUDENT 表中的记录，如图 13-9 所示。

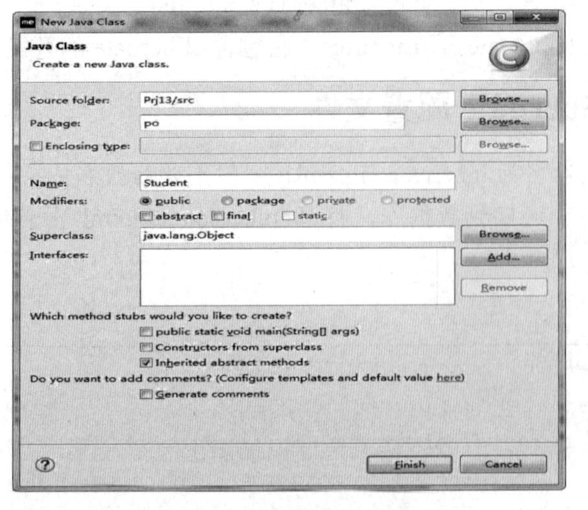

图 13-9　新建 Student 类

Student 类中的每个属性对应 T_STUDENT 的每一列，并增加 getter 和 setter 函数，根据 JavaBean 规范编写就可以了。

Student.java

```
package po;

public class Student {
    private String stuno;
    private String stuname;
    private String stusex;
    public String getStuno() {
        return stuno;
    }
    public void setStuno(String stuno) {
        this.stuno = stuno;
    }
    public String getStuname() {
        return stuname;
    }
    public void setStuname(String stuname) {
        this.stuname = stuname;
    }
    public String getStusex() {
        return stusex;
    }
    public void setStusex(String stusex) {
        this.stusex = stusex;
    }
}
```

13.3.4　编写并配置映射文件

编写完这个类之后，系统还是无法识别 Student 类和数据库表的关系。因此，要编写第二个配置文件，配置文件可以随意命名，但此处将其命名为 Student.hbm.xml，这样让开发者一看就知道这是 Hibernate 的映射文件，此文件一般和 PO 放在一个包下。主要编写格式如下。

（1）<class name="类名" table="表名">：类和表对应，类名就是之前创建的 Student 类；表名就是 Student 类所对应的 T_STUDENT。

（2）<id name="属性" column="列名">：填写主键，即使表内没有主键，配置文件中也要配置一个唯一标识。这里分别填写 Student 类里的 account 和 T_STUDENT 表中的 ACCOUNT 属性。

（3）<generator class="assigned"/>：主键的生成策略，assigned 表示由用户赋值。其他生成策略，后面会进行详细的介绍。

（4）<property name="属性" column="列名"/>：将属性和列对应起来。

代码如下。

Student.hbm.xml

```
<?xml version="1.0"?>
<!DOCTYPE hibernate-mapping PUBLIC
   "-//Hibernate/Hibernate Mapping DTD 3.0//EN"
   "http://hibernate.sourceforge.net/hibernate-mapping-3.0.dtd">
<hibernate-mapping>
    <class name="po.Student" table="T_STUDENT">
        <id name="stuno" column="STUNO">
            <generator class="assigned" />
        </id>
        <property name="stuname" column="STUNAME" />
        <property name="stusex" column="STUSEX" />
    </class>
</hibernate-mapping>
```

以上配置文件完成后，数据表和 Java 类就进行了映射。在这个文件中，<class></class>内容可以写多个，就能实现多个表对多个类的映射。

不过，配置到这里，系统无法识别这个映射文件，还需将此文件路径在 hibernate.cfg.xml 文件中注册，使得系统能正确识别此文件。操作方法为：打开 hibernate.cfg.xml，将“<mapping resource="po/Student.hbm.xml" />”加到 hibernate.cfg.xml 中，hibernate.cfg.xml 文件变为如下所示。

hibernate.cfg.xml

```
<?xml version='1.0' encoding='UTF-8'?>
<!DOCTYPE hibernate-configuration PUBLIC
        "-//Hibernate/Hibernate Configuration DTD 3.0//EN"
        "http://hibernate.sourceforge.net/hibernate-configuration-3.0.dtd">
<hibernate-configuration>
  <session-factory>
    <property name="connection.username"></property>
    <property name="connection.url">jdbc:odbc:DSSchool</property>
    <property name="dialect">org.hibernate.dialect.MySQLDialect</property>
    <property name="connection.password"></property>
    <property name="connection.driver_class">
        sun.jdbc.odbc.JdbcOdbcDriver
    </property>
    <mapping resource="po/Student.hbm.xml" />
</session-factory>
</hibernate-configuration>
```

很明显，可以注册多个 Hibernate 映射文件在 hibernate.cfg.xml 中。

此时，项目结构变为如图 13-10 所示。

```
Prj13
    Deployment Descriptor: Prj13
    JavaScript Resources
    Deployed Resources
    src
        po
            Student.java
            Student.hbm.xml
        hibernate.cfg.xml
    JRE System Library [jdk1.8.0_111]
    Apache Tomcat v9.0 [Apache Tom
    Web App Libraries
    JSTL 1.2.2 Library
    Hibernate 5.1 Libraries
    WebRoot
```

图 13-10　加入了映射文件的项目结构

13.4　利用 Hibernate 进行数据库操作

Hibernate 配置完毕，就可以在 DAO 中，测试 Hibernate 是否能实现增删改查。此处用一个简单的程序来模拟 DAO 的功能。首先需要利用 Hibernate 中的基本 API 载入配置并建立连接，步骤如下。

（1）读取 Hibernate 配置文件。使用 org.hibernate.cfg.Configuration 类读取配置文件的方法 configure()，读取默认的 hibernate.cfg.xml 文件，代码如下。

```
Configuration conf = new Configuration().configure();
```

（2）Hibernate 中，数据库操作是用 org.hibernate.Session 完成的，Session 由 org.hibernate.SessionFactory 管理，此处要生成 SessionFactory，代码如下。

```
SessionFactory sf = conf.buildSessionFactory();
```

（3）利用 SessionFactory 打开 Session：

```
Session session = sf.openSession();
```

接下来就可以使用 Session 进行数据库操作了。

13.4.1　添加操作

利用 Session 将数据保存到数据库中的方法如下。

```
Session.save(Object);
```

如果该对象的主键内容在表中存在，则抛出异常。为了避免这个问题，可以使用：

```
Session.saveOrUpdate(Object);
```

它的功能是：如果主键在数据库中存在，就修改该条数据，否则保存数据。

Session 的事务不是自动提交的，如果要对数据库进行添加、删除或者修改，默认情况下，需要开启一个事务（org.hibernate.Transaction）。代码如下所示。

```
Transaction tran = session.beginTransaction();
//数据库添加、删除或修改
tran.commit();
```

新建一个名为 Insert.java 的类，添加主函数用来测试 Hibernate 的添加功能。

Insert.java

```
import org.hibernate.Session;
import org.hibernate.SessionFactory;
import org.hibernate.Transaction;
import org.hibernate.cfg.Configuration;
import po.Student;

public class Insert {
    public static void main(String[] args) {
        Configuration conf = new Configuration().configure();
        SessionFactory sf = conf.buildSessionFactory();
        Session session = sf.openSession();
        Student stu = new Student();
        stu.setStuno("0012");
        stu.setStuname("黄云山");
        stu.setStusex("男");
        //保存
        Transaction tran = session.beginTransaction();
        session.save(stu);
        tran.commit();
        //关闭 session
        session.close();
    }
}
```

运行程序，发现数据已经成功添加到数据库，如图 13-11 所示。

0012	黄云山	男

图 13-11　添加的数据

13.4.2　查询操作

查询具有很多种，本章讲解最简单的查询：根据主键查询一条记录。利用 Session 查询数据，最常见的方法如下所示。

```
Object Session.get(PO 对应的类,主键);
```

如查询学号为 0002 的学生。

```
Student stu = (Student)session.get(Student.class,"0002");
```

如果该学生不存在，返回 null。

新建一个名为 Query.java 的类，添加主函数用来测试 Hibernate 的查询功能。

Query.java

```
import org.hibernate.Session;
import org.hibernate.SessionFactory;
import org.hibernate.cfg.Configuration;
import po.Student;

public class Query {
    public static void main(String[] args) {
        Configuration conf = new Configuration().configure();
        SessionFactory sf = conf.buildSessionFactory();
        Session session = sf.openSession();
        Student stu = (Student)session.get(Student.class, "0002");
        String stuno = stu.getStuno();
        String stuname = stu.getStuname();
        String stusex = stu.getStusex();
        System.out.println("学号:" + stuno);
        System.out.println("姓名:" + stuname);
        System.out.println("性别:" + stusex);
        //关闭 session
        session.close();
    }
}
```

运行程序，结果如图 13-12 所示。

```
学号:0002
姓名:冯山
性别:女
```

图 13-12　界面显示

13.4.3　修改操作

修改数据，首先需要查询。利用 Session 将数据修改到数据库中的方法如下。

```
Session.update(Object);
```

或者：

```
Session.saveOrUpdate(Object);
```

它的功能是：如果主键在数据库里就修改该条数据，否则保存数据。

同样，这里需要使用事务。

新建一个名为 Update.java 的类，添加主函数用来测试 Hibernate 的修改功能，将学号为 0002 的学生，性别改为“男”。

Update.java

```
import org.hibernate.Session;
import org.hibernate.SessionFactory;
import org.hibernate.Transaction;
import org.hibernate.cfg.Configuration;
import po.Student;

public class Update {
    public static void main(String[] args) {
        Configuration conf = new Configuration().configure();
        SessionFactory sf = conf.buildSessionFactory();
        Session session = sf.openSession();
        Student stu = (Student) session.get(Student.class, "0002");
        if (stu != null) {
            stu.setStusex("男");
            // 修改
            Transaction tran = session.beginTransaction();
            session.update(stu);
            tran.commit();
        }
        // 关闭 session
        session.close();
    }
}
```

运行程序，发现数据已经成功修改，如图 13-13 所示。

0002	冯山	男

图 13-13　数据已经修改

13.4.4　删除操作

删除数据，首先需要查询。利用 Session 将数据删除的方法如下。

```
Session.delete(Object);
```

同样，这里需要使用事务。

新建一个名为 Delete.java 的类，添加主函数用来测试 Hibernate 的删除功能，将学号为 0002 的学生删除。

Delete.java

```
import org.hibernate.Session;
import org.hibernate.SessionFactory;
```

```java
import org.hibernate.Transaction;
import org.hibernate.cfg.Configuration;
import po.Student;

public class Delete {
    public static void main(String[] args) {
        Configuration conf = new Configuration().configure();
        SessionFactory sf = conf.buildSessionFactory();
        Session session = sf.openSession();
        Student stu = (Student) session.get(Student.class, "0002");
        if (stu != null) {
            //删除
            Transaction tran = session.beginTransaction();
            session.delete(stu);
            tran.commit();
        }
        // 关闭 session
        session.close();
    }
}
```

运行程序，发现数据已经成功被删除。

小　　结

本章首先讲解了 ORMapping 思想，阐述该思想给软件开发带来的巨大好处。然后讲解了基于 ORMapping 思想的 Hibernate 框架，并通过添加、删除、修改和查询，举例说明 Hibernate 框架下数据库应用的开发方法。

上 机 习 题

在数据库中建立表格 T_CUSTOMER(ACCOUNT，PASSWORD，CNAME)，插入一些记录。

1．制作一个登录页面，输入账号和密码，如果匹配，则显示“登录成功”，否则显示“登录失败”。要求使用 Hibernate 框架来实现。

2．实现注册功能，要求输入账号、密码、确认密码、姓名，可以在数据库中添加记录。但是，密码和确认密码必须相同，账号不能重复。要求使用 Hibernate 框架完成。

第 14 章

Hibernate 高级编程

建议学时：2

本章基于 Hibernate 基础编程，首先分析了 Hibernate 内部的 API，然后讲解了批量查询的两种方法，接下来对主键生成策略和复合主键进行了讲解，最后讲解动态实体模型。

14.1　深入认识 Hibernate

在前面的章节中，讲解了 Hibernate 的基础编程，也使用了一些 API。Hibernate 中需要使用的 API 如图 14-1 所示。

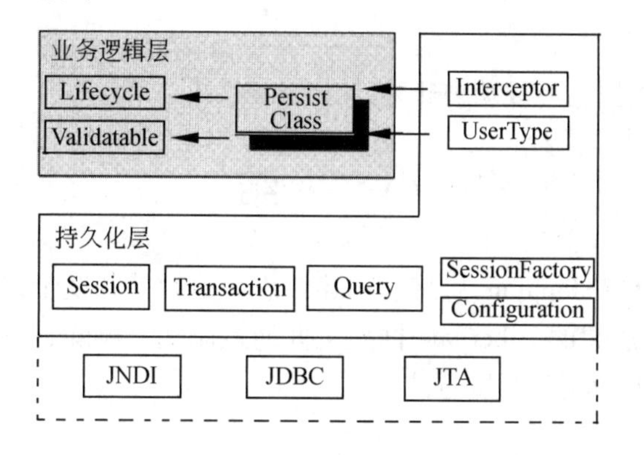

图 14-1　Hibernate 核心 API

实际上，Hibernate 在底层调用的还是 JDBC，只是在持久化层，程序编写人员只需要通过核心的 API 来实现底层复杂的工作。本节介绍这些核心 API。

14.1.1　Configuration

从第 13 章的例子可以看出，可以使用 Configuration 类的 configure 方法来读取 hibernate.cfg.xml 文件，并负责管理配置信息。由于在 hibernate.cfg.xml 文件中配置了 Hibernate 映射文件（*.hbm.xml），因此，通过 Configuration 类实际上也可以访问映射文件。另外，Configuration 可以生成 SessionFactory。

Configuration 类常见的方法有以下 4 种。

（1）configure()方法，默认读取 hibernate.cfg.xml。

（2）configure(File configFile)方法，可以指定参数，使之能够使用其他配置文件。

（3）addResource(String path)方法，指定一个 hbm 文件路径，动态添加映射文件。

（4）addClass(Class persistentClass)方法，指定 PO 类，载入该类对应配置的映射文件。

Configuration 是一个瞬态对象，一旦 SessionFactory 建立成功就被丢弃，占据资源较少。

14.1.2 SessionFactory

SessionFactory 由 Configuration 建立，应用程序从 SessionFactory 中获得 Session 实例。通常情况下，一个数据库只有唯一的一个 SessionFactory，它可以在应用初始化时被创建。

SessionFactory 非常消耗内存，它缓存了生成的 SQL 语句和 Hibernate 在运行时使用的映射元数据。也就是说，中间数据全部使用 SessionFactory 管理。因此，该对象的使用，有时关系到系统的性能。

14.1.3 Session

Session 代表与数据库之间的一次操作。它通过 SessionFactory 打开，在所有工作完成后，需要关闭。方法如下。

```
session.close();
```

注意，Session 不是 Web 层的 HttpSession。怎样得到 Session 是一个重要的问题，很多人对其进行了研究，他们把生成 Session 的过程进行优化，设计了一个类专门负责进行 Session 的生成，MyEclipse 也提供了这个类。

首先建立 Java 项目 Prj14，按照第 13 章的方法添加 Hibernate 支持，并编写 Hibernate 配置文件、PO 和映射文件。在项目中建立 util 包。右击该包，选择 New→Other 命令，如图 14-2 所示。

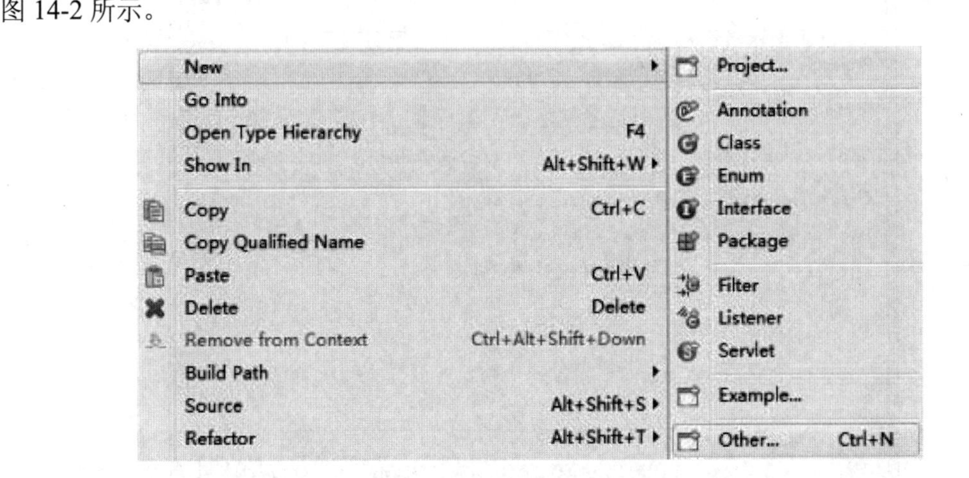

图 14-2 选择 New→Other

在弹出的界面中选择 Hibernate→Hibernate Session Factory，如图 14-3 所示。

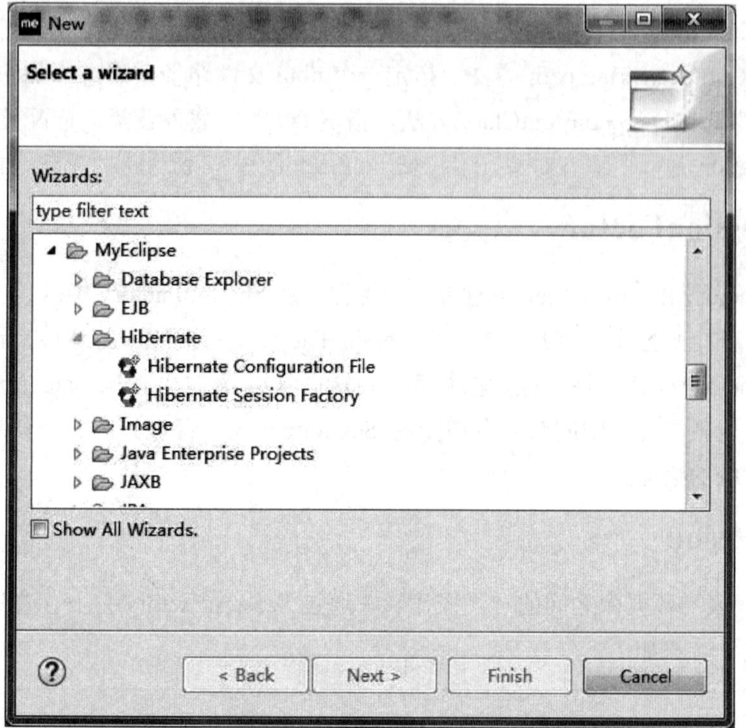

图 14-3　选择 Hibernate→Hibernate Session Factory

单击 Next 按钮，到达如图 14-4 所示的界面。

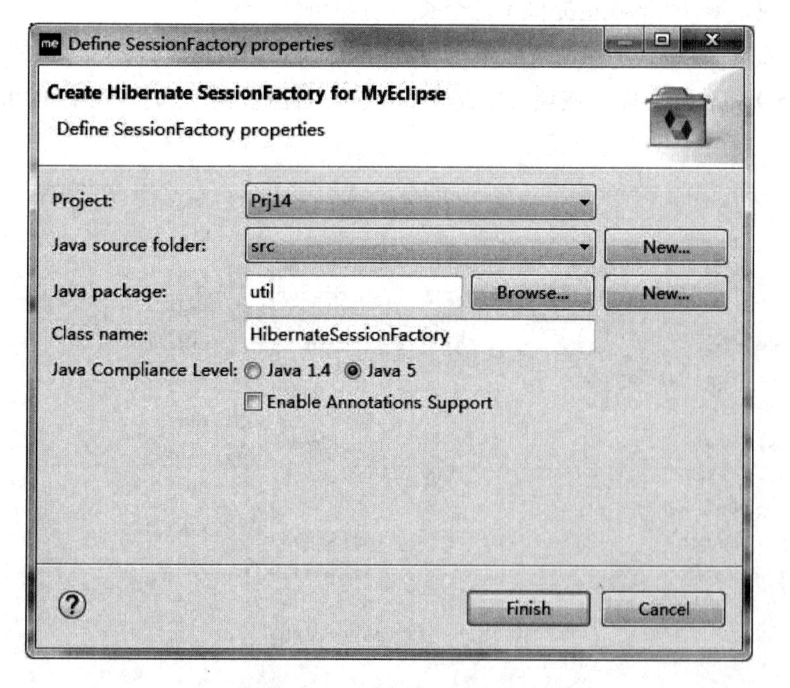

图 14-4　建立 HibernateSessionFactory 类

在该界面中指定工具类的类名和所在的包。建立完毕之后，系统中的 util 包中多了一

个类 HibernateSessionFactory。该类中有两个静态方法：getSession 和 closeSession，是用来生成和关闭 Session 的，它用到了很多优化的机制，比较高效。此时，打开 Session 的方法如下。

```
Session session = util.HibernateSessionFactory.getSession();
```

关闭 Session 的方法如下。

```
util.HibernateSessionFactory.closeSession();
```

14.2　批量查询方法

第 13 章中讲解的查询方法比较简单，仅仅能从数据库中根据主键来进行查询，限制了使用的场合。本节讲解批量查询方法。批量查询方法一共有以下三种。

（1）HQL 查询法。

（2）Criteria 准则查询法。

（3）SQL 查询。

其中，第三种方法在某种程度上违背了 ORMapping 的初衷，较少使用。

14.2.1　HQL

HQL 的意思和 SQL 相近，SQL 是结构化查询语言，HQL 是 Hibernate 查询语言。

本章将讲解 HQL 查询方法。以一个案例引入，查询所有女生的姓名，如何使用 Hibernate 来实现？步骤如下。

（1）Session 中提供了一个方法，名为 Query Session.createQuery(String queryString)，该方法为 HQL 查询语句生成一个 Query 类的对象，进行返回。

（2）返回的 Query 中，有 list()方法，返回一个 List 对象，通过遍历这个 List 对象得到查询的内容。

编写 Query1.java 代码如下。

Query1.java

```
import java.util.List;
import org.hibernate.Query;
import org.hibernate.Session;
import po.Student;

public class Query1 {
    public static void main(String[] args) {
        Session session = util.HibernateSessionFactory.getSession();
        String hql = "from Student where stusex='女'";
        Query query = session.createQuery(hql);
        List list = query.list();
        for(int i=0;i<list.size();i++){
            Student stu = (Student)list.get(i);
```

```
            System.out.println(stu.getStuname());
        }
        util.HibernateSessionFactory.closeSession();
    }
}
```

在 Query1.java 文件中：

```
String hql = "from Student where stusex='女'";
Query query = session.createQuery(hql);
```

可以看到，传入 session.createQuery 函数的是一条 HQL 查询语句。这里要注意的是：hql 里的“Student”是类名，“stusex”是它的一个属性，和数据库没有关系。它的语法为“from 类名 as 对象名 [where 属性条件]”，其中，“as 对象名”可以省略。

HQL 语句看起来虽然和 SQL 语句很像，但由于数据库迁移的可能性，避免了程序员需要对数据库结构的了解。运行程序后，控制台打印信息如图 14-5 所示。

```
刘欢
唐风
陈发
江海
```

图 14-5　运行 Query1.java 的控制台信息

在上面的操作中，查询的是 Student 中的所有属性，而在控制台上只打印了姓名。在 Hibernate 中，也可以只对某几个列进行查询。语法为：“select 属性 from 类名 as 对象名 (where 属性条件)”。例如，查询女生的学号和姓名，代码如下。

Query2.java

```
import java.util.List;
import org.hibernate.Query;
import org.hibernate.Session;

public class Query2 {
    public static void main(String[] args) {
        Session session = util.HibernateSessionFactory.getSession();
        String hql = "select stuno,stuname from Student where stusex='女'";
        Query query = session.createQuery(hql);
        List list = query.list();
        for(int i=0;i<list.size();i++){
            Object[] objs = (Object[])list.get(i);
            System.out.println(objs[0] + " " + objs[1]);
        }
        util.HibernateSessionFactory.closeSession();
    }
}
```

运行程序，打印效果如图 14-6 所示。

```
0004 刘欢
0006 唐风
0009 陈发
0010 江海
```

图 14-6 运行 Query2.java 的控制台信息

注意，此时，list 内存放的不是 Student 对象，而是用 Object 数组保存的数据。不过，如果查出来的列只有一个，系统就不会放在 Object 数组中，而是以单独的变量返回了。

HQL 查询语句里也能够传递参数，比如，如果性别是由变量传入的情况下，就可以在 HQL 中设置参数：

```
String hql = "select stuno,stuname from Student where stusex=:sex";
```

表示在 hql 中，设置了一个名为 sex 的参数。接下来就可以用 Query 的 set 方法对 sex 参数进行赋值。

```
String sex = "女";
String hql = "select stuno,stuname from Student where stusex=:sex";
Query query = session.createQuery(hql);
query.setString("sex", sex);
```

最终代码如下。

Query3.java

```
import java.util.List;
import org.hibernate.Query;
import org.hibernate.Session;

public class Query3 {
    public static void main(String[] args) {
        Session session = util.HibernateSessionFactory.getSession();
        String sex = "女";
        String hql = "select stuno,stuname from Student where stusex=:sex";
        Query query = session.createQuery(hql);
        query.setString("sex", sex);
        List list = query.list();
        for(int i=0;i<list.size();i++){
            Object[] objs = (Object[])list.get(i);
            System.out.println(objs[0] + " " + objs[1]);
        }
        util.HibernateSessionFactory.closeSession();
    }
}
```

运行效果和 Query2.java 相同。

14.2.2 Criteria

Criteria（准则查询）是另外一种查询方法。编程要点如下。

（1）调用 Session 的 createCriteria(Class persistentClass)方法，传入一个 Class 参数，返回 Critera。其中，传入参数的目的是绑定查询结果需要转换的类型。

（2）用 Critera 的 add 函数增加筛选条件，常见的限制如下。

Restrictions.gt(String propertyName, Object value)：某属性必须大于另一个值。

Restrictions.lt(String propertyName, Object value)：某属性必须小于另一个值。

具体可以参考文档。

现在用该方法来实现前面的案例，查询女生的学号和姓名。代码如下。

Query4.java

```
import java.util.List;
import org.hibernate.Criteria;
import org.hibernate.Session;
import org.hibernate.criterion.Restrictions;
import po.Student;

public class Query4 {
    public static void main(String[] args) {
        Session session = util.HibernateSessionFactory.getSession();
        Criteria cri = session.createCriteria(Student.class);
        cri.add(Restrictions.eq("stusex","女"));
        List list = cri.list();
        for(int i=0;i<list.size();i++){
            Student stu = (Student)list.get(i);
            System.out.println(stu.getStuno() + " " + stu.getStuname());
        }
        util.HibernateSessionFactory.closeSession();
    }
}
```

运行，效果和前面的案例相同。Criteria 里也还可以使用 addOrder(Oder gar0)来添加排序功能，例如：

```
cri.addOrder(Order.asc("stuname"));
```

表示按照学生姓名升序排列，asc 方法表示升序排列，desc 方法表示降序排列。其他内容可以参考文档。

初学者可能觉得，使用准则查询方法很不方便，其实不然。比如 Web 网站中，支持用户使用复合条件进行查询，这时候就可以将复合查询条件传递给后台，使用这种查询方法进行查询。

准则查询法也能给网页里的查询分页提供条件，使用 setFirstResult()设置所需查询记录的第一条信息的位置，使用 setMaxResults()方法设置查询信息的条数。在数据库查询分页策略中，有一种“用多少查多少”的分页策略，但这种分页策略和数据库的类型有关系。比如在 Oracle 里用 ROWNUM，在 MySQL 里用 limit。而使用 Hibernate 以后，分页就可以用 Hibernate 直接实现，而不用关心用的是何种数据库。读者可以自行通过这种方法实现分页。

14.3　Hibernate 主键

14.3.1　主键生成策略

在之前的例子中，映射文件内有一行配置“<generator class="assigned"/>”，这条配置里填入的“assigned”是什么意思？还有没有其他内容可供填入？本节将对这个问题进行讲解。

实际上，“assigned”表示由用户赋值，也就是主键的值由用户给定，例如，账号由用户决定。

赋值方法其实有很多。比较常见的有如下几个。

（1）increment 策略，表示自动递增。在自动递增策略中，必须保证主键的列是“long”、“integer”或是“short”，必须是一个整数。如果将：

```
<generator class="assigned"/>
```

改为：

```
<generator class="increment"/>
```

添加记录时，就不需要为主键赋值，系统会自动将主键列最大的值获得之后，加 1，进行赋值。

（2）uuid.hex 策略，Hibernate 利用 UUID 算法生成主键。如果将映射文件中的主键生成策略改为“uuid.hex”，必须保证该列是字符串类型。添加记录时，也不需要为主键赋值，系统会自动给定一个随机、唯一的字符串。读者可以自行测试。

主键生成策略还有很多，如下所示。

identity：由数据库根据 identity 生成主键，但是数据库必须支持 identity。

sequence：由数据库根据序列生成主键，但是数据库必须支持 sequence。

hilo：根据 Hibernate 的 hilo 生成主键。

native：系统自动选择相应算法生成主键。

14.3.2　复合主键

很多数据库都支持复合主键，也就是几个列合起来当主键，Hibernate 中，这种情况该如何处理？本节讲解 Hibernate 中对复合主键的处理方法。为了便于讲解，假如在

T_STUDENT 表中，STUNO 和 STUNAME 合起来成为主键。

复合主键处理方法如下。

（1）如果在表中有多个列组成主键，就为这几个列统一生成一个类，来封装 PO 的主键，给每个属性增加 setter 和 getter 方法。

因此，本问题中，另建一个 comppk 包，新建一个名为“StudentPK”的类并实现 Serializable 接口，在 StudentPK 中添加 stuno 与 stuname 属性，代码如下。

StudentPK.java

```
package comppk;
public class StudentPK implements java.io.Serializable{
    private String stuno;
    private String stuname;
    public String getStuno() {
        return stuno;
    }
    public void setStuno(String stuno) {
        this.stuno = stuno;
    }
    public String getStuname() {
        return stuname;
    }
    public void setStuname(String stuname) {
        this.stuname = stuname;
    }
}
```

（2）编写 PO 类 Student，将主键对象作为属性之一。代码如下。

Student.java

```
package comppk;

public class Student {
    private StudentPK spk;
    private String stusex;
    public StudentPK getSpk() {
        return spk;
    }
    public void setSpk(StudentPK spk) {
        this.spk = spk;
    }
    public String getStusex() {
        return stusex;
    }
    public void setStusex(String stusex) {
        this.stusex = stusex;
    }
}
```

（3）在映射文件中进行配置。将主键类中每个属性和表中的列对应，并指定复合主键

的类型。代码如下。

Student.hbm.xml

```
<?xml version="1.0"?>
<!DOCTYPE hibernate-mapping PUBLIC
   "-//Hibernate/Hibernate Mapping DTD 3.0//EN"
   "http://hibernate.sourceforge.net/hibernate-mapping-3.0.dtd">
<hibernate-mapping>
    <class name="po.Student" table="T_STUDENT">
        <composite-id name="spk" class="po.StudentPK">
            <key-property name="stuno" column="STUNO"></key-property>
            <key-property name="stuname" column="STUNAME"></key-property>
        </composite-id>
        <property name="stusex" column="STUSEX"/>
    </class>
</hibernate-mapping>
```

（4）使用复合主键操作数据库。比如，要查询主键为[0001 张三]（注意，是复合主键）的学生的性别，就可以用如下代码。

Query5.java

```
import org.hibernate.Session;
import comppk.Student;
import comppk.StudentPK;

public class Query5 {
    public static void main(String[] args) {
        Session session = util.HibernateSessionFactory.getSession();
        StudentPK spk = new StudentPK();
        spk.setStuno("0001");
        spk.setStuname("张三");
        Student stu = (Student)session.get(Student.class, spk);
        if(stu!=null){
            System.out.println(stu.getStusex());
        }
        util.HibernateSessionFactory.closeSession();
    }
}
```

14.4　动态实体模型

在前面 Hibernate 的使用中，都必须定义一个 JavaBean(PO)，对 JavaBean 进行操作来代替对数据库进行的操作，能不能省略 JavaBean 的定义？Hibernate 提供了一种方法：动态实体模型。其方法如下。

（1）在动态实体模型中，由于不存在 PO 了，映射文件要进行相应的修改，例如，本章的例子中：

```
<class name="po.Student" table="T_CUSTOMER">
```

需要修改为：

```
<class entity-name="Student" table="T_CUSTOMER">
```

并在各个属性的映射命令内指定数据类型，修改后代码如下。

Student_entity.hbm.xml

```
<?xml version="1.0"?>
<!DOCTYPE hibernate-mapping PUBLIC
    "-//Hibernate/Hibernate Mapping DTD 3.0//EN"
    "http://hibernate.sourceforge.net/hibernate-mapping-3.0.dtd">
<hibernate-mapping>
    <class entity-name=" Student_entity" table="T_STUDENT">
        <id name="stuno" column="STUNO" type="java.lang.String">
            <generator class="assigned"/>
        </id>
        <property name="stuname" column="STUNAME" type="java.lang.
        String"/>
        <property name="stusex" column="STUSEX" type="java.lang.String"/>
    </class>
</hibernate-mapping>
```

（2）没有了 Student 类，如何对数据库进行操作？实际上，Session 对对象进行操作的函数都有两个版本，分别是对 JavaBean 操作和对动态实体模型进行操作，对动态操作的函数内传入的第一个参数为 entityName，是动态实体模型的实体名。

Hibernate 中，动态实体用 HashMap 来表达。key 表示动态实体内的属性名称，value 表示值。例如，以下是查询学号是 0001 的学生姓名的代码。

Query6.java

```
import java.util.HashMap;
import org.hibernate.Session;
public class Query6 {
    public static void main(String[] args) {
        Session session = util.HibernateSessionFactory.getSession();
        HashMap hm = (HashMap)session.get("Student_entity", "0001");
        System.out.println("姓名是:" + hm.get("stuname"));
        util.HibernateSessionFactory.closeSession();
    }
}
```

运行后显示的效果如图 14-7 所示。

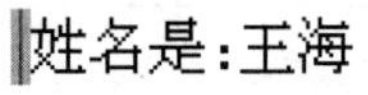

姓名是:王海

图 14-7 Query6.java 显示结果

小　　结

本章分析了 Hibernate 核心 API：Configuration、SessionFactory、Session，然后讲解了批量查询的两种方法，接下来对主键生成策略和复合主键进行了讲解，最后讲解了动态实体模型。

上 机 习 题

在数据库中建立表格 T_BOOK(BOOKID,BOOKNAME,BOOKPRICE)，插入一些记录。

1．制作一个查询页面，输入两个数字，显示价格在这两个数字之间的图书信息。要求使用 Hibernate 的 HQL 查询方法。

2．编写一个网页，输入图书名称的模糊资料，并输入一个数字，然后查询价格在该数字以下的图书信息。要求使用 Hibernate 的准则查询方法。

3．将前面两题改为使用动态实体模型来实现。

第 15 章

Spring 基础编程

建议学时：2

Spring 是 Java 中协调对象间互相调用的解决方案，可以让对象之间的调用解除紧耦合，大大方便了编程，提高了程序的可伸缩性。本章将介绍 Spring 的作用，创建一个基于 Spring 框架的程序，讲解 Spring 的配置。

15.1　Spring 框架入门

15.1.1　耦合性和控制反转

耦合性是软件工程中的一个重要概念。对象之间的耦合性就是对象之间的依赖性。对象之间的耦合越高，维护成本越高。因此对象的设计应使类和构件之间的耦合最小。

我们以一个简单的案例引入。例如，在一个网站中，其中要用到一些业务逻辑：登录、注册、查询等。如果 Web 层使用 Struts，一般情况下，可以在 Action 中调用 DAO 完成。以登录为例，使用传统方法的伪代码如下。

```
public class CustomerDao {
    public boolean getCustomerByAccount() {/* 代码 */ }
}

public class LoginAction {
    public void execute() {
        CustomerDao cdao = new CustomerDao();
        boolean b = cdao.getCustomerByAccount();
        // 判断
    }
}
```

在 LoginAction 中，execute 内直接实例化了 CustomerDao 对象，此时，相当于让 LoginAction 的使用依赖了 CustomerDao，换句话说，如果没有 CustomerDao 类，LoginAction 将无法被编译、测试。另外，如果 CustomerDao 类换成另一版本，比如原先的 CustomerDao，是访问 SQL Server 数据库，后面又另外编写了 CustomerDao2 类，访问 Oracle 数据库，那么需要将 LoginAction 内所有出现 CustomerDao 的地方改为 CustomerDao2，非常麻烦。这就是耦合性高的代价。

如何降低耦合性呢？很简单，首先可以让 LoginAction 访问的不是一个变化机会较大

的 CustomerDao 类，而是一个变化机会较小的接口，通过一个工厂类，负责返回相应对象。因此，代码可以改为如下所示。

```
public interface ICustomerDao {
    public boolean getCustomerByAccount();
}

public class CustomerDao implements ICustomerDao {
    public boolean getCustomerByAccount(){/* 代码 */ }
}

public class DaoFactory {
    public static ICustomerDao getCustomerDao() {
        return new CustomerDao();
    }
}

public class LoginAction {
    public void execute() {
        ICustomerDao icdao = DaoFactory.getCustomerDao();
        boolean b = icdao.getCustomerByAccount();
        // 判断
    }
}
```

在上面的程序中，如果需要做 CustomerDao 的切换，如从 CustomerDao 改为 CustomerDao2，就只需让 CustomerDao2 实现 ICustomerDao 接口，然后修改工厂的方法，而不用修改 LoginAction 内的代码。

LoginAction 只需要认识 ICustomerDao 接口，不需要认识具体的实现类。而接口修改的概率比实现类要低得多。因此，这样编写就降低了程序的耦合性，是一个比较好的方法。

但是，以上方法也不是没有修改的余地。当 Dao 进行切换时，还是需要修改 BeanFactory 的源代码，能否避免这个问题呢？可以对 DaoFactory 进行改进，使得它能为所有类服务。代码如下。

```
public interface ICustomerDao {
    public boolean getCustomerByAccount();
}

public class CustomerDao implements ICustomerDao {
    public boolean getCustomerByAccount() {/* 代码 */
    }
}

public class BeanFactory {
    public static Object getBean(String className) {
        return Class.forName(className).newInstance();
    }
}
```

```
public class LoginAction {
    public void execute() {
        ICustomerDao icdao = (ICustomerDao)BeanFactory.getBean("CustomerDao");
        boolean b = icdao.getCustomerByAccount();
        // 判断
    }
}
```

此处使用了反射机制。修改后，需要切换的时候只需在 LoginAction 内改变类名，工厂内就会自动生成对象返回给 LoginAction。在 LoginAction 中，由于类名是字符串，因此，可以将该字符串写在一个配置文件内，让 LoginAction 读入。这样，当 CustomerDao 类名需要切换时，直接修改配置文件而不用修改源代码，模块之间的耦合就完全由配置文件决定。

这种设计方法有一个好处是，BeanFactory 类的通用性很强，可以将其框架化。因此，框架化之后，对象的生成由框架参考配置文件进行，和具体实现类的源代码无关，将对象生成的控制权由修改不方便的源代码转变为修改相对方便的配置文件与几乎不进行修改的框架进行，这就是控制反转（Inverse Of Control, IOC）的原理。

15.1.2 Spring 框架简介

IOC 思想给降低对象间耦合性带来了巨大的好处，但是，IOC 毕竟只是一种思想，不同的程序员写出来的基于 IOC 思想的应用，风格可能不一样，影响程序的标准化。因此，有必要对 IOC 进行标准化，让程序员在某个标准下进行开发。

Spring 就是这样一个框架，在使用的过程中，受到了广泛的承认。因此，IOC 是 Spring 框架的基础，或者说，Spring 是为了规范 IOC 开发而发布的一个框架。

要编写基于 Spring 框架的应用，需要导入一些支持的包，也就是 Spring 开发包。这些开发包可以到网上去下载。下载地址为 http://projects.spring.io/spring-framework/。

在页面中提供了各个版本的 Spring 开发包，如图 15-1 所示。

Spring Framework

RELEASE	DOCUMENTATION
5.0.0 RC1 PRE	Reference | API
5.0.0 SNAPSHOT	Reference | API
4.3.9 SNAPSHOT	Reference | API
4.3.8 CURRENT GA	Reference | API
4.2.9 GA	Reference | API
3.2.18 GA	Reference | API

图 15-1 Spring 下载页面

以 Spring 4.1 版本为例，单击 Spring 4.1 下面的 Download 链接，可以根据提示下载。用户可以下载源文件、开发包和文档等。一般情况下，将开发包解压缩之后，将其中的.jar 文件复制到 Web 项目的 lib 目录下，或者 Java 项目的 classpath 下即可。不过，MyEclipse 软件提供了对 Spring 框架的支持，如果使用 MyEclipse，则不需要导入开发包。

15.2 Spring 框架的基本使用方法

该部分内容使用实际案例进行讲解。以本章开始的案例为例，有一个类 LoginAction，负责调用 CustomerDao 来查询数据库，我们用 Spring 框架降低它们的耦合性。为了便于讲解，使用简单的 Java 项目来模拟。

15.2.1 导入 Spring 框架

接下来就开始编写这个项目，用 MyEclipse 新建一个 Java 项目 Prj15。

下面讲解如何导入 MyEclipse 自带的 Spring 开发包。选中项目，在 MyEclipse 菜单栏中找到 MyEclipse→Project Facets[Capabilities]→Install Spring Facet 命令，如图 15-2 所示。

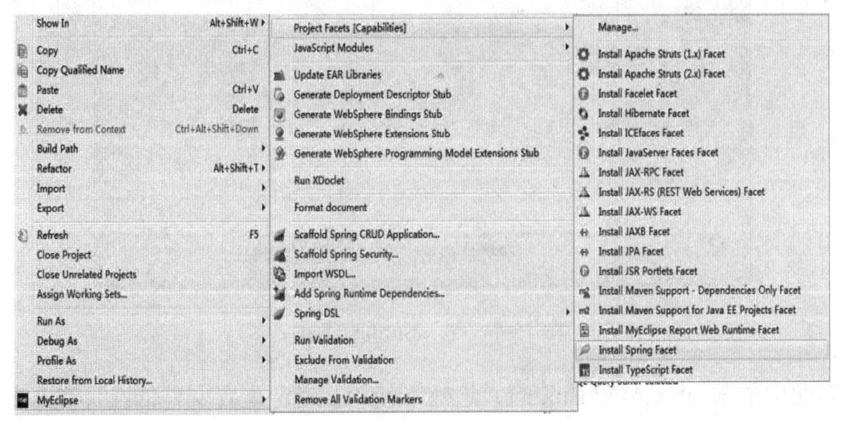

图 15-2 添加 Spring 框架支持

单击菜单，进入导入 Spring 对话框，如图 15-3 所示。

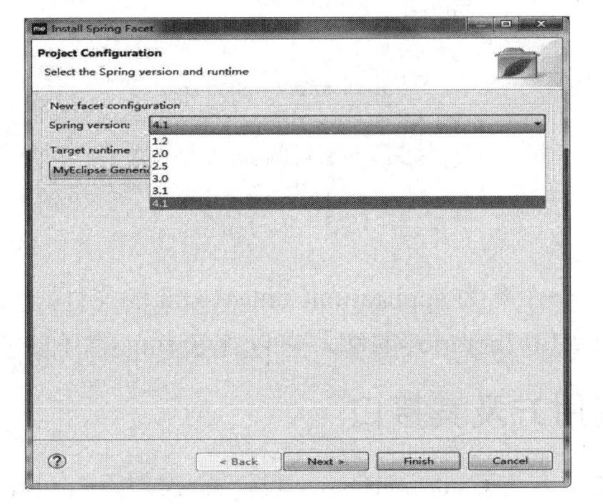

图 15-3 导入 Spring-步骤 1

在该界面中，Spring version 选择 Spring 版本，此处选择 Spring 4.1。

单击 Next 按钮，出现如图 15-4 所示的界面。

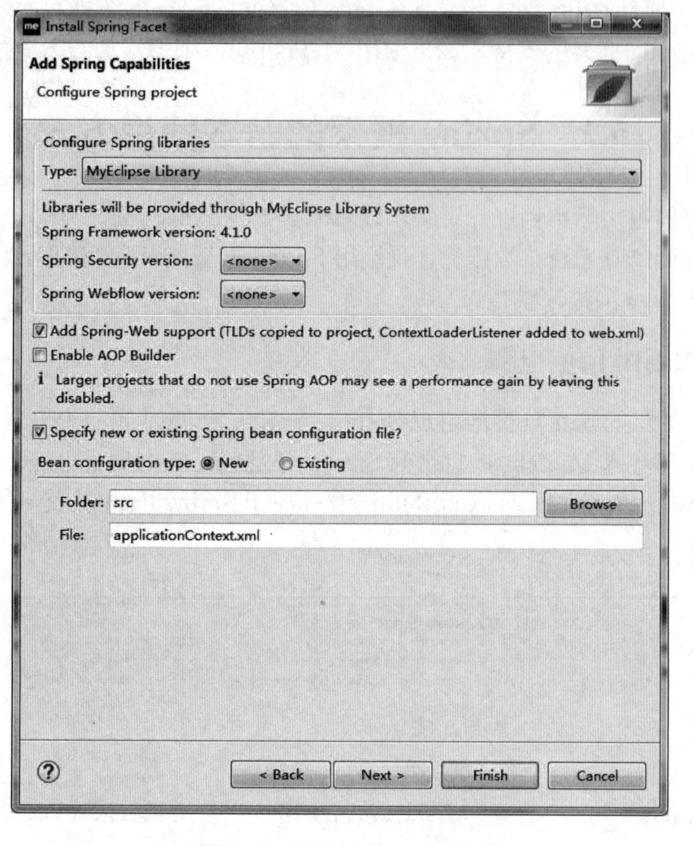

图 15-4 导入 Spring-步骤 2

在该界面中的 Enable AOP Builder，此处不使用；确定配置文件的文件名和路径，一般选择默认，最好不要改变。单击 Finish 按钮，完成。Spring 框架支持就导入了该项目，此时项目节点情况如图 15-5 所示。

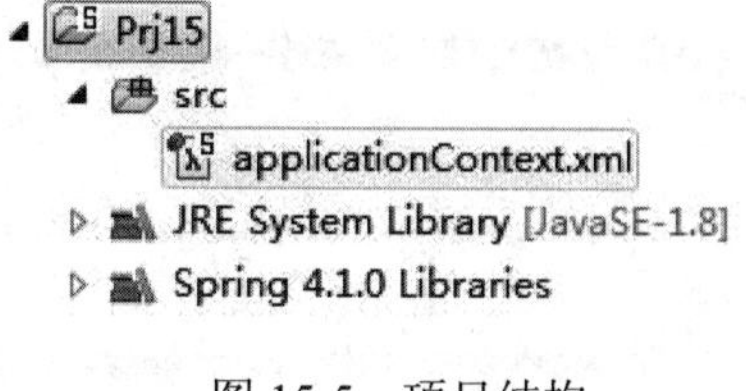

图 15-5 项目结构

src 文件夹中增加了一个名为 applicationContext.xml 的文件，也就是 Spring 配置文件；还多了一个叫做 Spring 4.1.0 Libraries 的库，它包含 Spring 的开发包。

15.2.2 编写被调用方及其接口

在该案例中，被调用方为 CsutomerDao，我们需要编写 CustomerDao 类。前面说过，可以利用接口减低其耦合性，因此为 CustomerDao 设计一个接口 ICustomerDao。代码如下。

ICustomerDao.java

```
package idao;

public interface ICustomerDao {
    public boolean getCustomerByAccount();
}
```

CustomerDao 类代码如下。

CustomerDao.java

```
package dao;

import idao.ICustomerDao;

public class CustomerDao implements ICustomerDao{
    public boolean getCustomerByAccount(){
        System.out.println("CustomerDao 查询数据库");
        return true;
    }
}
```

15.2.3　编写 Spring 配置文件

Spring 配置文件名为 applicationContext.xml，一般不要修改名称，并放在 src 目录下，该文件的主要目的是配置需要实例化的对象，打开 applicationContext.xml 源代码，将代码改为如下所示。

applicationContext.xml

```
<?xml version="1.0" encoding="UTF-8"?>
<beans
    xmlns="http://www.springframework.org/schema/beans"
    xmlns:xsi="http://www.w3.org/2001/XMLSchema-instance"
    xsi:schemaLocation="http://www.springframework.org/schema/beanshttp://
    www.springframework.org/schema/beans/spring-beans-2.5.xsd">
    <bean id="icdao" class="dao.CustomerDao"></bean>
</beans>
```

在该文件中，需要解释的是：

```
...
    <bean id="icdao" class="dao.CustomerDao"></bean>
...
```

该句配置中确定了需要实例化的对象，类名为 dao.CustomerDao，对象名为 icdao。

15.2.4　编写调用方

在该案例中，调用方为 LoginAction，在 Action 中，可以调用 Spring 框架，让其根据配置文件实例化相应的对象。代码如下。

LoginAction.java

```
package action;

import idao.ICustomerDao;
import org.springframework.context.ApplicationContext;
import org.springframework.context.support.FileSystemXmlApplicationContext;

public class LoginAction {
    public void execute(){
        ApplicationContext context =
            new FileSystemXmlApplicationContext("/src/application Context.
            xml");
        ICustomerDao icdao =(ICustomerDao)context.getBean("icdao");
        icdao.getCustomerByAccount();
    }
}
```

此处，需要解释的是：

```
...
        ApplicationContext context =
            new FileSystemXmlApplicationContext("applicationContext.xml");
...
```

表示读取系统中的 applicationContext.xml 文件。

```
...
        ICustomerDao icdao =(ICustomerDao)context.getBean("icdao");
        icdao.getCustomerByAccount();
...
```

表示调用该文件，实例化文件中对应的 icdao 对象。具体情况，读者可以参考前面的配置文件。

然后编写一个测试文件，来测试前面的代码。

Main.java

```
package main;
import action.LoginAction;
public class Main {
    public static void main(String[] args) {
        new LoginAction().execute();
    }
}
```

此时，项目结构变为如图 15-6 所示。

```
◢ Prj15
  ◢ src
    ◢ action
      ▷ LoginAction.java
    ◢ dao
      ▷ CustomerDao.java
    ◢ idao
      ▷ ICustomerDao.java
    ◢ main
      ▷ Main.java
    applicationContext.xml
  ▷ JRE System Library [JavaSE-1.8]
  ▷ Spring 4.1.0 Libraries
```

图 15-6　最终的 Prj15 项目结构

运行程序 Main.java，控制台打印结果如图 15-7 所示。

```
CustomerDao查询数据库
```

图 15-7　运行 Main.java 的控制台打印结果

从上面的代码可以看出，LoginAction 完全和 CustomerDao 脱离了耦合。如果要将调用方从 CustomerDao 改为 CustomerDao2，只需要让 CustomerDao2 实现 ICustomerDao 接口，在配置文件中重新配置：

```
...
    <bean id="icdao" class="CustomerDao2 的类路径"></bean>
...
```

即可。

15.3　依 赖 注 入

Spring 配置文件的核心体现在：

```
...
    <bean id="icdao" class="dao.CustomerDao"></bean>
...
```

表示让框架实例化一个 dao.CustomerDao 对象，名为 icdao，这就是控制反转原理的实现。但是，在 Spring 中，还有一个很重要的功能，那就是依赖注入。

依赖注入，通俗地说，就是可以由配置文件决定向某个对象中存入值。

以 15.2 节的例子为例，观察 LoginAction 的代码。

LoginAction.java

```
package action;
```

```
import idao.ICustomerDao;
import org.springframework.context.ApplicationContext;
import org.springframework.context.support.FileSystemXmlApplicationContext;

public class LoginAction {
    public void execute(){
        ApplicationContext context =
           new FileSystemXmlApplicationContext("/src/applicationContext.
            xml");
        ICustomerDao icdao =(ICustomerDao)context.getBean("icdao");
        icdao.getCustomerByAccount();
    }
}
```

在该代码中，execute 函数中大量使用了 Spring 框架中的 API，带来的一个问题是该代码不依赖 Spring 框架将无法编译。因此，可以改成如下所示。

LoginAction.java

```
package action;
import idao.ICustomerDao;

public class LoginAction {
    private ICustomerDao icdao;
    public ICustomerDao getIcdao() {
        return icdao;
    }
    public void setIcdao(ICustomerDao icdao) {
        this.icdao = icdao;
    }
    public void execute(){
        icdao.getCustomerByAccount();
    }
}
```

在该 Action 中定义了 icdao 属性，让外界将其进行设置。很明显，该代码中没有任何和 Spring 有关的内容。

15.3.1 属性注入

接下来是在配置文件中对属性进行注入。修改配置文件如下所示。

applicationContext.xml

```
<?xml version="1.0" encoding="UTF-8"?>
<beans
    xmlns="http://www.springframework.org/schema/beans"
    xmlns:xsi="http://www.w3.org/2001/XMLSchema-instance"
```

```
    xsi:schemaLocation="http://www.springframework.org/schema/beans
    http://www.springframework.org/schema/beans/spring-beans-2.5.xsd">
    <bean id="icdao" class="dao.CustomerDao"></bean>
    <bean id="loginAction" class="action.LoginAction">
        <property name="icdao">
            <ref local="icdao"/>
        </property>
    </bean>
</beans>
```

在该代码中，可以发现，在文件中定义的 icdao 对象，设置给了 loginAction 的“icdao 属性”。其中，在<ref local="icdao"/>中，icdao 必须和本文件中定义的对象 icdao 名称一致。在<property name="icdao">中，icdao 名称是 LoginAction 中的属性名称。

将测试程序 Main.java 的代码改为如下所示。

Main.java

```
package main;

import org.springframework.context.ApplicationContext;
import org.springframework.context.support.FileSystemXmlApplicationContext;
import action.LoginAction;
public class Main {
    public static void main(String[] args) {
        ApplicationContext context =
           new FileSystemXmlApplicationContext("/src/applicationContext.
            xml");
        LoginAction loginAction =(LoginAction)context.getBean ("login
        Action");
        loginAction.execute();
    }
}
```

这样，读取 Spring 框架的代码就转到 Main.java 中了，LoginAction 可以完全不依赖 Spring 框架进行编译和测试。

15.3.2 构造函数注入

15.3.1 节的方法是在 LoginAction 中定义了 icdao 属性，用属性方法进行注入。在 Spring 中，还有一种注入方法是构造函数注入。

将 LoginAction 的代码可以改为如下所示。

LoginAction.java

```
package action;
import idao.ICustomerDao;

public class LoginAction {
    private ICustomerDao icdao;
```

```
    public LoginAction(ICustomerDao icdao){
        this.icdao = icdao;
    }
    public void execute(){
        icdao.getCustomerByAccount();
    }
    public void execute(){
        icdao.getCustomerByAccount();
    }
}
```

很明显，该函数内定义了一个构造函数。

此情况下，配置文件中的注入方法有所不同，配置文件如下。

applicationContext.xml

```
<?xml version="1.0" encoding="UTF-8"?>
<beans
    xmlns="http://www.springframework.org/schema/beans"
    xmlns:xsi="http://www.w3.org/2001/XMLSchema-instance"
    xsi:schemaLocation="http://www.springframework.org/schema/beans
    http://www.springframework.org/schema/beans/spring-beans-2.5.xsd">
    <bean id="icdao" class="dao.CustomerDao"></bean>
    <bean id="loginAction" class="action.LoginAction">
        <constructor-arg index="0" type="idao.ICustomerDao" ref="icdao">
        </constructor-arg>
    </bean>
</beans>
```

运行 Main.java，效果和前面相同。

特别提醒

在编程时，如果有带参数的构造函数，就有必要再写一个不带参数的构造函数，供系统底层在反射时调用。否则如果用户没有使用构造函数注入，而采用其他方法，类中又没有无参构造函数，系统就无法反射。

15.3.3 两种注入方式的总结和比较

如果属性是简单数据，属性注入的格式如下。

```
<property name="属性名">
    <value>值</value>
</property>
```

如果是一个对象，则属性注入的格式如下。

```
<property name="属性名">
    <ref local="对象名" />
</property>
```

如果属性是简单数据，构造函数注入的格式如下。

```
<constructor-arg index="参数序号" type="参数类型">
    <value>参数的值</value>
</constructor-arg>
```

如果是一个对象，则构造函数注入的格式如下。

```
<constructor-arg index="参数序号" type="参数类型" ref="对象名">
</constructor-arg>
```

属性注入的特点是，不需要知道属性类型，但是必须知道属性名称；构造函数注入的特点是不需要知道参数名称，但是必须知道参数的序号和类型。

15.4　其他问题

15.4.1　Bean 的初始和消亡函数

在 Spring 配置文件的 bean 标签中，可以设置该 bean 的初始化函数和消亡函数。例如：

applicationContext.xml

```
…
<bean id="testInit " class="test.TestInit" init-method="init" destroy-
method="destroy">
</bean>
…
```

表示实例化 test.TestInit 的对象时，构造函数调用之后，自动调用 init 函数，该对象消亡时，自动调用 destroy 函数。test. TestInit 相关代码如下。

TestInit.java

```
package test;
import org.springframework.context.ApplicationContext;
import org.springframework.context.support.FileSystemXmlApplicationContext;

public class TestInit {
    public void init(){
        System.out.println("TestInit.init");
    }
    //其他代码
    public void destroy(){
        //代码
    }
    public static void main(String[] args){
        ApplicationContext context =
           new FileSystemXmlApplicationContext("/src/applicationContext.
```

```
            xml");
        TestInit ti =(TestInit)context.getBean("testInit");
    }
}
```

运行程序，控制台打印结果如图 15-8 所示。

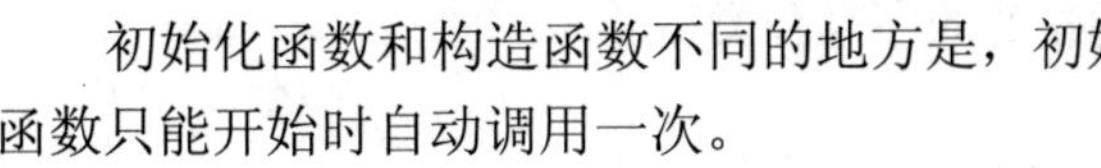

图 15-8　运行 TestInit.java 的控制台打印结果

注意，初始化函数和消亡函数不能有参数。

初始化函数和构造函数不同的地方是，初始化函数可以在其他地方手工调用，而构造函数只能开始时自动调用一次。

15.4.2　延迟加载

在 Spring 配置文件的 bean 标签中，可以设置该 bean 是否为延迟加载。例如：

applicationContext.xml

```
...
<bean id="testLazy" class="test.TestLazy" lazy-init="false"></bean>
...
```

表示实例化 testLazy 对象不延迟加载。TestLazy 相关代码如下。

TestLazy.java

```
package test;

import org.springframework.context.ApplicationContext;
import org.springframework.context.support.FileSystemXmlApplicationContext;

public class TestLazy {
    public TestLazy(){
        System.out.println("TestLazy 构造函数被调用");
    }
    public static void main(String[] args){
        ApplicationContext context =
            new FileSystemXmlApplicationContext("/src/applicationContext.
            xml");
    }
}
```

运行程序，控制台打印结果如图 15-9 所示。

TestLazy构造函数被调用

图 15-9　运行 TestLazy.java 的控制台打印结果

显然，在载入 applicationContext.xml 时，该对象就实例化了。实际上，此时配置文件

中所有的对象都会被实例化。如果选择延迟加载，代码如下。

applicationContext.xml

```
...
<bean id="testLazy" class="test.TestLazy" lazy-init="true"></bean>
...
```

此时运行 TestLazy.java，没有任何效果，也就是说载入配置文件，对象并没有实例化，只有在后面用到时才实例化。

默认情况下，对象没有延迟加载。在开发的过程中，一般选择不延迟加载，除非数据量很大。

小　结

本章首先讲解了 IOC 思想，阐述该思想给软件开发带来的巨大好处。然后讲解了基于 IOC 思想的 Spring 框架，并通过创建基于 Spring 框架的程序，讲解了 Spring 的配置。

上 机 习 题

1．显示一个 JFrame，将其标题设置为“Hello”。不过，如果将设置标题的函数写在源代码中，以后要对标题进行修改，则需要直接修改源代码，比较麻烦。利用 Spring 框架，将界面的标题在配置文件中配置。显示效果如图 15-10 所示。

图 15-10　上机习题 1

2．有一个模块，其目的是连接到数据库，然后读取数据库里面所有表的名称。在主函数里面调用这个模块。要求：数据库服务器的账号、密码、URL、DriverClassName 由配置文件决定。

3．延迟加载和非延迟加载，在项目实施时如何选择？

第 16 章

Struts、Spring、Hibernate 的整合

建议学时：2

Struts 是 Web 层进行 MVC 开发的标准框架，Hibernate 是数据库层进行对象关系映射的标准框架，Spring 是协调对象之间进行调用、降低耦合性的框架。本章用一个案例，讲解这三种框架之间的整合。

16.1 Struts 整合 Hibernate

在实际项目的开发过程中，往往需要将 Struts、Spring、Hibernate 整合。一般情况下，整合结构如图 16-1 所示。

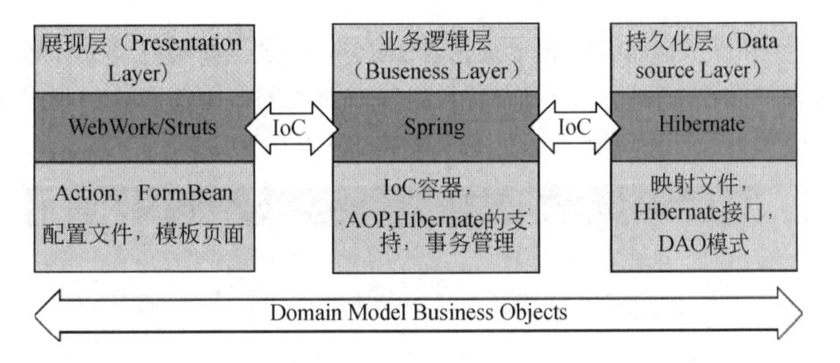

图 16-1　三大框架整合图

从图 16-1 中可以看出，前端使用 Struts 等框架完成，后端采用 Hibernate 访问数据库。而 Spring 主要运行在 Struts 和 Hibernate 的中间，一般情况下，Spring 负责降低 Web 层和数据库层之间的耦合性，或者说，让 Struts 中的 Action 在调用 Hibernate 中的 DAO 时，尽量降低耦合性。

本章以一个登录案例为例，来演示 Struts、Hibernate 和 Spring 的整合。

首先建立一个数据库，在数据库中有一个数据表 T_CUSTOMER(ACCOUNT, PASSWORD,CNAME)，插入一些记录，输入账号、密码登录，如果成功，能够显示该顾客的 CNAME。

建立 ODBC 数据源，名称为 DSSchool。表中记录如图 16-2 所示。

16.1.1 编写数据库访问层

开发此项目，可以首先建立数据库层，即编写 DAO。我们可以用 Hibernate 框架来简

化 DAO 的编程。建立 Web 项目 Prj16，导入 Hibernate 框架支持。建立 Hibernate 配置文件，以及 HibernateSessionFactory 类，项目结构如图 16-3 所示。

T_CUSTOMER ： 表

ACCOUNT	PASSWORD	CNAME
0001	34234	王海
0002	234234	张平
0003	23423	刘欢
0004	2343	唐为

图 16-2　T_CUSTOMER 表结构

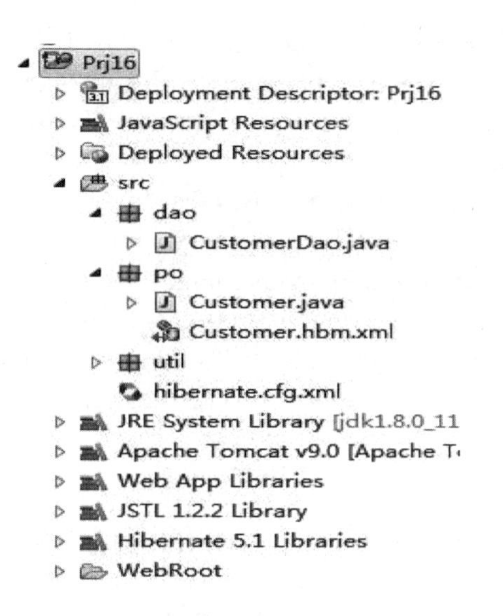

图 16-3　添加了 Hibernate 框架的项目结构

关键代码如下。

hibernate.cfg.xml

```
<?xml version='1.0' encoding='UTF-8'?>
<!DOCTYPE hibernate-configuration PUBLIC
        "-//Hibernate/Hibernate Configuration DTD 3.0//EN"
        "http://hibernate.sourceforge.net/hibernate-configuration-3.0.
        dtd">
<hibernate-configuration>
<session-factory>
    <property name="connection.url">jdbc:odbc:DSSchool</property>
    <property name="connection.username"></property>
    <property name="connection.password"></property>
    <property name="connection.driver_class">
        sun.jdbc.odbc.JdbcOdbcDriver
    </property>
    <property name="dialect">
        org.hibernate.dialect.SQLServerDialect
```

```
        </property>
        <mapping resource="po/Customer.hbm.xml" />
    </session-factory>
    </hibernate-configuration>
```

该配置文件中，表示连接到 jdbc:odbc:DSSchool，驱动程序类名为 sun.jdbc.odbc.JdbcOdbcDriver，数据库方言为 org.hibernate.dialect.SQLServerDialect。Customer.hbm.xml 代码如下。

Customer.hbm.xml

```
<?xml version="1.0"?>
<!DOCTYPE hibernate-mapping PUBLIC
    "-//Hibernate/Hibernate Mapping DTD 3.0//EN"
    "http://hibernate.sourceforge.net/hibernate-mapping-3.0.dtd">
<hibernate-mapping>
    <class name="po.Customer" table="T_CUSTOMER">
        <id name="account" column="ACCOUNT">
            <generator class="assigned" />
        </id>
        <property name="password" column="PASSWORD" />
        <property name="cname" column="CNAME" />
    </class>
</hibernate-mapping>
```

在该文件中，将 po.Customer 和 T_CUSTOMER 进行了映射。po.Customer 的代码如下。

Customer.java

```
package po;

public class Customer {
    private String account;
    private String password;
    private String cname;
    public String getAccount() {
        return account;
    }
    public void setAccount(String account) {
        this.account = account;
    }
    public String getPassword() {
        return password;
    }
    public void setPassword(String password) {
        this.password = password;
    }
    public String getCname() {
```

```
        return cname;
    }
    public void setCname(String cname) {
        this.cname = cname;
    }
}
```

显然，在登录用例中，DAO 内只需要有一个函数，输入用户名，判断是否能够返回相应的 PO 对象，CustomerDao 的代码如下。

CustomerDao.java

```
package dao;
import org.hibernate.Session;
import po.Customer;
public class CustomerDao {
    public Customer getCustomerByAccount(String account){
        Customer cus = null;
        Session session = util.HibernateSessionFactory.getSession();
        cus = (Customer)session.get(Customer.class, account);
        util.HibernateSessionFactory.closeSession();
        return cus;
    }
}
```

到此为止，后端数据库访问组件就编写完毕了，可以自行编写主函数进行测试。

16.1.2　增加 Struts 框架支持

前端使用 Struts 完成。在 Web 项目 Prj16 中，导入 Struts 框架支持。并在图形界面中建立 login 用例，建立 ActionForm 和 Action，项目结构如图 16-4 所示。

```
Prj16
  src
    dao
    po
    prj16
    prj16.action
      LoginAction.java
    prj16.form
      LoginForm.java
    util
    hibernate.cfg.xml
  JRE System Library [jdk1.8.0_111]
  Apache Tomcat v9.0 [Apache Tomcat v9.0]
  Web App Libraries
  JSTL 1.2.2 Library
  Hibernate 5.1 Libraries
  Struts 2.1 Libraries
  WebRoot
    META-INF
    WEB-INF
    login.jsp
```

图 16-4　添加了 Struts 框架的项目结构

关键代码如下。

login.jsp

```
<%@ page language="java" pageEncoding="gb2312"%>
<%@ taglib uri="http://struts.apache.org/tags-bean" prefix="bean"%>
<%@ taglib uri="http://struts.apache.org/tags-html" prefix="html"%>
<html>
    <head>
        <title>JSP for LoginForm form</title>
    </head>
    <body>
        <html:form action="/login">
            请您输入账号 : <html:text property="account"/><br/>
            请您输入密码 : <html:password property="password"/><br/>
            <html:submit value="登录"/>
        </html:form>
        <HR>
        ${msg}
    </body>
</html>
```

为了简单起见，在页面底部显示是否登录成功的消息。表单提交的内容放入 LoginForm，LoginForm 代码如下。

LoginForm.java

```
package prj16.form;
import javax.servlet.http.HttpServletRequest;
import org.apache.struts.action.ActionErrors;
import org.apache.struts.action.ActionForm;
import org.apache.struts.action.ActionMapping;

public class LoginForm extends ActionForm {
    private String account;
    private String password;
    public String getPassword() {
        return password;
    }
    public void setPassword(String password) {
        this.password = password;
    }
    public String getAccount() {
        return account;
    }
    public void setAccount(String account) {
        this.account = account;
```

```
    }
    public ActionErrors validate(ActionMapping mapping,
            HttpServletRequest request) {
        return null;
    }
    public void reset(ActionMapping mapping, HttpServletRequest request) {
    }
}
```

Struts 配置文件如下。

struts-config.xml

```
<?xml version="1.0" encoding="UTF-8"?>
<!DOCTYPE struts-config PUBLIC "-//Apache Software Foundation//DTD Struts
Configuration 1.2//EN" "http://struts.apache.org/dtds/struts-config_1_2.
dtd">
<struts-config>
  <data-sources />
  <form-beans >
    <form-bean name="loginForm" type="prj16.form.LoginForm" />
  </form-beans>
  <global-exceptions />
  <global-forwards />
  <action-mappings >
    <action
      name="loginForm"
      path="/login"
      scope="request"
      type="prj16.action.LoginAction" />
  </action-mappings>
  <message-resources parameter="prj16.ApplicationResources" />
</struts-config>
```

表单数据填入 LoginForm 之后，转交给 LoginAction 进行处理，在 LoginAction 中，调用 CustomerDao。

LoginAction.java

```
package prj16.action;
import javax.servlet.http.HttpServletRequest;
import javax.servlet.http.HttpServletResponse;
import org.apache.struts.action.Action;
import org.apache.struts.action.ActionForm;
import org.apache.struts.action.ActionForward;
import org.apache.struts.action.ActionMapping;
import po.Customer;
import prj16.form.LoginForm;
import dao.CustomerDao;

public class LoginAction extends Action {
```

```
    public ActionForward execute(ActionMapping mapping, ActionForm form,
            HttpServletRequest request, HttpServletResponse response) {
        LoginForm loginForm = (LoginForm) form;
        String account = loginForm.getAccount();
        String password = loginForm.getPassword();
       //调用 DAO
        CustomerDao cdao = new CustomerDao();
        Customer cus = cdao.getCustomerByAccount(account);
        if(cus!=null&&cus.getPassword().equals(password)){
            request.setAttribute("msg", "欢迎"+cus.getCname()+"登录成功");
        }else{
            request.setAttribute("msg", "登录失败");
        }
        return new ActionForward("/login.jsp");
    }
}
```

到此为止，Struts 和 Hibernate 的整合就完成了。

运行 login.jsp，效果如图 16-5 所示。

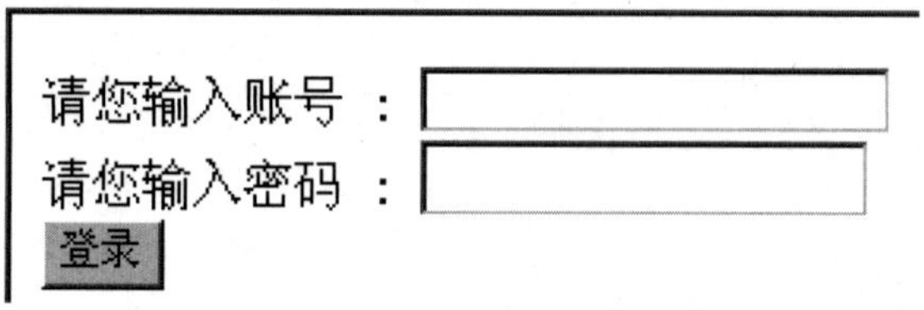

请您输入账号 ：
请您输入密码 ：
登录

图 16-5　login.jsp 运行效果

输入错误的账号密码，如图 16-6 所示。

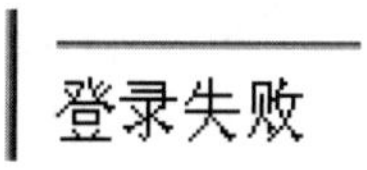

登录失败

图 16-6　login.jsp 登录失败运行效果

输入正确的账号密码，如 0001 的账号密码，如图 16-7 所示。

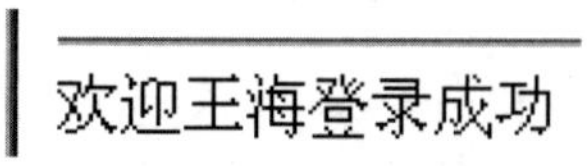

欢迎王海登录成功

图 16-7　login.jsp 登录成功运行效果

16.2　整合 Spring

在前面的代码中，我们让 Struts 中的 LoginAction 来调用 CustomerDao，但是，LoginAction 和 CustomerDao 具有较大的耦合性，代码如下。

LoginAction.java

```
...
public class LoginAction extends Action {
    public ActionForward execute(ActionMapping mapping, ActionForm form,
            HttpServletRequest request, HttpServletResponse response) {
    ...
        //调用 DAO
         CustomerDao cdao = new CustomerDao();
         Customer cus = cdao.getCustomerByAccount(account);
         ...
    }
}
```

LoginAction 的运行依赖了 CustomerDao，因此，可以使用 Spring 框架来降低耦合性。

因此，可以将 Spring 框架支持导入到项目中去，注意，一定要保证 Spring 4.1.0 Web Libraries 导入到项目中去，如图 16-8 所示。

在 Web 项目中，Spring 配置文件一般放在/WEB-INF/下。最后项目的结构如图 16-9 所示。

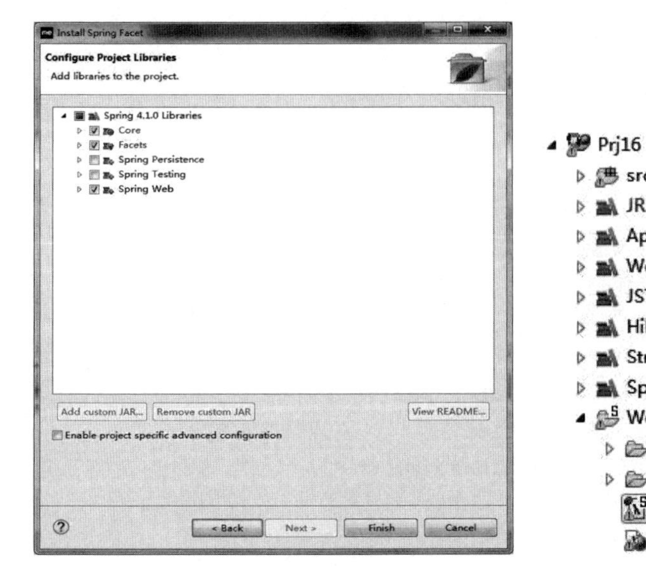

图 16-8　导入 Spring

```
Prj16
  src
  JRE System Library [jdk1.8.0_111]
  Apache Tomcat v9.0 [Apache Tomcat v9.0]
  Web App Libraries
  JSTL 1.2.2 Library
  Hibernate 5.1 Libraries
  Struts 2.1 Libraries
  Spring 4.1.0 Libraries
  WebRoot
    META-INF
    WEB-INF
    applicationContext.xml
    login.jsp
```

图 16-9　导入 Spring 后的项目结构

16.2.1　重构 CustomerDao

要降低耦合性，首先应该使得 Customer 的调用面向接口编程。为其编写接口。代码如下。

ICustomerDao.java

```
package idao;
import po.Customer;
```

```
public interface ICustomerDao {
    public Customer getCustomerByAccount(String account);
}
```

修改 CustomerDao.java，让其实现 ICustomerDao 接口。代码如下。

CustomerDao.java

```
package dao;
import idao.ICustomerDao;
import org.hibernate.Session;
import po.Customer;
public class CustomerDao implements ICustomerDao{
    public Customer getCustomerByAccount(String account){
        Customer cus = null;
        Session session = util.HibernateSessionFactory.getSession();
        cus = (Customer)session.get(Customer.class, account);
        util.HibernateSessionFactory.closeSession();
        return cus;
    }
}
```

16.2.2 修改 LoginAction

将 LoginAction 修改为面向接口编程，并将 ICustomerDao 定义为属性，代码如下。

LoginAction.java

```
package prj16.action;

import idao.ICustomerDao;
import javax.servlet.http.HttpServletRequest;
import javax.servlet.http.HttpServletResponse;
import org.apache.struts.action.Action;
import org.apache.struts.action.ActionForm;
import org.apache.struts.action.ActionForward;
import org.apache.struts.action.ActionMapping;
import po.Customer;
import prj16.form.LoginForm;

public class LoginAction extends Action {
    private ICustomerDao icdao;
    public ICustomerDao getIcdao() {
        return icdao;
    }
    public void setIcdao(ICustomerDao icdao) {
        this.icdao = icdao;
    }
```

```
    public ActionForward execute(ActionMapping mapping, ActionForm form,
            HttpServletRequest request, HttpServletResponse response) {
        LoginForm loginForm = (LoginForm) form;
        String account = loginForm.getAccount();
        String password = loginForm.getPassword();
       //调用 DAO
        Customer cus = icdao.getCustomerByAccount(account);
        if(cus!=null&&cus.getPassword().equals(password)){
            request.setAttribute("msg", "欢迎"+cus.getCname()+"登录成功");
        }else{
            request.setAttribute("msg", "登录失败");
        }
        return new ActionForward("/login.jsp");
    }
}
```

从代码中可以看出，LoginAction 和 CustomerDao 完全没有关系，仅仅是面向接口编程。

16.2.3 Struts 整合 Spring

Struts 整合 Spring 的原理是，让 LoginAction 和 CustomerDao 的装配由 Spring 框架来完成，因此，Spring 框架负责生成这两个对象，并进行装配。但是 LoginAction 本来是由 Struts 框架里的 ActionServlet 生成的，而依赖注入必须由 Spring 框架来完成。因此，现在需要让 Spring 框架来生成 LoginAction，从而达到将 CustomerDao 装配进 LoginAction 的目的。也就是在 Struts 生成 LoginAction 之前截取之，命令其在 Spring 框架中生成 LoginAction，步骤如下。

（1）让 Struts 框架"认识"Spring 配置文件。方法是配置插件，在 Struts 的配置文件 struts-config.xml 中增加如下部分。

```
<plug-in
className="org.springframework.web.struts.ContextLoaderPlugIn">
    <set-property property="contextConfigLocation"
            value="/WEB-INF/applicationContext.xml" />
</plug-in>
```

（2）用 org.springframework.web.struts.DelegatingActionProxy 类截获 Action 的生成。方法为：将 action 的 type 属性改动，保证提交的内容能被 Spring 截获，将 Struts 配置文件中的 type 属性改为：

```
<action name="loginForm" path="/login" scope="request"
        type="org.springframework.web.struts.DelegatingActionProxy" />
```

因此，最终的 Struts 配置文件如下。

struts-config.xml

```
<?xml version="1.0" encoding="UTF-8"?>
<!DOCTYPE struts-config PUBLIC "-//Apache Software Foundation//DTD Struts
Configuration 1.2//EN" "http://struts.apache.org/dtds/struts-config_1_2. dtd">
<struts-config>
    <data-sources />
    <form-beans>
        <form-bean name="loginForm" type="prj16.form.LoginForm" />
    </form-beans>
    <global-exceptions />
    <global-forwards />
    <action-mappings>
        <action name="loginForm" path="/login" scope="request"
            type="org.springframework.web.struts.DelegatingActionProxy" />
    </action-mappings>
    <message-resources parameter="prj16.ApplicationResources" />
    <plug-in className="org.springframework.web.struts.ContextLoaderPlugIn">
        <set-property property="contextConfigLocation"
            value="/WEB-INF/applicationContext.xml" />
    </plug-in>
</struts-config>
```

（3）修改 Spring 配置文件，使 bean 的 name 属性的值和 Struts 配置文件中 Action 的 path 相同，并进行注入。在本项目中，Spring 配置文件如下。

applicationContext.xml

```
<?xml version="1.0" encoding="UTF-8"?>
<beans xmlns="http://www.springframework.org/schema/beans"
    xmlns:xsi="http://www.w3.org/2001/XMLSchema-instance"
    xsi:schemaLocation="http://www.springframework.org/schema/beans
    http://www.springframework.org/schema/beans/spring-beans-2.5.xsd">
    <bean id="dao" class="dao.CustomerDao"></bean>
    <bean name="/login" class="prj16.action.LoginAction">
        <property name="icdao">
            <ref local="dao" />
        </property>
    </bean>
</beans>
```

部署，运行 login.jsp，分别输入正确和错误的账号密码，效果和前面相同。

修改完成后，系统运行步骤如下。

（1）JSP 页面表单提交，调用 ActionServlet。

（2）ActionServlet 生成 DelegatingActionProxy 对象。

（3）DelegatingActionProxy 对象内保存了 path 内的信息，根据 path 信息实例化 Action 并进行动态注入。

这种方法不需要在 web.xml 中配置 Spring 框架的内容，只需要在 Struts 框架的配置文件里将 Spring 配置文件的路径作为插件写入，然后截获 Struts 生成 Action 的动作，将 Action 的生成交给 Spring 框架完成，以便进行动态注入。

16.2.4 Spring 整合 Hibernate

Spring 整合 Hibernate，主要是将 Hibernate 的配置写在 Spring 配置文件中去，相关内容可以参考相应的文档。

小 结

本章用一个案例，讲解了 Struts、Spring、Hibernate 三种框架之间的整合。利用 Struts 框架在 Web 层实现了 MVC 开发，利用 Hibernate 框架在数据库层进行对象关系映射，利用 Spring 框架协调对象之间进行调用，降低耦合性。

上 机 习 题

在数据库中建立表格 T_BOOK(BOOKID,BOOKNAME,BOOKPRICE)，插入一些记录。

1．编写一个模糊查询图书的应用，输入图书名称的模糊资料，显示查询的图书的 ID、名称和价格。要求使用 Struts+Spring+Hibernate 完成。

2．实现图书记录的删除功能，首先显示全部图书的资料，通过每一种图书后的“删除”链接，可以删除该图书记录。要求使用 Struts+Spring+Hibernate 完成。

第 5 部分

重量级框架开发

第 17 章

EJB 3.2:会话 Bean

建议学时：2

EJB（Enterprise Java Bean）是 Java EE 中面向服务的体系架构的解决方案，可以将功能封装在服务器端，以服务的形式对外发布，客户端在无须知道方法细节的情况下来远程调用方法，大大降低了模块间的耦合性，提高了系统的安全性和可维护性。本章将介绍 EJB 的作用，创建一个基于 EJB 的程序，讲解 EJB 的配置以及会话 Bean 的使用。

17.1　为什么需要 EJB

要想知道为什么要使用 EJB，就需要知道“面向服务”的概念。“面向服务”，是软件开发过程中，异构环境下模块调用的一个比较重要的思想。同样，面向服务也只是一种设计思想，不是一种编程技术。由“面向服务”的思想，业界提出了“面向服务的体系结构（Service Oriented Architecture, SOA）”的概念。

用一个实际案例来引入“面向服务”的概念。在某些大型应用场合，我们要在不同的运行环境之间传递数据，比如：A 公司需要从 B 公司的数据库中查询一些内容之后返回，进行处理，如何实现？

最简单的结构，如图 17-1 所示。

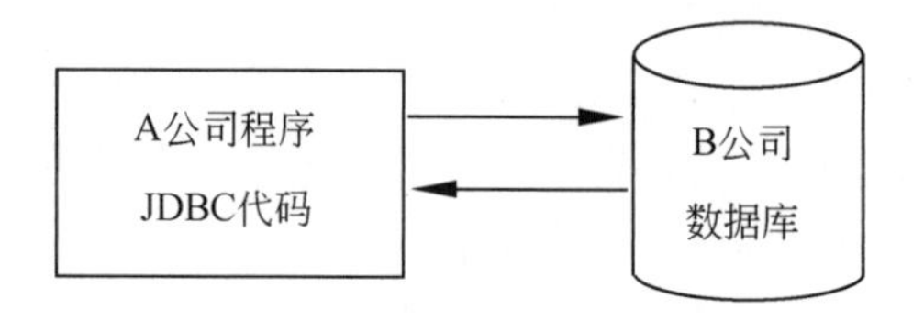

图 17-1　最简单的两公司之间互相调用的结构

但是，以上程序在实际操作中，是不能实现的。因为 JDBC 代码写在 A 公司部分，那就必须让 A 公司的程序知道 B 公司数据库的详细结构。在一般情况下，这是不合理的。比如，一个公司通过自己的平台向银行转账，不可能知道银行数据库的结构。于是，程序可以变为如图 17-2 所示结构。

该结构详述如下：B 公司编写自己的程序，访问数据库，对外发布一个接口，并发布一个服务的名称。我们知道，接口里面并没有核心代码。该接口也被 A 公司获取，A 公司网上寻找相应的 B 公司发布的服务名称，然后通过接口调用 B 公司程序里面的方法。

但是，该技术不是简单就可以实现的，因为 A 公司和 B 公司的程序，可能运行在不同的虚拟机内，甚至可能是不同的语言。EJB 可以解决 A 公司和 B 公司使用的都是 Java 语言，但是处于不同的 Java 虚拟机的情况。

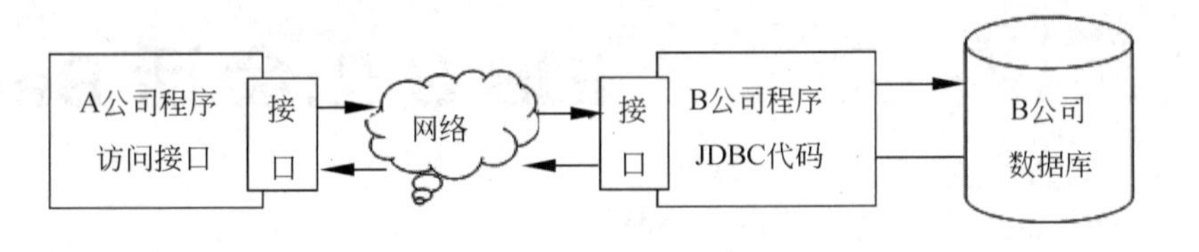

图 17-2　改进的结构

该问题的原型是：一个 Java 虚拟机内的对象能否远程调用另外一个 Java 虚拟机里面的对象内的方法？实际上，在 Java 内，该技术可以用 RMI（远程方法调用）实现。而 EJB 的底层，就是用 RMI 实现的。

实际上，即使是在同一个 Java 虚拟机内，将某个功能以服务的形式对外发布，被该虚拟机中的另一个模块调用，也是可以大大降低耦合性的。因为模块之间打交道的，只是一个接口和一个服务名称。

不过，顺便需要提到的是，如果两个程序使用的是不同语言平台，如一个是 C，一个是 Java，业界中也提出了一些方法来解决数据交换问题，如 WebService、CORBA 等。读者可以参考相关文献。

17.2　EJB 框架的基本原理

17.2.1　EJB 框架简介

如前所述，EJB 实际上是服务器端运行的一个对象，只不过该对象所对应的类并不被客户端所知，该对象对外发布的是一个服务名称，并提供一个可以被客户端调用的接口。通俗点儿说，EJB 就是一个可以被客户端调用，但是并不让客户端知道源代码的类的对象。

因此，EJB 并不是普通的 JavaBean，普通的 JavaBean 是一个符合某种规范的 Java 类文件，只能作为一个类被调用，只有调用的时候才运行，是一个进程内组件。而 EJB 并不是一个单独的文件，其组成包括以下几个部分。

（1）类文件：实现基本方法的类，封装了需要实现的商务逻辑，数据逻辑或消息处理逻辑，具有一定的编程规范，代码不能被客户端得知。

（2）接口文件：接口是 EJB 组件模型的一部分，里面提供的方法一般和需要被远程调用的方法一致，一般情况下，要求类文件必须和接口中的定义保持一致性。

（3）必要的情况下，编写一些配置文件，用于描述 EJB 部署过程中的一些信息。

EJB 可以作为一个服务被调用，可以单独运行，是一个进程级组件。EJB 中还提供了一些安全管理、事务控制功能，使得我们调用 EJB 时，不需要太多地束缚于这些问题的编码。

EJB 定义了以下三种类型的组件。

（1）Session Bean：会话 Bean，封装业务逻辑，负责完成某个操作。根据生命周期的不同，又可以分为以下几种。

① Stateless Session Bean：无状态会话 Bean，不存储用户相关信息，一般说来，在服务器端，一个 Bean 对象可能为很多客户服务，如图 17-3 所示。

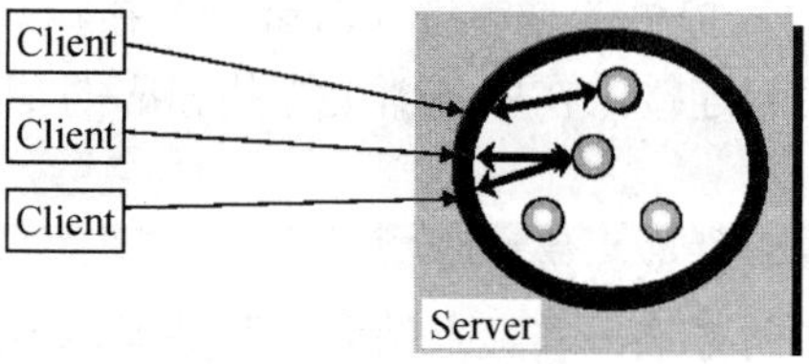

图 17-3　无状态会话 Bean 的使用

由于一个 Bean 对象可能为多个客户服务，因此，一般不在对象内保存某个客户的状态，保存也没有意义。

② Stateful Session Bean：有状态会话 Bean，可以存储用户相关信息，在服务器端，一个 Bean 对象只为一个客户服务，如图 17-4 所示。

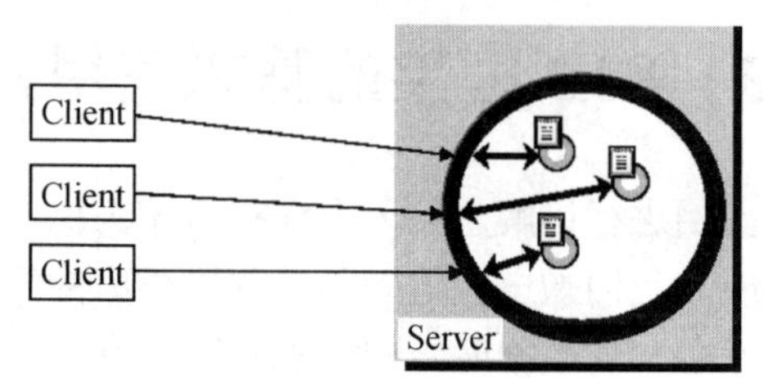

图 17-4　有状态会话 Bean 的使用

由于一个 Bean 对象只为一个客户服务，因此，可以在对象内保存某个客户的状态。

（2）Entity Bean：实体 Bean，类似 Hibernate，封装数据库中的数据，代表底层数据的持久化对象，把表中的列映射到对象的成员，主键在实体 Bean 中具有唯一性，一个实体 Bean 对象对应表中的一行，这将在第 18 章讲解。

（3）Message Driven Bean：消息驱动 Bean，是一种异步的无状态组件，和无状态会话组件具有相似性，是 JMS 消息的消费者，可以和 JMS 配合起来使用。

17.2.2　EJB 运行原理

本章所讲解的 EJB，特指会话 Bean。

在 EJB 中，常用的组件有：客户端、接口（远程接口或者本地接口）、EJB 实现类、JNDI 名称等。它们之间的关系如图 17-5 所示。

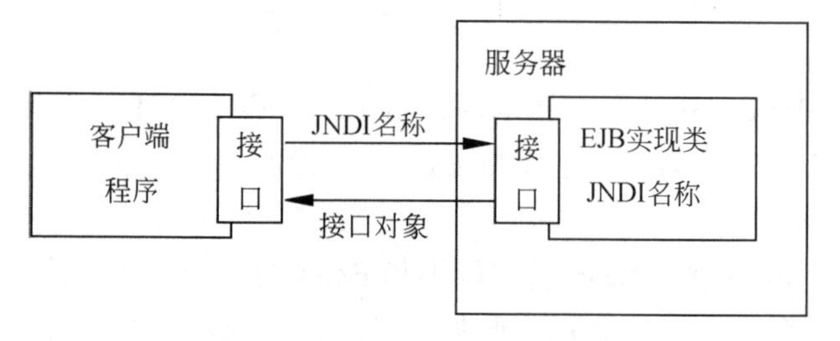

图 17-5　EJB 组件之间的关系

对于一个业务操作，其执行步骤如下。

首先，服务器端将 EJB 发布为一个 JNDI 名称，并提供一个接口文件。不过，值得注意的是，如果客户端和 EJB 运行在同一个容器内，可以提供的是本地（Local）接口，如果运行在不同的 Java 虚拟机内，提供的是远程（Remote）接口。接下来步骤如下。

（1）客户端向服务器发起连接，在服务器上寻找相应的 JNDI 名称，如果找到，返回一个对象。

（2）客户端将该对象强制转换为接口类型。

（3）客户端调用接口中的方法，实际上调用了服务器端 EJB 内的方法。

因此，利用 EJB 编程，有以下几个步骤。

（1）编写 EJB 实现类。

（2）编写接口。

（3）部署到服务器中，设定 JNDI 名称。

（4）编写客户端，并将接口复制给客户端，将 JNDI 名称公布，客户端调用 EJB。

17.3 EJB 框架的基本使用方法

该部分内容使用实际案例进行讲解。以一个银行系统为例，银行系统中提供一个“根据美元计算人民币”的功能，我们知道，美元必须乘以相应的汇率才能得到人民币，而汇率可能保存在银行的数据库中，该数据库结构不能对外公开。因此，客户端必须在不知道数据库结构的情况下，调用银行系统中“根据美元计算人民币”的方法，这就可以使用 EJB 实现。

本例中，需要建立远程接口和实现类。因为“根据美元计算人民币”的方法，可能是被远程调用的。

17.3.1 建立 EJB 项目

接下来就开始编写这个项目，打开 MyEclipse，新建一个 EJB 项目，如图 17-6 所示。

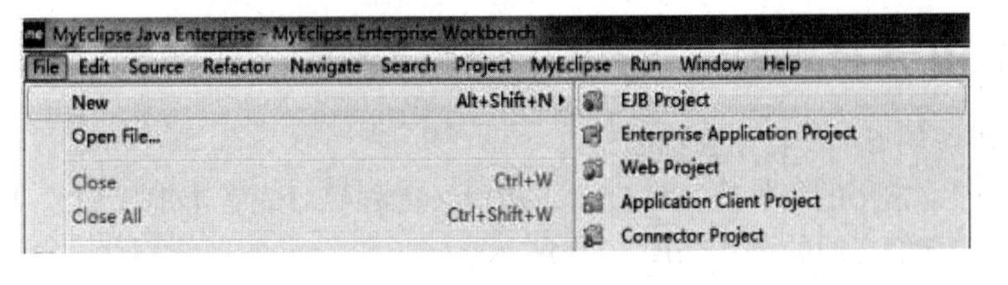

图 17-6 新建 EJB 项目-步骤 1

弹出 New EJB Project 对话框，确定项目名称。注意，J2EE Specification Level 中一定要选定 Java EE7 – EJB 3.2，否则无法支持 EJB 3.2。把界面下方的其他选中取消，如图 17-7 所示。

如前所述，我们需要建立 Bean 的实现类和 Bean 的接口，由于接口最终需要被客户端使用，因此，适合单独放在一个包内。此处，可以在该项目中建立接口所在包 itf；以及实现类所在的包 impl。注意，此处的命名可能不一定规范，但是主要是为了便于理解，说明问题。建立好的项目如图 17-8 所示。

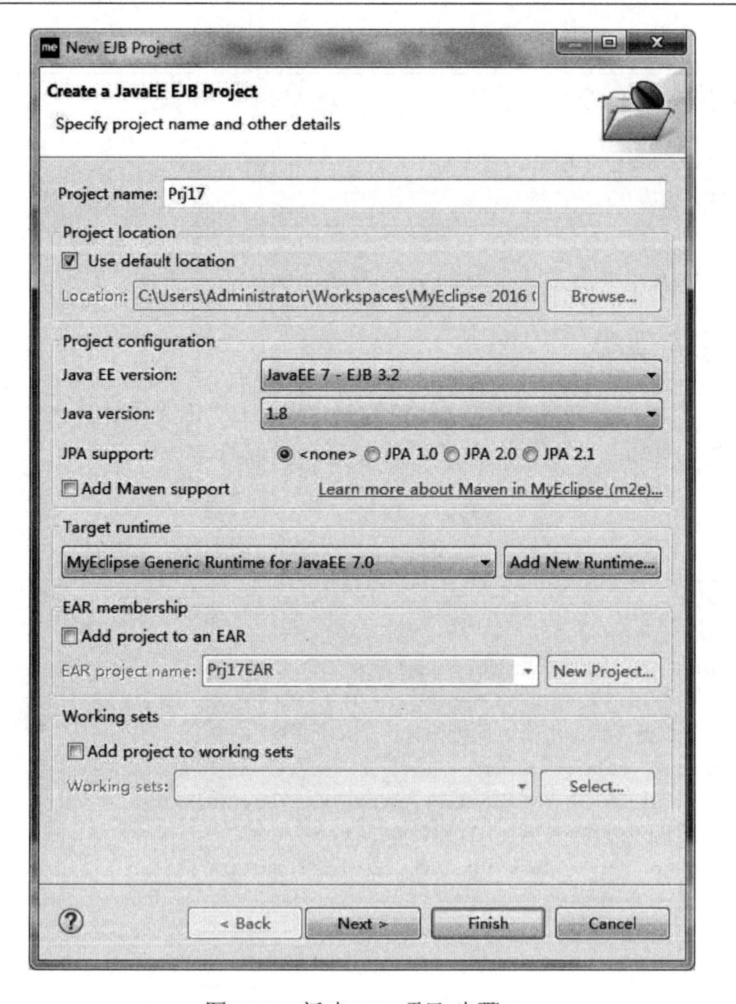

图 17-7　新建 EJB 项目-步骤 2

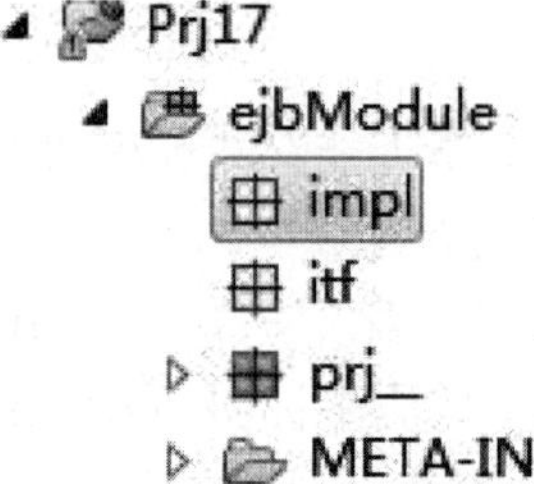

图 17-8　新建 EJB 项目结构

17.3.2　编写远程接口

远程接口提供了客户端和服务器端的通信桥梁，在里面只有一个函数，就是可能被远程调用的函数。代码如下。

Convert.java

```
package itf;

public interface Convert {
    public String getRmb(String usd);
}
```

很显然，该代码非常简单。该代码被客户端使用，也很方便。

17.3.3 编写实现类

Bean 的实现类运行在服务器端，包含核心代码。在“由美元计算人民币”的方法中，本来需要查询服务器端的数据库，为了简单起见，我们给定一个汇率值，不影响知识的理解。代码如下。

ConvertBean.java

```
package impl;
import itf.Convert;
public class ConvertBean implements Convert {
    public String getRmb(String usd){
        //从数据库查询汇率，此处简化，假如汇率是 6.0
        double rate = 6.0;
        double dblUsd = Double.parseDouble(usd);
        double dblRmb = dblUsd * rate;
        String rmb = String.valueOf(dblRmb);
        return rmb;
    }
}
```

该代码很简单，对 Bean 的实现类，实现了相应的接口。

17.3.4 配置 EJB

编写了 EJB 实现类，还无法确定该 EJB 是否能够被远程调用，并且无法确定该会话 Bean 是有状态的还是无状态的。因此，需要进行配置。

在较早版本的 EJB 中，需要进行比较复杂的配置，编写 XML 配置文件，在 EJB 3.2 中，可以选择编写配置文件，也可以将配置在代码中标明。方法是：修改 ConvertBean 的源代码。

ConvertBean.java

```
package impl;
import itf.Convert;
import javax.ejb.Remote;
import javax.ejb.Stateless;

@Stateless (mappedName="ConvertBean")
@Remote
```

```
public class ConvertBean implements Convert {
    public String getRmb(String usd){
        //从数据库查询汇率，此处简化，假如汇率是 6.0
        double rate = 6.0;
        double dblUsd = Double.parseDouble(usd);
        double dblRmb = dblUsd * rate;
        String rmb = String.valueOf(dblRmb);
        return rmb;
    }
}
```

注意，在该代码类定义之前，定义了：

```
@Stateless (mappedName="ConvertBean")
@Remote
```

表示如下。

（1）确定该 EJB 是可以被远程调用的。

（2）EJB 的 JNDI 名称为“ConvertBean”，客户端寻找该 EJB 时，所使用的名字为“ConvertBean#itf.Convert”，实际上是相当于寻找里面的接口。注意，在不同厂商的服务器中，JNDI 格式有所不同，此处是 WebLogic 下的格式。

（3）该 EJB 是无状态的会话 Bean。

编写完毕，项目结构如图 17-9 所示。

图 17-9　EJB 项目结构

17.3.5　部署 EJB

首先，右击项目，选择 Export->EJB JAR files，在 Destination 中选择保存位置，如图 17-10 所示。

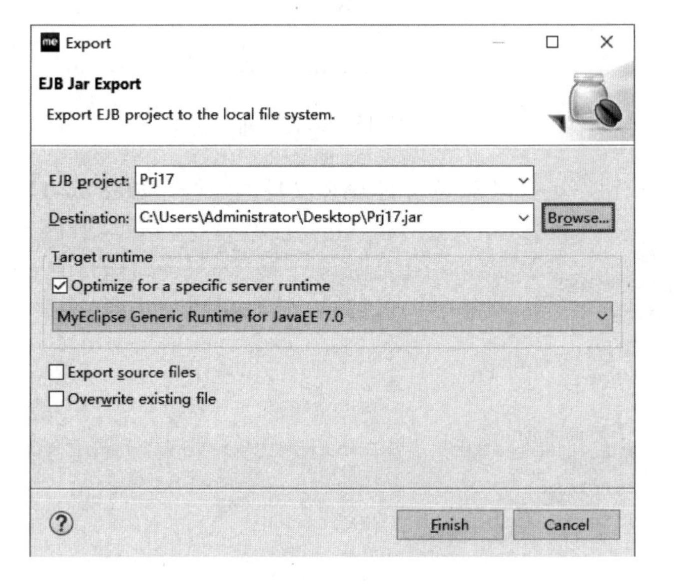

图 17-10　导出 JAR

单击 Finish 按钮，最终导出 JAR 文件，如图 17-11 所示。

图 17-11　JAR 文件

打开 WebLogic，在浏览器地址栏输入 http://localhost:7001/console，打开控制台，输入帐号密码登录，进入控制台，在域结构中，单击部署，如图 17-12 所示。

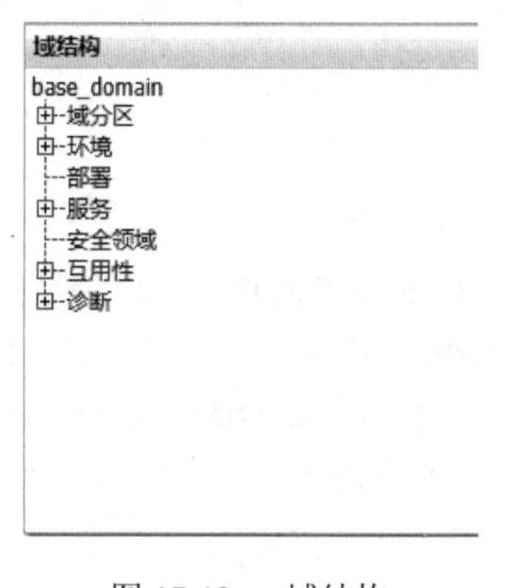

图 17-12　域结构

界面右方的显示如图 17-13 所示。

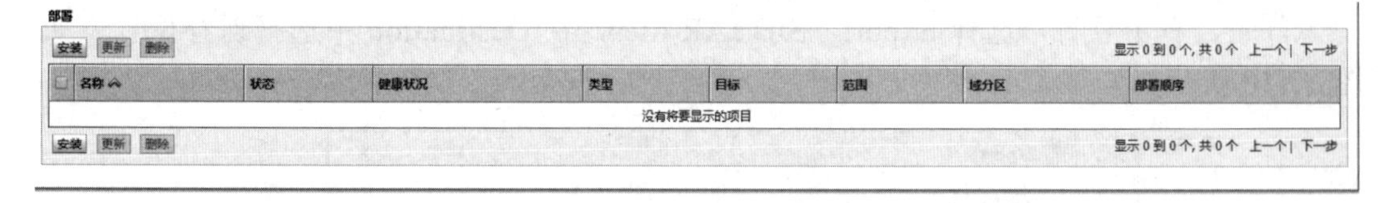

图 17-13　部署界面

单击“安装”按钮，选择之前导出的 JAR 文件的路径，如图 17-14 所示。

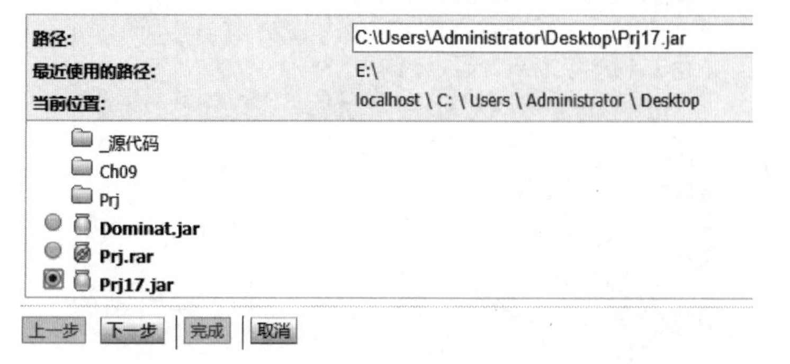

图 17-14　选择路径

单击“下一步”按钮，选择“将此部署安装为应用程序”，如图 17-15 所示。

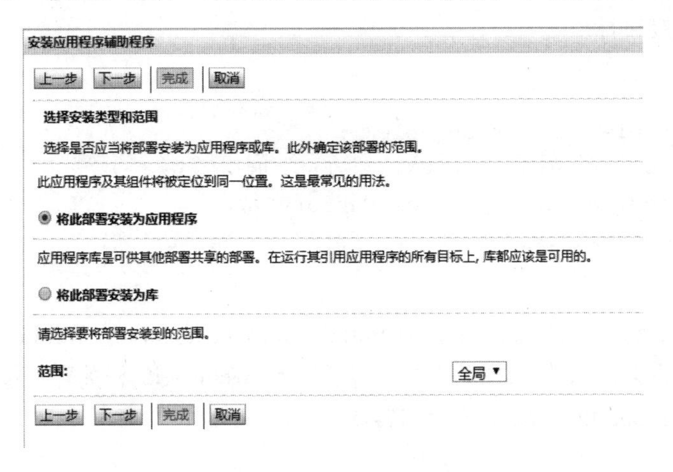

图 17-15　部署过程

再次单击“下一步”按钮，然后单击“完成”按钮，部署完成，如图 17-16 所示。

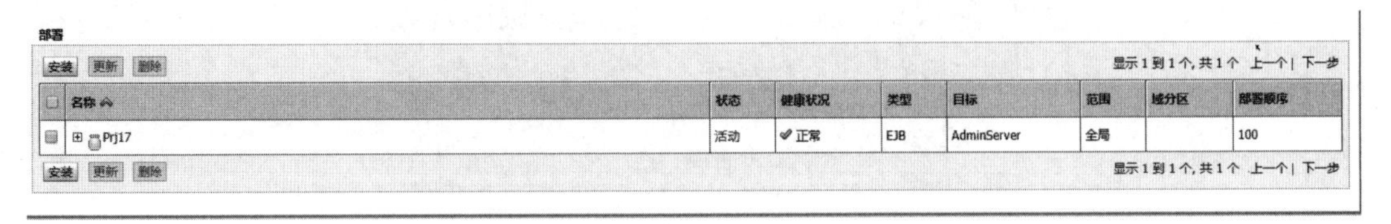

图 17-16　部署完成

17.3.6　远程调用该 EJB

该 EJB 被部署之后，就可以被远程调用了。很明显，要想远程调用该 EJB，必须满足以下条件。

（1）得知服务器是 WebLogic，因为不同的服务器连接方式可能不一样。

（2）得知服务器的 IP 地址和端口。

（3）拥有该 EJB 的远程接口的 class 文件，得知服务器端 EJB 的 JNDI 名称，如前所述，名称为 ConvertBean#itf.Convert。

建立普通的项目 Prj17_Test，将远程接口复制到该项目中去，并且建立一个 TestConvert.java，项目结构如图 17-17 所示。

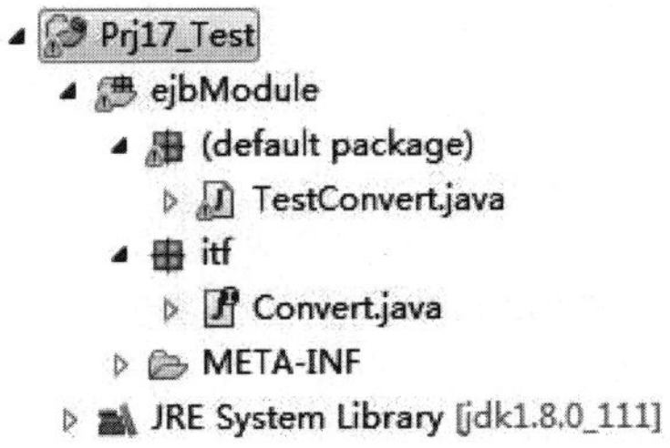

Prj17_Test
ejbModule
(default package)
TestConvert.java
itf
Convert.java
META-INF
JRE System Library [jdk1.8.0_111]

图 17-17　项目结构

编程步骤如下。

（1）确定连接目标。

```
...
Hashtable table = new Hashtable();
table.put(Context.INITIAL_CONTEXT_FACTORY,
"weblogic.jndi.WLInitialContextFactory");
table.put(Context.PROVIDER_URL,"t3://localhost:7001");
...
```

注意，此处用到了 weblogic.jndi.WLInitialContextFactory，是 WebLogic 中专门负责初始化上下文对象的类，因此，本项目中，需要导入 WebLogic 相关开发包。方法是：右击项目名称，选择 Properties 命令，如图 17-18 所示。

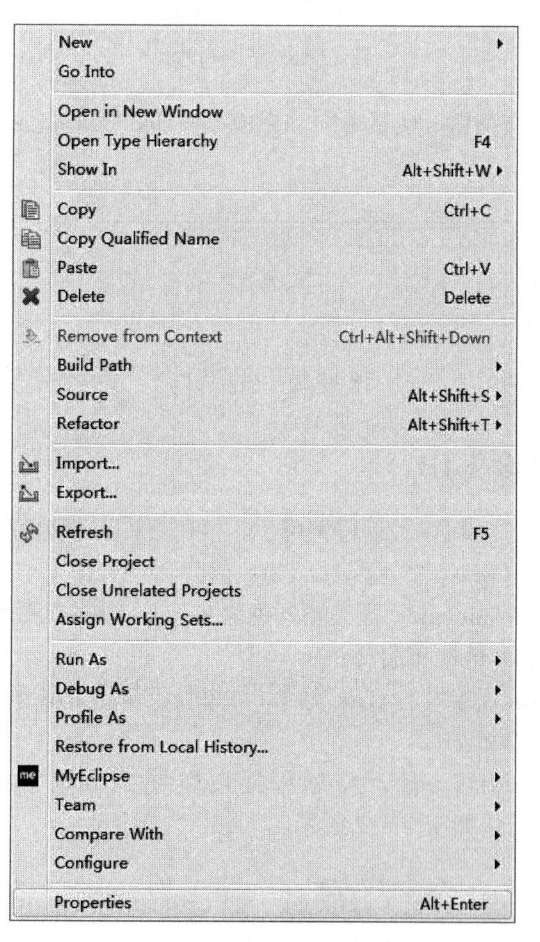

图 17-18 选择项目属性

在跳出的窗口中，找到 Java Build Path，切换到 Libraries 选项卡，如图 17-19 所示。

单击 Add External JARs 按钮，找到%WebLogic 安装目录%/server/lib/weblogic.jar，导入，如图 17-20 所示。

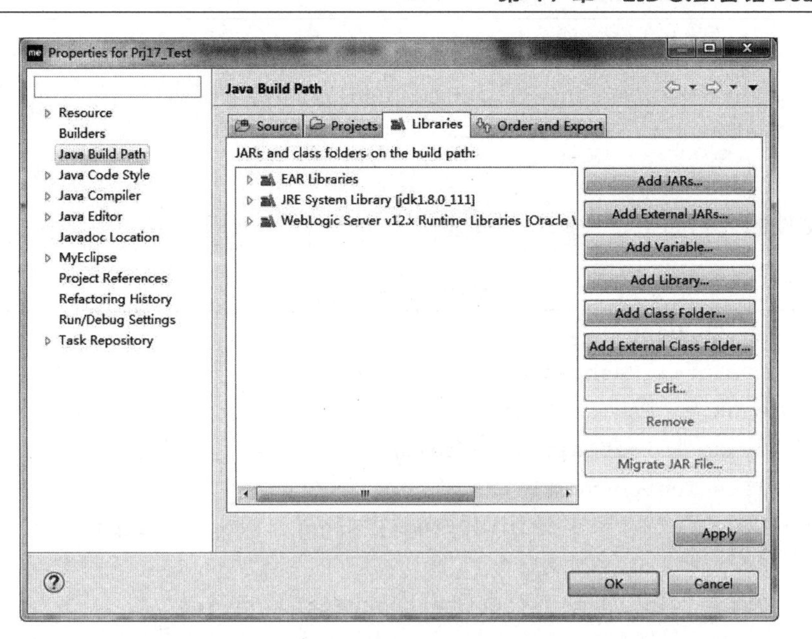

图 17-19　属性窗口

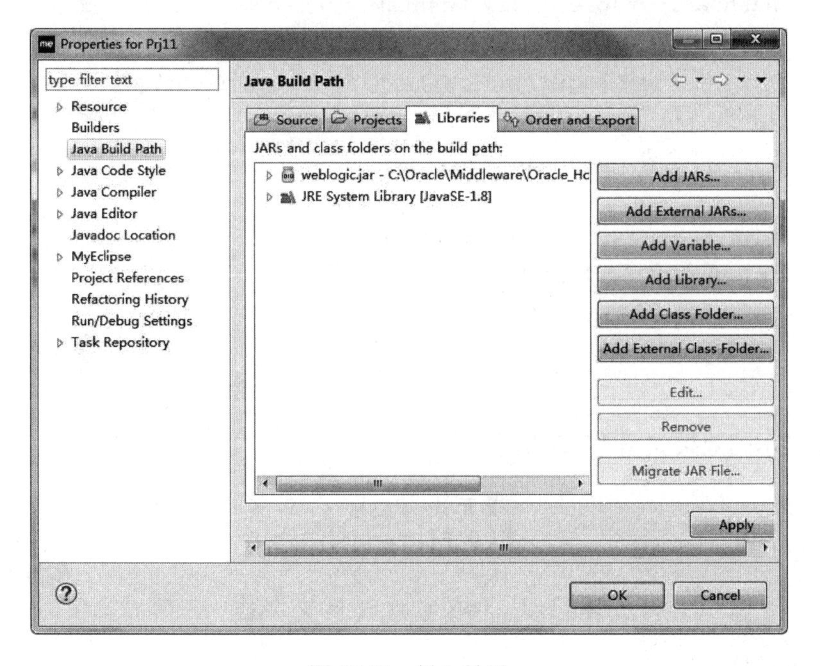

图 17-20　导入效果

（2）查询服务器中的 JNDI 名称。

```
...
    Context context = new InitialContext(table);
   Convert convert = ( Convert) context.lookup(jndiName);
...
```

（3）调用接口。

```
...
        String rmb = convert.getRmb(usd);
        System.out.println(rmb);
...
```

整个文件的代码如下。

TestConvert1.java

```
import itf.Convert;
import java.util.Hashtable;
import javax.naming.Context;
import javax.naming.InitialContext;
public class TestConvert1 {
    public static void main(String[] args) throws Exception{
        String usd = "1234";
        String jndiName = "ConvertBean#itf.Convert";

        Hashtable table = new Hashtable();
        table.put(Context.INITIAL_CONTEXT_FACTORY,
                "weblogic.jndi.WLInitialContextFactory");
        table.put(Context.PROVIDER_URL,"t3://localhost:7001");
        //查询服务器中的jndiName
        Context context = new InitialContext(table);
       Convert convert = ( Convert) context.lookup(jndiName);
       String rmb = convert.getRmb(usd);
       System.out.println(rmb);
    }
}
```

运行，显示的效果如图 17-21 所示。

```
美元数:1234
人民币:7404.0
```

图 17-21　TestConvert1.java 显示效果

说明可以正常运行。

从此处可以看出，客户端没有知道服务器端的任何源代码，就可以调用服务器端的 EJB 对象。

17.3.7　无状态会话 Bean 的生命周期

接下来讲解无状态会话 Bean 的生命周期。限于篇幅，本节仅讲解无状态会话 Bean 的生成和消亡。

在 ConvertBean.java 中增加一个构造函数。

ConvertBean.java

```
package impl;
import itf.Convert;
import javax.ejb.Remote;
import javax.ejb.Stateless;

@Stateless (mappedName="ConvertBean")
@Remote

public class ConvertBean implements Convert {
    public ConvertBean(){
        System.out.println("ConvertBean 构造函数");
    }
    public String getRmb(String usd){
        //从数据库查询汇率，此处简化，假如汇率是 6.0
        double rate = 6.0;
        double dblUsd = Double.parseDouble(usd);
        double dblRmb = dblUsd * rate;
        String rmb = String.valueOf(dblRmb);
        return rmb;
    }
}
```

部署，然后调用 TestConvert1.java，在服务器端打印的结果如图 17-22 所示。

```
ConvertBean构造函数
```

图 17-22　运行 ConvertBean.java 的服务器打印结果 1

反复运行客户端，服务器端构造函数没有调用，说明是同一个 EJB 对象为所有客户端服务。关于其生命周期，读者可以参考相关文档。

17.4　有状态会话 Bean 开发

如前所述，有状态会话 Bean，可以存储用户相关信息，在服务器端，一个 Bean 对象只为客户服务，本节编写有状态会话 Bean。

编写有状态会话 Bean 很简单，以 17.3 节的 ConvertBean.java 为例，只需将代码中的“Stateless”改为“Stateful”即可。代码如下。

ConvertBean.java

```
package impl;
import itf.Convert;
import javax.ejb.Remote;
import javax.ejb.Stateful;
```

```
@Stateful (mappedName="ConvertBean")
@Remote

public class ConvertBean implements Convert {
    public ConvertBean(){
        System.out.println("ConvertBean 构造函数");
    }
    public String getRmb(String usd){
        //从数据库查询汇率，此处简化，假如汇率是 6.0
        double rate = 6.0;
        double dblUsd = Double.parseDouble(usd);
        double dblRmb = dblUsd * rate;
        String rmb = String.valueOf(dblRmb);
        return rmb;
    }
}
```

其中，

```
@ Stateful (mappedName="ConvertBean")
@Remote
```

表示该 EJB 是一个具有远程接口的有状态会话 Bean。

部署，然后调用 TestConvert1.java，在服务器端打印的结果如图 17-23 所示。

```
ConvertBean构造函数
```

图 17-23　运行 ConvertBean.java 的服务器打印结果 2

反复运行客户端，服务器端构造函数都有调用，效果如图 17-24 所示。

```
ConvertBean构造函数
ConvertBean构造函数
ConvertBean构造函数
ConvertBean构造函数
```

图 17-24　反复运行客户端的显示效果

说明是一个 EJB 对象为相应客户端服务。不过，读者可能会提出一个问题：既然是一个 EJB 为一个客户服务，是否会出现大量的 EJB 对象消耗内存的情况呢？实际上，EJB 中的“钝化”机制，会让长期不用的 EJB 对象，过了一段时间从内存中腾出空间，存入缓存。这是 EJB 的一个特性，读者可以参考相应文献。

另外，客户也可以手工让有状态会话 Bean 从实例池中删除。方法是：在远程接口和实现类中定义一个方法，并在实现类中为其注释为“@Remove”。

Convert.java

```
...
```

```
public interface Convert {
    …
    public void remove();
}
```

ConvertBean.java

```
…
public class ConvertBean implements Convert {
    …
    @Remove
    public void remove(){
       //释放资源
    }
}
```

此后，客户端通过接口调用 remove 方法即可。

17.5　有配置文件的 EJB

观察前面的代码，将 JNDI 名称写在源代码中。

ConvertBean.java

```
…
@Stateful (mappedName="ConvertBean")
@Remote

public class ConvertBean implements Convert {
    …
}
```

实际上，将该名称写在源代码中，并不是一个好的办法。由于 JNDI 名称对于各个厂商具有不同的写法，因此，最好的方法是将 JNDI 名称写在配置文件中。

首先将“@Stateful (mappedName="ConvertBean")”改为“@Stateful”。编写配置文件的方法如下。

（1）在项目的 META-INF 下新建 ejb-jar.xml，结构如图 17-25 所示。

```
▲ Prj17
  ▲ ejbModule
    ▲ impl
      ▷ ConvertBean.java
    ▲ itf
      ▷ Convert.java
    ▲ META-INF
        ejb-jar.xml
        MANIFEST.MF
  ▷ JRE System Library [jdk1.8.0_1
```

图 17-25　项目结构

（2）编写 ejb-jar.xml，源代码如下。

ejb-jar.xml

```
<?xml version="1.0" encoding="UTF-8"?>
<ejb-jar>
  <enterprise-beans>
    <session>
      <ejb-name>ConvertBean</ejb-name>
      <mapped-name>ConvertBean</mapped-name>
    </session>
  </enterprise-beans>
</ejb-jar>
```

注意，文件中的“<ejb-name>ConvertBean</ejb-name>”中的“ConvertBean”，默认和实现类的名称相同。

编写完毕，部署，同样也可以进行访问。

17.6 编写具有本地接口的 EJB

17.5 节讲解的是含有远程接口的 EJB，该 EJB 可以被远程调用。前面讲过，EJB 的设计，不仅是为了提供远程调用功能，有时候，在同一个虚拟机内，将 EJB 实现类的功能用接口形式公布，也可以起到降低耦合性的作用。此时，该接口适合定义为本地(Local)接口。很明显，本地接口的调用比远程接口的调用，资源消耗应该少一些。

将本例中的 EJB 改为本地接口版本非常简单，只需要在 Bean 的实现类内进行改变即可，代码如下。

ConvertBean.java

```
package impl;
import itf.Convert;
import javax.ejb.Local;
import javax.ejb.Stateless;

@Stateless
@Local

public class ConvertBean implements Convert {
    public String getRmb(String usd){
        //从数据库查询汇率，此处简化，假如汇率是 6.0
        double rate = 6.0;
        double dblUsd = Double.parseDouble(usd);
        double dblRmb = dblUsd * rate;
        String rmb = String.valueOf(dblRmb);
        return rmb;
    }
}
```

其中，

```
@Stateless
@Local
```

表示该 EJB 是一个具有本地接口的无状态会话 Bean。

重新部署，我们发现，原先的 TestConvert1 程序将无法调用该 EJB。

实际上，想要访问实现本地接口的 EJB，必须让客户端和服务器运行在同一个容器中。比如，在同一个 EJB 容器中，被另一个 EJB 访问。或者，在同一个项目中，被 JSP 或者 Servlet 访问，等等。和“远程调用”相比，本地调用性能更好，但是失去了远程调用的功能。具体实现，读者可以参考相应资料。

小　　结

本章首先介绍了 EJB 的作用，然后针对会话 Bean，创建一系列基于 EJB 的程序，讲解了 EJB 的配置以及会话 Bean 特点。

上 机 习 题

1．无状态会话 Bean 中，一个 EJB 对象为所有客户端服务，但是，在有多个客户访问时，如果一个业务方法还没有调用完毕，另一个客户的访问就到来了，此时，另一个客户需要等待吗？请编写程序进行测试。

在数据库中建立表格 T_BOOK(BOOKID,BOOKNAME,BOOKPRICE)，插入一些记录。

2．用一个桌面应用程序，实现：输入一个数字，显示价格在这个数字以下的图书信息。要求：该桌面应用程序的编写者不需要知道任何数据库结构有关的信息，使用 EJB 框架完成。

3．EJB 可以和 Hibernate 框架配合使用吗？请说出设计方案。

第 18 章

EJB 3.2:实体 Bean

建议学时：2

实体 Bean 是 EJB 中对象和关系的映射的解决方案，和 Hibernate 类似，实际上，它建立于 Hibernate 之上。本章将介绍实体 Bean 的作用，创建一个基于实体 Bean 框架的程序，讲解如何使用实体 Bean 对数据进行增删改查，以及实体 Bean 的其他问题。

18.1　实体 Bean 和 ORMapping

前面说过，对象关系映射（ORMapping），是软件开发过程中，在数据库层比较流行的设计思想。在对象关系映射中，将数据库中的一条记录看做一个对象，这个对象的操作就直接影响到数据库内部，如图 18-1 所示。

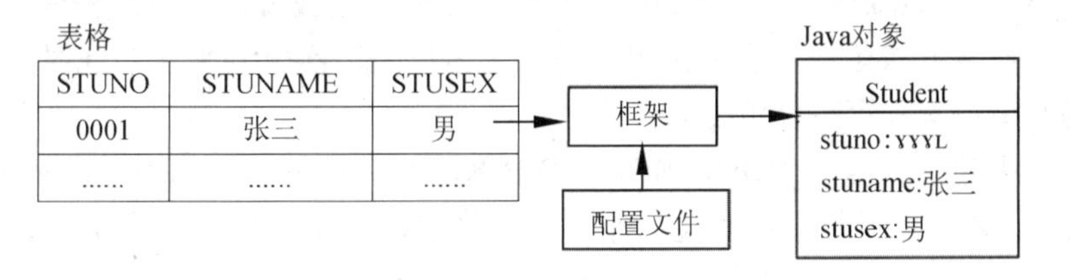

图 18-1　对象和关系的映射

在 ORMapping 中，Java 对象可称为 PO，一个 PO 对象，一般表示数据表中的一条记录，只是对这个记录的操作可以简化成对这个 Bean 对象的操作，操作之后数据库中的记录相应变化。

ORMapping 思想给数据库层的操作带来了巨大的好处，ORMapping 是实体 Bean 的基础，前面章节讲解的 Hibernate，也是一种实现了 ORMapping 思想的框架。因此，实体 Bean 和 Hibernate 的使用方法比较类似。实际上，EJB 3.2 中的实体 Bean 是基于 Hibernate 进行架构的。

EJB 3.2 中的实体 Bean，开发起来比较简单，可以像开发一般的 JavaBean 一样编程，只需做少量的注释来定义 ORMapping 就可以了。

18.2　编写实体 Bean

该部分内容同样使用实际案例进行讲解。在学生管理系统中，经常要对学生信息进行增删改查，使用实体 Bean 来完成这些工作。注意，本例中使用 WebLogic 12 和 Oracle 数据库，在数据库中创建了一个名为 T_STUDENT(STUNO,STUNAME,STUSEX)的表格，插入一些记录，包含学生信息，如图 18-2 所示。

	STUNO	STUNAME	STUSEX
1	0001	王海	男
	0002	江童	女
	0003	唐云山	男
	0004	孙家	女

图 18-2　数据表中的数据

实体 Bean 的使用，一般需要被部署到 WebLogic 中，并和数据源绑定，因此，首先在 WebLogic 中创建一个数据源，JNDI 名称为 DSSchool，连接到该 Oracle 数据库。

建立数据源的方法，在第 2 章已经有详细的讲解，读者可以参考。

首先按照第 1 章的方法，在 MyEclipse 中绑定 WebLogic，再建立一个 EJB 项目 Prj18。

18.2.1　按照 JavaBean 格式编写 PO

实体 Bean 不需要编写任何接口，只编写一个 Bean 类即可。在项目中建立一个包 po，在其中建立一个类 Student，项目结构如图 18-3 所示。

```
Prj18
  ejbModule
    po
      Student.java
    META-INF
  JRE System Library [jdk1.8.0_111]
  Referenced Libraries
```

图 18-3　项目结构

按照 JavaBean 的规范，编写 Student 类。

Student.java

```
package po;

public class Student {
    private String stuno;
    private String stuname;
    private String stusex;
    public String getStuno() {
        return stuno;
    }
    public void setStuno(String stuno) {
        this.stuno = stuno;
    }
    public String getStuname() {
        return stuname;
```

```
    }
    public void setStuname(String stuname) {
        this.stuname = stuname;
    }
    public String getStusex() {
        return stusex;
    }
    public void setStusex(String stusex) {
        this.stusex = stusex;
    }
}
```

可见，编写过程非常简单。

18.2.2 在 Student 类中添加注释

当然，一个简单的 JavaBean，还不能称之为一个实体 Bean，因此，必须对其进行配置，使得其建立和表的映射。过程如下。

（1）由于 Student 可能被远程调用并返回，因此实现 java.io. Serializable 接口。

```
…
public class Student implements Serializable{
    …
}
```

（2）在类定义之前，用“@Entity”声明该类是一个实体 Bean，并用“@Table”指定映射的表名称。

```
…
@Entity
@Table (name="T_STUDENT")
public class Student implements Serializable{
    …
}
```

（3）由于实体 Bean 放在内存中被访问时，主键是唯一标识，因此，在主键列对应的属性前，用“@Id”指定其是主键，用“@GeneratedValue”指定主键生成方式。

```
…
public class Student implements Serializable{
    …
    @Id
    @GeneratedValue (strategy=GenerationType.AUTO)
    @Column(name="STUNO")
    public String getStuno() {
        return stuno;
    }
```

```
        public void setStuno(String stuno) {
            this.stuno = stuno;
        }
        …
    }
```

主键生成方式有多种，这里选用的是 GenerationType.AUTO。常见的主键生成方式，分别解释如下。

GenerationType.TABLE：容器指定用底层的数据表确保唯一。

GenerationType.SEQUENCE：使用数据库的 SEQUENCE 列来保证唯一，但是数据库必须支持 SEQUENCE。

GenerationType.IDENTITY：使用数据库的 INDENTITY 列来保证唯一，但是数据库必须支持 IDENTITY。

GenerationType.AUTO：由容器挑选一个合适的方式来保证唯一。

（4）在其他列对应的属性前，用“@Column”指定其和表中列的对应关系。

```
…
public class Student implements Serializable{
    …
    @Id
    @GeneratedValue (strategy=GenerationType.AUTO)
    @Column(name="STUNO")
    public String getStuno() {
        return stuno;
    }
    public void setStuno(String stuno) {
        this.stuno = stuno;
    }
    @Column(name="STUNAME")
    public String getStuname() {
        return stuname;
    }
    public void setStuname(String stuname) {
        this.stuname = stuname;
    }
    …
}
```

因此，最终的代码如下。

Student.java

```
package po;

import java.io.Serializable;
import javax.persistence.Column;
```

```
import javax.persistence.Entity;
import javax.persistence.GeneratedValue;
import javax.persistence.GenerationType;
import javax.persistence.Id;
import javax.persistence.Table;

@Entity
@Table (name="T_STUDENT")
public class Student implements Serializable{
    private String stuno;
    private String stuname;
    private String stusex;
    @Id
    @GeneratedValue (strategy=GenerationType.AUTO)
    @Column(name="STUNO")
    public String getStuno() {
        return stuno;
    }
    public void setStuno(String stuno) {
        this.stuno = stuno;
    }
    @Column(name="STUNAME")
    public String getStuname() {
        return stuname;
    }
    public void setStuname(String stuname) {
        this.stuname = stuname;
    }
    @Column(name="STUSEX")
    public String getStusex() {
        return stusex;
    }
    public void setStusex(String stusex) {
        this.stusex = stusex;
    }
}
```

到此为止，实体 Bean 编写完毕。

18.2.3 编写配置文件

通过上面的编写，此实体 Bean 只是和表以及表中的列建立了对应关系，但是，该 Bean 需要和数据库进行操作，因此，还需要对数据源进行配置。在 EJB 3.2 中，配置数据源的工作，一般是用配置文件 persistence.xml 确定的。该文件一定要放在 META-INF 下，因此，在 META-INF 下建立一个文件 persistence.xml。项目结构如图 18-4 所示。

```
Prj18
  ejbModule
    po
      Student.java
    META-INF
      MANIFEST.MF
      persistence.xml
  JRE System Library [jdk1.8.0_111]
  Referenced Libraries
```

图 18-4　项目结构

在 persistence.xml 中，可以定义多个数据源，这些数据源都是以“persistence-unit（持久化单元）”的形式对外发布，因此，persistence.xml 中主要是确定如下几个内容。

（1）外界访问该数据源时的 persistence-unit 名称。

（2）该持久化单元绑定的 WebLogic 数据源的 JNDI 名称。

persistence.xml 代码如下。

persistence.xml

```
<?xml version="1.0" encoding="UTF-8"?>
<persistence xmlns="http://java.sun.com/xml/ns/persistence"
   xmlns:xsi="http://www.w3.org/2001/XMLSchema-instance"
   xsi:schemaLocation="http://java.sun.com/xml/ns/persistence"
   http://java.sun.com/xml/ns/persistence/persistence_1_0.xsd" version="1.0">
<persistence-unit name="school">
    <jta-data-source>DSSchool</jta-data-source>
</persistence-unit>
</persistence>
```

如果不使用 JNDI 数据源，可以在 persistence.xml 中定义数据库连接的详细资料，比如，使用 ODBC 数据源，名称为 DSSchool，用户名和密码为空，那么 persistence.xml 可以定义如下。

persistence.xml

```
<?xml version="1.0" encoding="UTF-8"?>
<persistence xmlns="http://java.sun.com/xml/ns/persistence"
   xmlns:xsi="http://www.w3.org/2001/XMLSchema-instance"
   xsi:schemaLocation="http://java.sun.com/xml/ns/persistence"
   http://java.sun.com/xml/ns/persistence/persistence_1_0.xsd" version="1.0">
<persistence-unit name="school">
    <properties>
     <property name="kodo.ConnectionURL" value="jdbc:odbc:DSSchool"/>
     <property name="kodo.ConnectionDriverName"
                         value="sun.jdbc.odbc.JdbcOdbcDriver"/>
     <property name="kodo.ConnectionUserName" value=""/>
     <property name="kodo.ConnectionPassword" value=""/>
```

```
        <property name="kodo.Vdbc.SynchronizeMappings" value="refresh"/>
      </properties>
    </persistence-unit>
    </persistence>
```

一般采用第一种，本章采用的也是第一种。值得注意的是，persistence.xml 和具体的实体 Bean 并没有绑定。因此，当客户端操作实体 Bean 时，必须指定 persistence 中的持久化单元名称，这将在 18.3 节做详细讲解。

18.3　利用会话 Bean 操作实体 Bean

实体 Bean 一般不对外被远程调用，而使用会话 Bean 来调用实体 Bean，并且，会话 Bean 和实体 Bean 运行在一个 EJB 容器中，如图 18-5 所示。

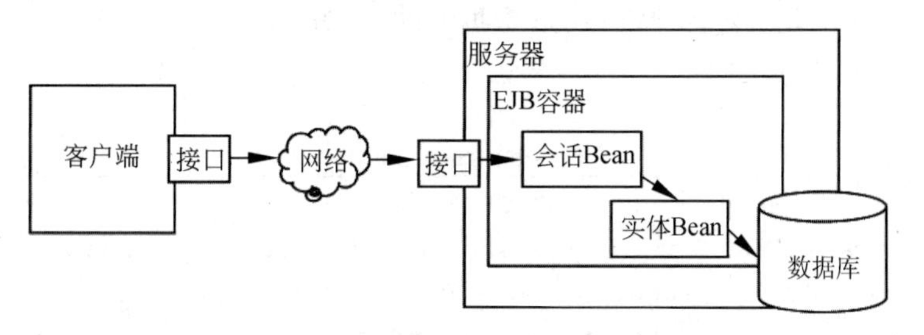

图 18-5　实体 Bean 的调用

会话 Bean 通过什么方式调用实体 Bean 呢？

一般情况下，可以在会话 Bean 中使用 javax.persistence.EntityManager 类操作实体 Bean。值得注意的是，EntityManager 是由 EJB 容器自动管理和配置的，不需要用户实例化。EntityManager 是用来对实体 Bean 进行操作的辅助类，可以对实体 Bean 进行类似于添加/删除/修改/查询的一系列操作。

容器通过@PersistenceContext 注释动态注入 EntityManager 对象，通过@Persistence Context 注释的 unitName 属性，指定实体 Bean 的持久化单元名称（在 persistence.xml 中配置）。例如：

```
@PersistenceContext (unitName="school") private EntityManager em;
```

就表示让容器实例化 EntityManager 对象 em，同时绑定 persistence.xml 中配置的持久化单元 school。

实体 Bean 在其生命周期中，有好几个状态，最常见的是如下两个。

（1）游离（detached）状态：该实体 Bean 已经建立，但是没有和上下文环境发生联系。

（2）托管（managed）状态：该实体 Bean 已经建立，已经和上下文环境发生联系。

EntityManager 进行实体 Bean 操作的函数有如下几个。

（1）EntityManager.find(Class,Object)：传入一个实体 Bean 类型，以及主键，返回相应的 Bean 对象。在服务器内调用该函数，返回的 Bean 处于托管状态。

（2）EntityManager.persist(Object obj)：传入一个实体 Bean 对象，将其数据保存在数据

库。注意，默认情况下，此传入的实体 Bean 一定要处于托管状态，否则该函数抛出异常。

（3）EntityManager.merge(Object obj)：传入一个实体 Bean 对象，将其内容更新到数据库。调用该函数之后，该实体 Bean 自动处于托管状态。

（4）EntityManager.remove(Object obj)：传入一个实体 Bean 对象，将其从数据库中删除。默认情况下，此传入的实体 Bean 一定要处于托管状态，否则该函数抛出异常。

了解了这些内容，就可以编写会话 Bean 了。在该会话 Bean 中，实现了简单的增、删、改、查的代码。仿照第 17 章，建立会话 Bean，名为 StudentDao，其接口放在 dao 包中，实现类放在 daoimpl 包中。项目结构如图 18-6 所示。

```
Prj18
  ejbModule
    dao
      StudentDao.java
    daoimpl
      StudentDaoImpl.java
    po
      Student.java
    META-INF
      MANIFEST.MF
      persistence.xml
  JRE System Library [jdk1.8.0_111]
  Referenced Libraries
```

图 18-6　项目结构

18.3.1　编写会话 Bean 的远程接口

会话 Bean 的远程接口代码如下。

StudentDao.java

```
package dao;
import po.Student;
public interface StudentDao {
    public Student getStudentByNo(String stuno);
    public void insertStudent(String stuno,String stuname,String stusex);
    public void updateStudent(Student stu);
    public void deleteStudent(String stuno);
}
```

18.3.2　编写会话 Bean 的实现类

会话 Bean 的实现类代码如下。

StudentDaoImpl.java

```
package daoimpl;
import javax.ejb.Remote;
```

```
import javax.ejb.Stateless;
import javax.persistence.EntityManager;
import javax.persistence.PersistenceContext;
import javax.persistence.Query;
import po.Student;
import dao.StudentDao;

@Stateless (mappedName="StudentDao")
@Remote
public class StudentDaoImpl implements StudentDao {
    @PersistenceContext (unitName="school") private EntityManager em;
    public void deleteStudent(String stuno) {
        Student stu = em.find(Student.class, stuno);
        em.remove(stu);
    }

    public Student getStudentByNo(String stuno) {
        Student stu = em.find(Student.class, stuno);
        return stu;
    }

    public void insertStudent(String stuno,String stuname,String stusex) {
        Student stu = new Student();
        stu.setStuno(stuno);
        stu.setStuname(stuname);
        stu.setStusex(stusex);
        em.persist(stu);
    }

    public void updateStudent(Student stu) {
        System.out.println(em.contains(stu));
        em.merge(stu);
    }
}
```

在该类中，将 StudentDaoImpl 的 JNDI 名称定为 StudentDao，该会话 Bean 为无状态，然后，在类中定义了 EntityManager 对象，绑定到 persistence.xml 中的持久化单元 school。

18.3.3 测试

接下来可以对实体 Bean 的功能进行测试。本节使用 Web 项目进行测试。建立 Web 项目 Prj18_Test，将接口类和 PO 类导入到项目中去，此处直接复制。项目结构如图 18-7 所示。

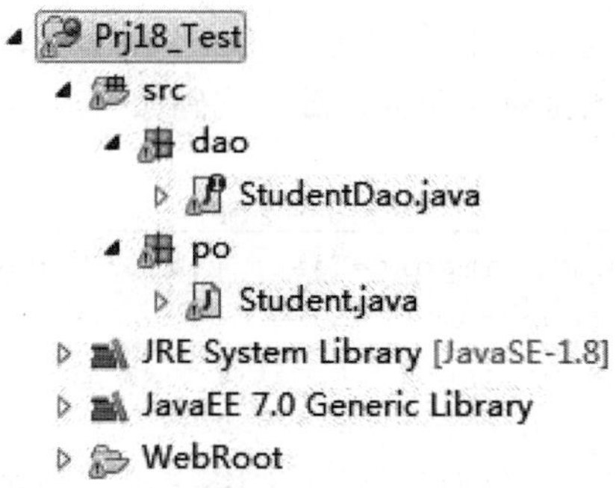

Prj18_Test
- src
  - dao
    - StudentDao.java
  - po
    - Student.java
- JRE System Library [JavaSE-1.8]
- JavaEE 7.0 Generic Library
- WebRoot

图 18-7　项目结构

首先来对查询功能进行测试。我们查询学号为“0001”的学生的信息。在项目中建立网页 testFind.jsp，来测试对对象的查询。代码如下。

testFind.jsp

```
<%@ page language="java" import="java.util.*" pageEncoding="gb2312"%>
<%@page import="po.Student"%>
<%@page import="javax.naming.InitialContext"%>
<%@page import="dao.StudentDao"%>
<!DOCTYPE HTML PUBLIC "-//W3C//DTD HTML 4.01 Transitional//EN">
<html>
  <body>
    <%
     String jndiName = "StudentDao#dao.StudentDao";
         //查询服务器中的 jndiName
         InitialContext context = new InitialContext();
         StudentDao sdao = ( StudentDao) context.lookup(jndiName);
         Student stu = sdao.getStudentByNo("0001");
         out.println("学号: " + stu.getStuno() + "<BR>");
         out.println("姓名: " + stu.getStuname() + "<BR>");
         out.println("性别: " + stu.getStusex() + "<BR>");
    %>
  </body>
</html>
```

将该项目部署到 WebLogic 中（Web 程序和 EJB 部署在同一个 WebLogic 中，在 JSP 内就不用写相关的服务器信息的属性，如 url 等配置。因此，最好部署到 WebLogic 中，否则，在其他服务器中，可能需要导入额外的包，比较麻烦；另外，一定要保证 EJB 已经被部署），运行，效果如图 18-8 所示。

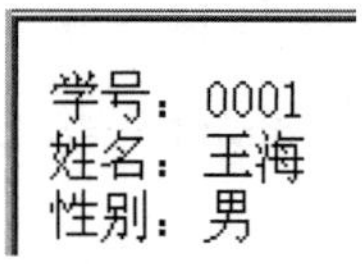

学号：0001
姓名：王海
性别：男

图 18-8　testFind.jsp 运行效果

接下来对修改功能进行测试，将学号为“0001”的学生，性别改为“女”。在项目中建立网页 testUpdate.jsp，来测试对对象的修改。代码如下。

testUpdate.jsp

```
<%@ page language="java" import="java.util.*" pageEncoding="gb2312"%>
<%@page import="po.Student"%>
<%@page import="javax.naming.InitialContext"%>
<%@page import="dao.StudentDao"%>
<!DOCTYPE HTML PUBLIC "-//W3C//DTD HTML 4.01 Transitional//EN">
<html>
  <body>
    <%
        String jndiName = "StudentDao#dao.StudentDao";
        //查询服务器中的jndiName
        InitialContext context = new InitialContext();
        StudentDao sdao = ( StudentDao) context.lookup(jndiName);
        Student stu = sdao.getStudentByNo("0001");
        stu.setStusex("女");
        sdao.updateStudent(stu);
        out.println("修改成功");
    %>
  </body>
</html>
```

运行，打开数据库，会发现记录已经修改，如图 18-9 所示。

0001	王海	女

图 18-9　数据修改情况

接下来对删除功能进行测试，将学号为“0001”的学生删除。在项目中建立网页 testDelete.jsp，来测试对对象的删除。代码如下。

testDelete.jsp

```
<%@ page language="java" import="java.util.*" pageEncoding="gb2312"%>
<%@page import="po.Student"%>
<%@page import="javax.naming.InitialContext"%>
<%@page import="dao.StudentDao"%>
<!DOCTYPE HTML PUBLIC "-//W3C//DTD HTML 4.01 Transitional//EN">
<html>
  <body>
    <%
        String jndiName = "StudentDao#dao.StudentDao";
        //查询服务器中的jndiName
        InitialContext context = new InitialContext();
        StudentDao sdao = ( StudentDao) context.lookup(jndiName);
```

```
        sdao.deleteStudent("0001");
        out.println("删除成功");
    %>
  </body>
</html>
```

运行，打开数据库，会发现记录已经删除，界面如图 18-10 所示。

删除成功

图 18-10　testDelete.jsp 显示效果

接下来对添加功能进行测试，将学号为“0005”，姓名为“唐晓红”，性别为“女”的学生添加到数据库。在项目中建立网页 testInsert.jsp，来测试对对象的添加。代码如下。

testInsert.jsp

```
<%@ page language="java" import="java.util.*" pageEncoding="gb2312"%>
<%@page import="po.Student"%>
<%@page import="javax.naming.InitialContext"%>
<%@page import="dao.StudentDao"%>
<!DOCTYPE HTML PUBLIC "-//W3C//DTD HTML 4.01 Transitional//EN">
<html>
  <body>
    <%
        String jndiName = "StudentDao#dao.StudentDao";
        //查询服务器中的 jndiName
        InitialContext context = new InitialContext();
        StudentDao sdao = ( StudentDao) context.lookup(jndiName);
        sdao.insertStudent("0005","唐晓红","女");
        out.println("添加成功");
    %>
  </body>
</html>
```

运行，打开数据库，会发现记录已经添加，界面如图 18-11 所示。

0005	唐晓红	女

图 18-11　testInsert.jsp 显示效果

18.4　复杂查询

前面使用的查询都比较简单，如果需要执行复杂的查询呢？在 EJB 中，一般采用 EJBQL（EJB 查询语言）来实现。本节将讲解 EJBQL 查询方法。以一个案例引入，例如，根据性别查询所有学生，步骤如下。

（1）EntityManager 中提供了一个方法，为 Query EntityManager.createQuery(String queryString)，该方法为 EJBQL 查询语句生成一个 Query 类的对象，进行返回。

（2）Query 中，有 getResultList()方法，返回一个 List 对象，通过遍历这个 List 对象得到查询的内容。

EJBQL 的基本语法如下。

```
select 对象别名 from 实体Bean名称 对象别名 where 条件
```

如：

```
select stu from Student stu where stu.stusex='女'
```

表示查询所有性别为女的学生。

可以给 EJBQL 设置参数，如：

```
select stu from Student stu where stu.stusex=?1
```

然后用 Query 的 setParameter 函数设置参数，如：

```
Query query = em.createQuery("select stu from Student stu where
stu.stusex=?1");
query.setParameter(1, stusex);
```

表示将变量 stusex 设置给 query 中的第一个参数。

EJBQL 还支持其他关键字，如排序、聚合、连接等。读者可以查看相应文档。

在 StudentDao 内增加一个函数。

StudentDao.java

```
package dao;
import java.util.List;
…
public interface StudentDao {
    …
    public List getStudentBySex(String stusex);
}
```

在会话 Bean 的实现类 StudentDaoImpl 中实现这个函数。

StudentDaoImpl.java

```
package daoimpl;
import java.util.List;
…
@Stateless (mappedName="StudentDao")
@Remote
public class StudentDaoImpl implements StudentDao {
    @PersistenceContext (unitName="school") private EntityManager em;
```

```
    ...
    public List getStudentBySex(String stusex) {
        Query query =
            em.createQuery("select stu from Student stu where stu.stusex= ?1");
        query.setParameter(1, stusex);
        List list = query.getResultList();
        return list;
    }
}
```

EJBQL 语句看起来虽然和 SQL 语句很像，但由于数据库迁移的可能性，避免了程序员需要对数据库结构的了解。

将 StudentDao 更新至测试项目（可以复制覆盖原来的 StudentDao 类），编写网页 testGetBySex.jsp，代码如下。

testGetBySex.jsp

```
<%@ page language="java" import="java.util.*" pageEncoding="gb2312"%>
<%@page import="po.Student"%>
<%@page import="javax.naming.InitialContext"%>
<%@page import="dao.StudentDao"%>
<!DOCTYPE HTML PUBLIC "-//W3C//DTD HTML 4.01 Transitional//EN">
<html>
  <body>
    <%
     String jndiName = "StudentDao#dao.StudentDao";
        //查询服务器中的jndiName
        InitialContext context = new InitialContext();
        StudentDao sdao = ( StudentDao) context.lookup(jndiName);
        List list = sdao.getStudentBySex("女");
        for(int i=0;i<list.size();i++){
            Student stu = (Student)list.get(i);
            out.println("学号: " + stu.getStuno() + ", ");
            out.println("姓名: " + stu.getStuname() + ", ");
            out.println("性别: " + stu.getStusex() + "<BR>");
        }
    %>
  </body>
</html>
```

运行程序后，效果如图 18-12 所示。

学号：0002，姓名：江童，性别：女
学号：0004，姓名：孙家，性别：女
学号：0005，姓名：唐晓红，性别：女

图 18-12 testGetBySex.java 显示效果

小　　结

实体 Bean 可以将数据库中的一条记录看做一个 Java 对象，大大方便了编程。本章介绍了实体 Bean 的作用，创建了一个基于实体 Bean 框架的程序，讲解如何使用实体 Bean 对数据进行增删改查，以及 EJBQL 等其他问题。

上 机 习 题

在数据库中建立表格 T_BOOK(BOOKID,BOOKNAME,BOOKPRICE)，插入一些记录。

1．制作一个查询页面，输入两个数字，显示价格在这两个数字之间的图书信息。要求服务器端使用会话 Bean 配合实体 Bean 来实现。

2．实现图书记录的删除功能，首先显示全部图书的资料，通过每一种图书后的“删除”链接，可以删除该图书记录。要求服务器端使用会话 Bean 配合实体 Bean 来实现。

第6部分

其他内容

第 19 章

log4j&Ant

建议学时：2

本章讲解 Java EE 开发过程中经常要用到的两个工具：log4j 和 Ant。首先讲解 log4j 的作用，然后讲解其配置文件的编写，以及日志的级别操作。本章还讲解了如何利用 Ant 来进行项目的部署。

19.1 log4j 初步

19.1.1 log4j 介绍

在项目运行的过程之中，可能会出现一些需要保存或者显示的信息，这些信息包括：

（1）用户操作的错误信息。

（2）程序运行的过程。

（3）代码调试的信息等。

我们希望周期性地将这些信息记录在日志文件或者打印控制台，这已经成为一个很常见的需求。

举一个简单的例子，在编程的时候常常会遇到这样的问题：一个 JavaBean 里面有一些操作，但有可能出现异常，此时我们想要了解到底是哪个地方出现的异常。要求：如果出现异常，将内容保存在日志文件，供日后用户参考。

如果用传统的方法，可以自己写一段读写文件的代码，每当使用记录日志功能时，调用读写文件的模块，将这些信息写到日志文件中。不过，该功能太公用，很多项目里面都要出现，各自编写自己的代码，无法标准化。于是，Apache 团队编写了 log4j 的支持包，经过了严密的测试，免费下载，可以让我们用比较简单的方法来处理日志问题。

本节使用一个简单的案例来说明问题。要求：编写美元转人民币的用例。首先使用 MyEclipse 建立一个 Web 项目，名为 Prj19。

用户从表单将数据提交，我们希望一个 JavaBean 来实现转换过程，所以另外编一个类 Converter。

Converter.java

```
package util;

public class Converter {
```

```
    public static String convert(String str){
        double rate = 6; //此处模拟从数据库查询得到
        double usd = Double.parseDouble(str);
        double rmb = usd * rate;
        String strRmb = String.valueOf(rmb);
        return strRmb;
    }
}
```

最后在 convertForm.jsp 中提供了一个表单，并调用 Converter。

convertForm.jsp

```
<%@ page language="java" import="java.util.*" pageEncoding="gb2312"%>
<%@page import="util.Converter"%>
<!DOCTYPE HTML PUBLIC "-//W3C//DTD HTML 4.01 Transitional//EN">
<html>
  <body>
        <form>
            输入一个美元数量 :
            <input type="text" name="usd"/>
            <input type="submit" value="转换"/>
        </form>
        <HR>
        <%
            String usd = request.getParameter("usd");
            if(usd!=null){
                out.println("人民币数量:" + Converter.convert(usd));
            }
        %>
  </body>
</html>
```

编写完成后，运行 JSP 页面，输入数值“100”，如图 19-1 所示。

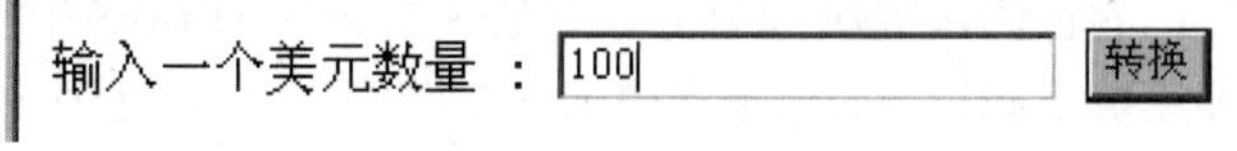

输入一个美元数量 ： 100 转换

图 19-1　convertForm.jsp 页面运行效果 1

显示结果如图 19-2 所示。

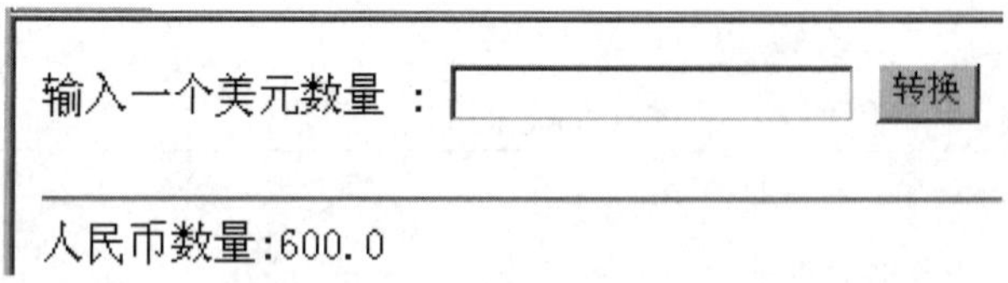

输入一个美元数量 ： 转换

人民币数量:600.0

图 19-2　convertForm.jsp 页面运行效果 2

但如果用户输入的信息格式错误，如“one hundred”，如图 19-3 所示。

输入一个美元数量 ： one hundred 转换

图 19-3 convertForm.jsp 页面运行效果 3

则会出现异常，页面也会打印错误信息，如图 19-4 所示。

HTTP Status 500 -

图 19-4 convertForm.jsp 页面运行效果 4

我们当然不希望异常信息打印在页面上，而是希望异常信息保存在日志里面，并且在前端显示提示信息，于是将 Converter.java 做如下修改。

Converter.java

```
package util;

public class Converter {
    public static String convert(String str){
        String strRmb = null;
        try{
            double rate = 6; //此处模拟从数据库查询得到
            double usd = Double.parseDouble(str);
            double rmb = usd * rate;
            strRmb = String.valueOf(rmb);
        }catch(Exception ex){
            //保存错误信息到日志
            return "输入或转换有误";
        }
        return strRmb;
    }
}
```

现在，当用户输入的信息格式不符合要求时，将会得到提示，如图 19-5 所示。

人民币数量:输入或转换有误

图 19-5 convertForm.jsp 页面运行效果 5

经过修改，在用户输入的信息格式错误时，将会得到提示，而不是一串异常信息，用户得到了更好的体验。

但是，我们还想让程序在出错时，自动把错误信息保存在文件中，供程序员调试或维护，保存日志文件的功能如何实现呢？log4j 就可以帮我们完成该工作。

log4j 的功能如下。

（1）将信息送到：控制台，文件，GUI 组件等。

（2）控制每条信息的输出格式。

（3）将信息分类，定义信息级别，细致地控制日志的输出。

19.1.2 log4j 的安装

要使用 log4j，需要导入一些支持的包。这些支持包可以到网上去下载。下载地址为 http://logging.apache.org/。

在页面中提供了各个版本的 log4j 开发包。以 log4j 2.8 版本为例，下载地址为 http://logging.apache.org/log4j/2.x/download.html，如图 19-6 所示。

Distribution	Mirrors
Apache Log4j 2 binary (tar.gz)	apache-log4j-2.8-bin.tar.gz
Apache Log4j 2 binary (zip)	apache-log4j-2.8-bin.zip
Apache Log4j 2 source (tar.gz)	apache-log4j-2.8-src.tar.gz
Apache Log4j 2 source (zip)	apache-log4j-2.8-src.zip

图 19-6 log4j 下载页面

单击 apache-log4j-2.8-bin.zip，可以选择可用的链接进行下载。下载的内容有源文件、开发包和文档等。一般情况下，将开发包解压缩之后，其中的 log4j-2.8.jar 文件复制到 Web 项目的 WEB-INF/lib 目录下即可。

19.2 log4j 的使用

将 log4j 开发包放入项目中之后，还需要在 classpath 下面编写 log4j 配置文件。log4j 配置文件要放在/WEB-INF/classes 下面，或者应用程序的项目根目录下面，MyEclipse 下可以放在 src 下，因为部署时也会放在 classpath 下。因此，在 src 目录下新建一个文件，名称为“log4j.properties”。

✍提示

在一个项目中，log4j 的配置文件可以有多个，并且一般以 log4j 作为文件名的开头。log4j.properties 是默认的 log4j 配置文件，不要修改其名字。

19.2.1 配置文件介绍

在配置文件中，有如下几个重要配置。

（1）配置日志级别及输出源。

```
log4j.rootLogger=级别,输出源 1,输出源 2……
```

① 级别配置。

一般常用的有 5 个级别：DEBUG（调试）、INFO（信息）、WARN（警告）、ERROR（错误）、FATAL（致命错误），级别的高低顺序为：DEBUG<INFO<WARN<ERROR<FATAL。级别越高，错误越严重。如果一条日志信息的级别大于等于配置文件的级别，就会被 log4j 处理。

② 输出源配置。

输出源名称可以任意，常见的输出源可以写：CONSOLE（输出到控制台）、FILE（输出到文件）等，后面将会进行详细的讲解。

（2）配置输出源所对应的辅助类。

```
log4j.appender.输出源名=类名
```

如果输出到文件，类名就写 org.apache.log4j.FileAppender，也有其他的类如 org.apache.log4j.RollingFileAppender 等。如果输出到控制台，写 System.out 即可。

（3）辅助类配置完成后，需要指定日志文件名。

```
log4j.appender.输出源名.file=路径及文件名
```

（4）接下来指定布局方式，即设置消息放入文件后的布局。

```
log4j.appender.输出源名.layout=布局方式
```

布局方式有多种：org.apache.log4j.HTMLLayout、org.apache.log4j.PatternLayout、org.apache.log4j.SimpleLayout 等，后面将会详细讲解。

到此，log4j 配置完成。按照以上规则，可以编写配置文件如下所示。

log4j.properties

```
log4j.rootLogger=ERROR,FILE1
log4j.appender.FILE1=org.apache.log4j.FileAppender
log4j.appender.FILE1.file=c:/file1.log
log4j.appender.FILE1.layout=org.apache.log4j.SimpleLayout
```

表示日志级别为 ERROR，输出源名为 FILE1，处理类是 org.apache.log4j.FileAppender，输出目标为 c:/file1.log，布局方式为 org.apache.log4j.SimpleLayout。

19.2.2 日志测试

接下来修改 Converter.java 使之能够记录日志，在保存日志文件时，需要用到 org.apache.log4j 中的一个名为 Logger 的类,使用它的静态函数 getLogger(String)实例化其对象，参数一般为类名，该函数返回一个 Logger 类的对象。

```
Logger logger = Logger.getLogger("Converter");
```

使用得到的变量的函数来记录日志，同时设置该日志的级别，例如：

```
logger.error("操作错误");
```

此操作表示：记录一条级别为 error 的日志消息，日志的内容为“操作错误”。

注意，只有当日志消息的级别大于等于配置文件的级别时，才会被记录。

修改后的 Converter.java 文件如下。

Converter.java

```
package util;
import org.apache.log4j.Logger;
public class Converter {
    private static Logger logger = Logger.getLogger("Converter");
    public static String convert(String str){
        String strRmb = null;
        try{
            double rate = 6; //此处模拟从数据库查询得到
            double usd = Double.parseDouble(str);
            double rmb = usd * rate;
            strRmb = String.valueOf(rmb);
        }catch(Exception ex){
            logger.error("操作错误");
            return "输入或转换有误";
        }
        return strRmb;
    }
}
```

运行 JSP 页面，并输入错误数据，提交后打开 C 盘下自动生成的 file1.log 文件，里面记录了“ERROR – 操作错误”，表示信息成功写到日志文件。如图 19-7 所示。

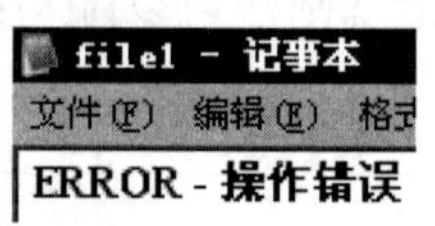

图 19-7 log4j 日志文件

实际上，也可以修改异常的保存内容，将上述源文件中：

```
logger.error("操作错误");
```

修改为：

```
logger.error("操作错误"+ex);
```

保存后，运行页面，输入错误数据后。查看 file1.log 文件，此时可以看到详细的异常信息也保存到了日志当中，这就让专业人员很容易找出问题所在。

19.2.3 日志消息级别

Logger 类可以以 5 个级别将日志消息输出，它们分别是 debug、info、warn、error、fatal。其输出方法如下。

```
Logger logger = Logger.getLogger("Converter");
...
```

```
logger.error("操作错误",ex);  //以 error 级别将消息写入
logger.fatal("操作错误",ex);  //以 fatal 级别将消息写入
logger.warn("操作错误",ex);  //以 warn 级别将消息写入
logger.info("操作错误",ex);   //以 info 级别将消息写入
logger.debug("操作错误",ex);  //以 debug 级别将消息写入
```

值得强调的是 log4j 的一个重要机制：如果一条日志信息的级别大于等于配置文件的级别，就记录。如果操作错误分别以 5 种不同的级别输出，配置文件级别是 ERROR，则只记录 error 和 error 以上级别的信息，即 error 和 fatal。

实际上，该机制是很有用的。在程序开发前期进行调试时，程序员可能需要对各种日志信息进行查阅，在项目交付应用以后，操作成功的信息将不用记录，只需要记录操作错误的信息。用传统方法就是删除记录错误的操作，在 log4j 中，只需要修改配置文件，将配置文件的级别升高就可以了。

19.2.4　日志布局

前面的日志文件显示的内容过于简单，有没有一些比较好的方法来显示呢？log4j 提供了多种布局方式，常用的几个布局方式有以下几种。

（1）org.apache.log4j.SimpleLayout：以简单的形式显示。

（2）org.apache.log4j.HTMLLayout：以 HTML 表格显示。

（3）org.apache.log4j.PatternLayout：自定义形式显示。

在之前的内容里，已经了解了 SimpleLayout，现在来看一下另外两种常用布局方式。

（1）HTMLLayout。修改配置文件 log4j.properties，内容如下。

log4j.properties

```
log4j.rootLogger=INFO,FILE1,FILE2

log4j.appender.FILE1= org.apache.log4j.FileAppender
log4j.appender.FILE1.file=c:/file1.log
log4j.appender.FILE1.layout = org.apache.log4j.SimpleLayout
#HTML 布局
log4j.appender.FILE2= org.apache.log4j.FileAppender
log4j.appender.FILE2.file=c:/file2.html
log4j.appender.FILE2.layout = org.apache.log4j.HTMLLayout
```

修改后，运行 JSP 页面，进行错误输入操作，查看 file2.html 日志文件。file2.html 以 HTML 表格的形式显示，如图 19-8 所示。

Log session start time Sun May 02 15:55:44 CST 2010

Time	Thread	Level	Category	Message
0	http-8888-1	ERROR	Converter	操作错误

图 19-8　HTML 格式

表格里的“Category”表示出现此信息的类；“Level”表示日志消息的级别；“Message”表示消息的内容，使人一目了然，比 SimpleLayout 直观一些。

（2）PatternLayout

PatternLayout 提供了一个自定义的日志输出格式，可以让用户自己定义输出的内容以及格式。在 log4j.appender.FILE.layout=org.apache.log4j.PatternLayout 的情况下，可以很好地规定日志的布局。

格式的定义方法为：log4j.appender.输出源名称.layout.conversionPattern=相应格式。

相应格式中，常见有以下几种选择。

%t：线程名称。

%p：日志级别。

%c：日志消息所在类名。

%m：消息内容。

%d：发生时间。

%l：行数。

%n：换行。

例如：

```
log4j.appender.FILE3.layout.conversionPattern =%t;%p;%c;%m;%d;%l;%n;
```

现在把每一个内容都显示出来。修改配置文件，增加输出源 FILE3，内容如下。

log4j.properties

```
log4j.rootLogger=INFO,FILE1,FILE2,FILE3

log4j.appender.FILE1= org.apache.log4j.FileAppender
log4j.appender.FILE1.file=${caltalina.home}/logs/file1.log
log4j.appender.FILE1.layout = org.apache.log4j.SimpleLayout

log4j.appender.FILE2= org.apache.log4j.FileAppender
log4j.appender.FILE2.file=c:/file2.html
log4j.appender.FILE2.layout = org.apache.log4j.HTMLLayout
#自定义布局
log4j.appender.FILE3= org.apache.log4j.FileAppender
log4j.appender.FILE3.file=c:/file3.log
log4j.appender.FILE3.layout=org.apache.log4j.PatternLayout
log4j.appender.FILE3.layout.conversionPattern=%t;%p;%c;%m;%d;%l;%n
```

重复前几步的错误操作，打开 file3.log 文件，日志文件内容如图 19-9 所示。

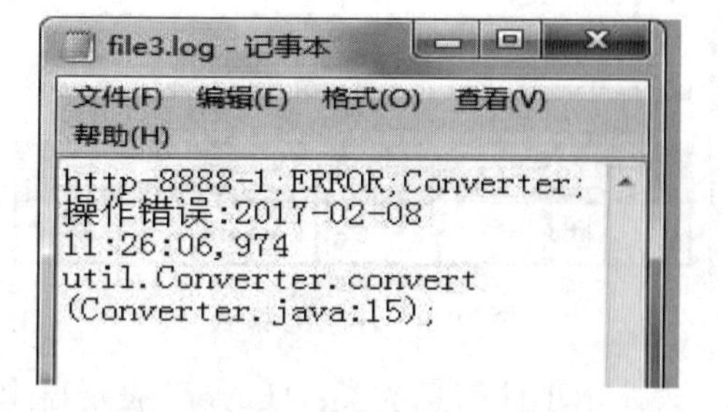

图 19-9 自定义格式 1

读者可以自行分析。以上格式，使用较多的有：日志级别%p、消息内容%m、发生时间%d、行数%l 以及换行%n。可以修改布局方式，使得信息更加易读，比如，将配置文件中的：

```
log4j.appender.FILE3.layout.conversionPattern =%t;%p;%c;%m;%d;%l;%n
```

修改为：

```
log4j.appender.FILE3.layout.conversionPattern=--%n%p%n%m%n%d%n%l%n--%n
```

在 JSP 页面中重复输入几次错误信息，查看日志，如图 19-10 所示。

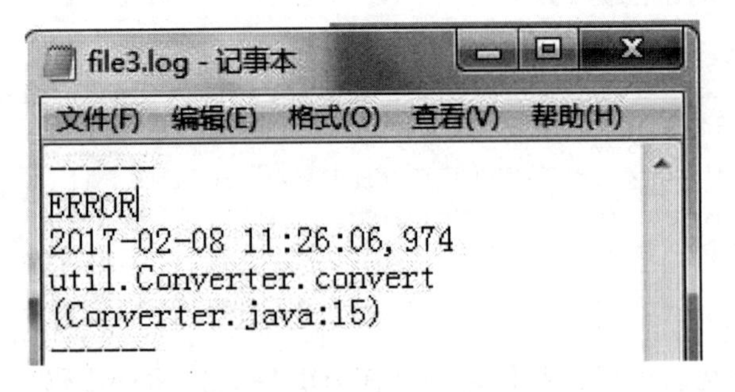

图 19-10　自定义格式 2

这样布局，日志文件的可读性更高。

19.2.5　日志文件的存放

日志文件建议存放在服务器目录下的“logs”文件夹里，并不建议存放在服务器外，如“C:\”下。

在 Tomcat 中，存放日志文件有以下两种方法。

（1）直接指定文件路径。

（2）使用环境变量：${catalina.home}。“${catalina.home}”表示安装服务器的根目录，例如：

```
${catalina.home}/logs/
```

就表示服务器所在目录的“logs”文件夹。

例如，上例中，就可以将配置文件中的输出目录进行修改。

19.2.6　建议

（1）调试时，将项目的 log 级别定低一些，实际运行时可以将 log 级别定高一些，屏蔽掉调试时要输出的信息。

（2）推荐使用异常的集中处理和日志的集中处理专门定义一个类来负责处理各种类型的异常以及相应的日志操作。

（3）项目运行时，可以设置多个日志文件分别存储不同级别的日志信息；按照时间定期生成不同的日志文件，使用日期滚动日志。

19.3 Ant

19.3.1 Ant 介绍

当项目的源文件编写完毕之后，要进行编译（javac），打包（jar），部署（复制到服务器目录），一般情况下，MyEclipse 等 IDE 可以帮我们完成，但是，不同的 IDE 做法不统一，能否有一个统一的框架来完成这件工作呢？有一个比较通用的工具：Ant。

现在编写一个最简单的源码。

HelloWorld.java

```
public class HelloWorld{
    public static void main(String args[]){
        System.out.println("HelloWorld");
        }
    }
```

编写完成后，要运行代码，我们习惯于在 IDE 中直接运行代码。但在不同环境下编写的工程结构可能不一样，比如，JBuilder 就根本无法打开 MyEclipse 的项目。

现在要将该文件编译、打包，并且运行，可以用到 Ant。

19.3.2 下载并配置 Ant

要使用 Ant，需要使用一些支持包。这些支持包可以到网上去下载。下载地址为 http://ant.apache.org/。

在页面上可以找到各个版本的 Ant 开发包。Ant 所有版本的下载地址为 http://ant.apache.org/bindownload.cgi，如图 19-11 所示。

- 1.10.0 .zip archive: apache-ant-1.10.0-bin.zip [PGP] [SHA1] [SHA512] [MD5]
- 1.9.8 .zip archive: apache-ant-1.9.8-bin.zip [PGP] [SHA1] [SHA512] [MD5]
- 1.10.0 .tar.gz archive: apache-ant-1.10.0-bin.tar.gz [PGP] [SHA1] [SHA512] [MD5]
- 1.9.8 .tar.gz archive: apache-ant-1.9.8-bin.tar.gz [PGP] [SHA1] [SHA512] [MD5]
- 1.10.0 .tar.bz2 archive: apache-ant-1.10.0-bin.tar.bz2 [PGP] [SHA1] [SHA512] [MD5]
- 1.9.8 .tar.bz2 archive: apache-ant-1.9.8-bin.tar.bz2 [PGP] [SHA1] [SHA512] [MD5]

图 19-11 Ant 下载页面

单击 apache-ant-1.10.0-bin.zip，可以选择可用的链接进行下载。下载的内容有源文件、开发包和文档等。解压缩后可以看到 Ant 目录下有一个“bin”文件夹，此文件夹下的 ant.bat 是最常用的命令，它可以运行一个类似于批处理的配置文件。

此时，Ant 还不能直接使用，需要在环境变量的 path 内增加“%ANTHOME%/bin”，“%ANTHOME%”指的是 Ant 的根目录。另外，ANT 必须依赖于 Java 运行环境，最好在环境变量中将 JDK 的安装目录设置为环境变量 JAVA_HOME。

查看环境变量是否配置成功，可以在 cmd 命令下运行“ant”查看打印信息，如图 19-12 所示。

```
C:\Documents and Settings\USER>ant
Buildfile: build.xml does not exist!
Build failed
```

图 19-12　查看 Ant 是否配置成功

从图中可以看到系统提示“build.xml does not exist”，原因是：Ant 命令运行，必须包含配置文件，名称一般为“build.xml”。

19.3.3　Ant 的使用

接下来就应该编写配置文件。对于 HelloWorld.java，我们要将该文件编译到 classes 目录下，然后打包，最后运行。相应操作的 build.xml 文件内容如下。

build.xml

```
<?xml version="1.0" encoding="UTF-8" ?>
<project name="HelloWorld" default="run" basedir=".">
    <property name="src" value="." />
    <property name="dest" value="classes" />
    <property name="hello_jar" value="hello.jar" />
    <target name="init">
        <mkdir dir="${dest}" />
    </target>
    <target name="compile" depends="init">
        <javac srcdir="${src}" destdir="${dest}" />
    </target>
    <target name="build" depends="compile">
        <jar jarfile="${hello_jar}" basedir="${dest}" />
    </target>
    <target name="run" depends="build">
        <java classname="HelloWorld" classpath="${hello_jar}" />
    </target>
</project>
```

从配置文件的内容可以看出：文件中的“property”属性定义了该 Project 的参数，相当于定义变量，格式如下。

```
<property name="参数名" value="参数值" />
```

Project 包括多个 target，target 里面包含任务。

```
<target name="init">
<mkdir dir="${dest}" />
```

```
</target>
```

以上命令意为创建一个文件夹，文件夹的名字是参数名为“dest”的参数值，该操作名为“init”。也就是创建一个名为“classes”的目录。下一个 target 中：

```
<target name="compile" depends="init">
  <javac srcdir="${src}" destdir="${dest}" />
</target>
```

该操作负责编译，“depends="init"”表示只有名为“init”的操作完成后，此操作才能进行。使用 javac 进行编译，“srcdir="${src}"”中，因为“src”的值是“.”，所以它表示编译当前目录下的内容，“destdir="${dest}"”意为将此内容编译到 classes 目录下。

接下来是打包操作：

```
<target name="build" depends="compile">
  <jar jarfile="${hello_jar}" basedir="${dest}" />
</target>
```

使用 jar 命令打包，“basedir="${dest}"”表示打包 classes 目录下的内容，“jarfile="${hello_jar}"”用来定义打包后的文件名，此处表示打包后文件名为“hello.jar”。

最后是运行：

```
<target name="run" depends="build">
<java classname="HelloWorld" classpath="${hello_jar}" />
</target>
```

它表示从“classpath="${hello_jar}"”定义的“hello.jar”中运行“classpath="${hello_jar}"”命令定义的“HelloWorld”类。

将其保存到 build.xml 文件中，和 HelloWorld.java 放在同一个目录下。在 cmd 界面中，在 build.xml 所在的目录下运行 Ant。运行结果如图 19-13 所示。

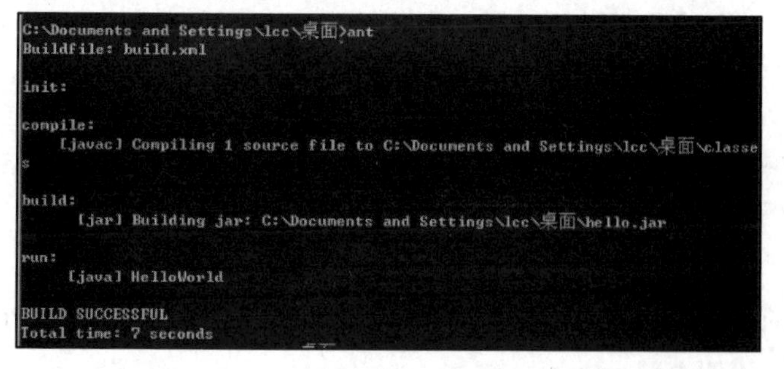

图 19-13　Ant 运行效果

小　　结

本章讲解了 log4j 和 Ant。首先讲解 log4j 的作用和环境配置，然后讲解其配置文件的编写，以及日志的级别和布局操作。本章还讲解了如何利用 Ant 来进行项目的部署，包括 Ant 的下载、配置文件的编写等。

上 机 习 题

1. 以本章的 log4j 案例为例，当客户端输入格式错误数据时，将客户端的 IP 地址也记录到日志文件中。

2. 查看文档，学会滚动日志的使用方法。

3. Maven 是和 Ant 类似的一个框架，搜索并了解关于该框架的一些信息。

第 20 章

DOM 和 SAX

本章选学

解析 XML 文件是 Java EE 中常用到的功能之一，解析的过程通常是读入 XML 文件并且用 Java 语言分析其结构，或者向 XML 文件中写一些内容，改变 XML 文件的结构。本章将学习两个灵活、快捷的 XML 解析器：DOM 和 SAX，它们功能强大，而且十分易用。

20.1 DOM

20.1.1 DOM 介绍

在项目中，经常要使用 XML 文件进行系统的配置，如 WEB-INF 下的 web.xml，就是通过 XML 文件来配置系统中的 Servlet、Filter 等内容。

显然，网站在运行时，服务器必须能够从 web.xml 中获得一定的配置信息，那么就必须读取该文件。由于 XML 文件的格式具有一定的规范性，对 XML 文件的读写，不能使用传统读取文件的方法来解析。

不同的语言都有相应的 API 来解决该问题。本节讲解的 DOM 就可以为 XML 文件的读写提供较好的便利。

DOM（Document Object Model，文档对象模型）是由 W3C 提出的，最初是为了实现通过 Web 访问和操作文档结构的标准化方法。

W3C 是国际组织，对于 XML 的访问，DOM 内也进行了一定的规定。DOM 能够用任何编程语言实现，如 Java、C、JavaScript 等。本节讲解的是用 Java 语言实现 DOM。

顾名思义，DOM，就是将文档看做内存中的对象，程序运行的过程中，用 Java 读入 XML 文档并分析其结构，将其转化为内存中的对象。以下面的 XML 文件为例。

flowers.xml

```
<?xml version="1.0" encoding="gb2312"?>
<flowers>
    <flower id="1">
        <name>玫瑰</name>
        <price>10</price>
    </flower>
    <flower id="2">
```

```
        <name>百合</name>
        <price>20</price>
    </flower>
    <flower id="3">
        <name>兰花</name>
        <price>15</price>
    </flower>
</flowers>
```

在 DOM 中，系统将其解析为树状的数据结构，如图 20-1 所示。

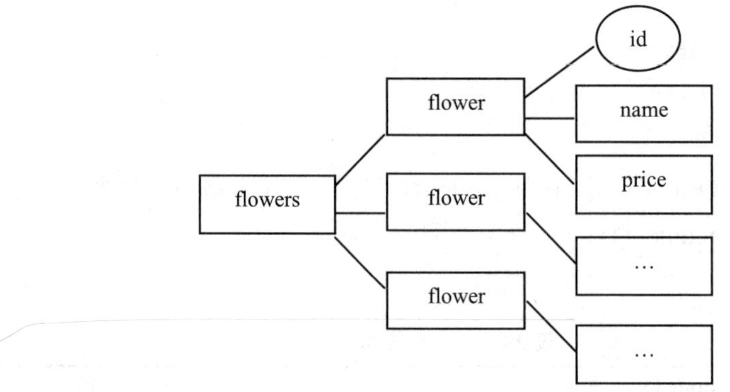

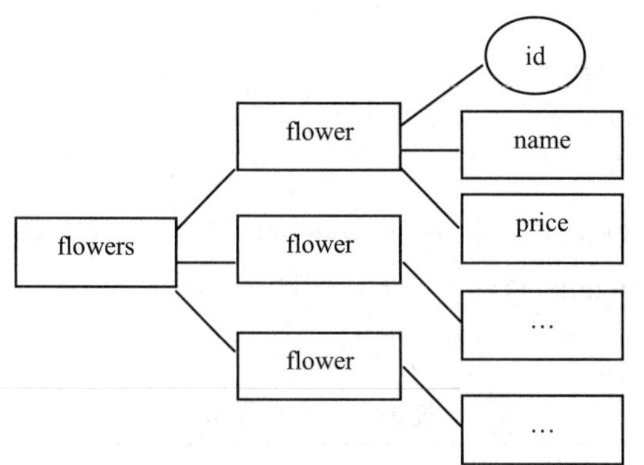

图 20-1　XML 文件树状结构

既然是树状的数据结构，则可以很容易地对其进行遍历、查询、修改等操作。

本章中，建立普通的 Java 项目 Prj20，将 flowers.xml 放在项目根目录下，后面的例子将针对此文件进行操作。

20.1.2　DOM 基本 API

在 JDK 中，对 DOM 的操作 API 主要集中在包 org.w3c.dom 内。可以查看文档了解包内的基本结构。

在 org.w3c.dom 下，所有内容都被解释为节点（Node），最基本的 API 如图 20-2 所示。

```
o org.w3c.dom.Node
    o org.w3c.dom.Attr
    o org.w3c.dom.CharacterData
        o org.w3c.dom.Comment
        o org.w3c.dom.Text
            o org.w3c.dom.CDATASection
    o org.w3c.dom.Document
    o org.w3c.dom.DocumentFragment
    o org.w3c.dom.DocumentType
    o org.w3c.dom.Element
```

图 20-2　org.w3c.dom 下 API

解释如下。

（1）org.w3c.dom.Node：是 XML 中所有 API 的父接口，里面提供了对节点的基本操作，如获取节点信息、获取子节点、添加节点等。

（2）org.w3c.dom.Document：表示整个 XML 文档；同时也是 Node 的子接口，除了拥有 Node 的功能以外，还提供了面向整个文档的一些特殊操作，如创建节点、获取某个名称的节点等。

（3）org.w3c.dom.Comment：表示 XML 文档中的注释。

（4）org.w3c.dom.Text：表示 XML 文档中的普通文本。

（5）org.w3c.dom.Element：实际上，在 DOM 中使用最多的不是普通文本，也不是注释，而是一些标签，它们含有属性，可能含有子标签。例如：

```
<flower id="1">
    <name>玫瑰</name>
    <price>10</price>
</flower>
```

flower 被称为元素（Element），它是 Node 的子接口。元素是使用最多的节点。

（6）org.w3c.dom.DocumentType：节点类型，一般情况下，节点类型有以下几种，如表 20-1 所示。

表 20-1　节点类型

接　口	nodeType 常量	值	意义
Element	Node.ELEMENT_NODE	1	元素
Text	Node.TEXT_NODE	3	文本
Document	Node.DOCUMENT_NODE	9	文档
Comment	Node.COMMENT_NODE	8	注释
DocumentFragment	Node.DOCUMENT_FRAGMENT_NODE	11	片段
Attr	Node.ATTRIBUTE_NODE	2	属性

（7）org.w3c.dom.Attr：表示属性节点。

20.1.3　载入文档

XML 文件只有载入内存才能被操作，对于文件 flowers.xml，载入内存之后成为 Document 对象。载入文档的过程如下。

（1）实例化 javax.xml.parsers.DocumentBuilderFactory，并通过 DocumentBuilderFactory 实例化 javax.xml.parsers.DocumentBuilder。

```
DocumentBuilderFactory dbf = DocumentBuilderFactory.newInstance();
DocumentBuilder db = dbf.newDocumentBuilder();
```

（2）通过 DocumentBuilder 的 parse(String)方法传入文件路径，载入文档，并返回 Document 对象。

```
Document doc = db.parse("flowers.xml");
```

（3）使用 Document 对象。

本例中载入的是 flowers.xml，如果成功，则打印成功信息。代码如下。

LoadXML.java

```
package dom;
import java.io.IOException;
import javax.xml.parsers.DocumentBuilder;
import javax.xml.parsers.DocumentBuilderFactory;
import javax.xml.parsers.ParserConfigurationException;
import org.w3c.dom.Document;
import org.xml.sax.SAXException;
public class LoadXML {
    public static void main(String args[]) {
        DocumentBuilderFactory dbf = DocumentBuilderFactory.newInstance();
        DocumentBuilder db;
        try {
            db = dbf.newDocumentBuilder();
            Document doc = db.parse("flowers.xml");
            System.out.println("载入成功");
        } catch (ParserConfigurationException e) {
            e.printStackTrace();
        } catch (SAXException e) {
            e.printStackTrace();
        } catch (IOException e) {
            e.printStackTrace();
        }
    }
}
```

运行程序，显示效果如图 20-3 所示。

载入成功

图 20-3　LoadXML.java 显示效果

20.2　利用 DOM 读取数据

20.2.1　利用 Node 读取数据

Node 是所有各种类型节点的父接口，Node 提供读取数据的方法，可以通过 Node 对象的各个 API 来获得相应的信息，最常见的 API 包括以下几个。

（1）NodeList getChildNodes()：以 NodeList 形式存放当前节点的子节点，若无，则返回空集合。

注意，org.w3c.dom.NodeList 可以存储多个 Node，其提供了两个方法。

① int getLength()：获取长度。

② Node item(int item)：获取某个位置的 Node，位置从 0 开始算。

（2）Node getFirstChild()：以 Node 形式返回当前节点的第一个子节点，若无，则返回 null。

（3）Node getLastChild()：以 Node 形式返回当前节点的最后一个子节点，若无，则返回 null。

（4）Node getNextSibling()：以 Node 形式返回当前节点的下一个兄弟节点，若无，则返回 null。

（5）Node getPreviousSibling：以 Node 形式返回当前节点的下一个兄弟节点，若无，则返回 null。

（6）Node getParentNode()：以 Node 形式返回当前节点的父节点，若无，则返回 null。

（7）String getNodeName()：得到节点名称。

（8）String getTextContent()：得到此节点中的文本内容。

（9）boolean hasChildNodes()：返回当前节点是否存在子节点。

（10）short nodeType：获取节点类型，节点类型见 20.1 节。

下面用案例来表达该问题，将 flowers.xml 的根节点名称显示出来，显示其类型，并显示其所有子节点的内容。

ReadNode.java

```
package dom;
import javax.xml.parsers.DocumentBuilder;
import javax.xml.parsers.DocumentBuilderFactory;
import org.w3c.dom.Document;
import org.w3c.dom.Node;
import org.w3c.dom.NodeList;
public class ReadNode {
    public static void main(String args[]) throws Exception{
        DocumentBuilderFactory dbf = DocumentBuilderFactory. newInstance();
        DocumentBuilder db = dbf.newDocumentBuilder();
        Document doc = db.parse("flowers.xml");
        //获取文档中的第一个子节点(即根节点)
        Node root = doc.getFirstChild();
        //打印节点名称
        System.out.println("根节点名称为：" + root.getNodeName());
        //打印节点类型
        System.out.println("根节点类型为：" + root.getNodeType());
        //显示所有子节点
        NodeList list = root.getChildNodes();
        for(int i=0;i<list.getLength();i++){
            Node node = list.item(i);
            System.out.println(node.getNodeName());
        }
    }
}
```

运行程序，显示效果如图 20-4 所示。

```
根节点名称为: flowers
根节点类型为: 1
#text
flower
#text
flower
#text
flower
#text
```

图 20-4　ReadNode.java 程序运行效果

注意，此处显示了根节点的子节点有 7 个，实际上只有 3 个，多出的 4 个#text 是由于 XML 对齐时给定的空白区域决定的，如图 20-5 所示中的阴影部分。

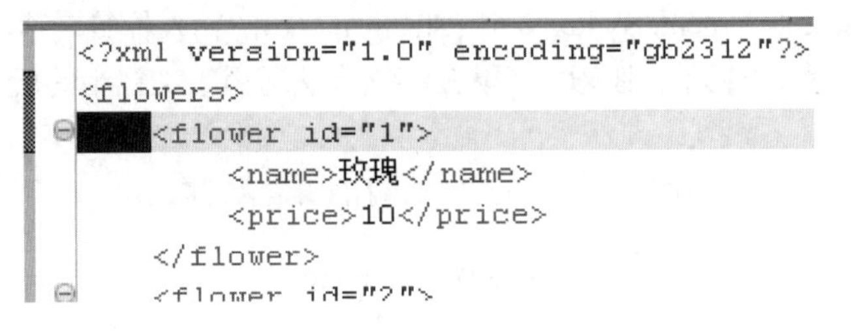
<?xml version="1.0" encoding="gb2312"?>
<flowers>
<flower id="1">
<name>玫瑰</name>
<price>10</price>
</flower>

图 20-5　XML 文件空白区域

有两种方法略去这些空白区域。

（1）将文件变为没有空白，如图 20-6 所示。

```
<?xml version="1.0" encoding="gb2312"?>
<flowers><flower id="1"><name>玫瑰</name><pr
```

图 20-6　略去 XML 文件空白区域

但是这样的做法会不利于 XML 文件阅读。

（2）可以对节点类型进行判断，如果节点是文本类型并且内容为空白，则不显示。如将上面代码中的 for 循环改为如下。

```
for(int i=0;i<list.getLength();i++){
            Node node = list.item(i);
            if(!(node.getNodeType()==Node.TEXT_NODE&&
                    node.getTextContent().trim().length()==0)){
                System.out.println(node.getNodeName());
            }
    }
```

显示结果如图 20-7 所示。

```
根节点名称为: flowers
根节点类型为: 1
flower
flower
flower
```

图 20-7　略去 XML 文件空白区域程序运行效果

20.2.2　利用 Document 读取数据

Document 是 Node 的子接口。首先，其具有 Node 内提供的所有功能。但是提供的读取数据的方法，又具有自己的特有的 API。

（1）Element getDocumentElement()：获取文档根节点；实际上，该方法的应用等价于 Node Document.getFirstChild()，只是返回类型不同。不过，可以将返回的 Node 强制转换为 Element 类型(Element 是 Node 的子接口)。

（2）NodeList getElementsByTagName(String name)：输入标签名称，以 NodeList 形式返回指定标记的元素，若无，则返回空集合；该方法适用于文档中的所有元素，不需确定该元素的位置。

下面用案例来表达该问题，打印文档中所有的鲜花名称。

ReadDocument.java

```
package dom;
import javax.xml.parsers.DocumentBuilder;
import javax.xml.parsers.DocumentBuilderFactory;
import org.w3c.dom.Document;
import org.w3c.dom.Node;
import org.w3c.dom.NodeList;
public class ReadElement {
    public static void main(String args[]) throws Exception{
        DocumentBuilderFactory dbf = DocumentBuilderFactory.newInstance();
        DocumentBuilder db = dbf.newDocumentBuilder();
        Document doc = db.parse("flowers.xml");
        //查询所有鲜花名称
        NodeList list = doc.getElementsByTagName("name");
        for(int i=0;i<list.getLength();i++){
            Node node = list.item(i);
            System.out.println(node.getTextContent());
        }
    }
}
```

运行程序，效果如图 20-8 所示。

玫瑰
百合
兰花

图 20-8　ReadDocument.java 显示效果

20.2.3　利用 Element 读取数据

Element 是 Node 的子接口，首先，其具有 Node 内提供的所有功能。但是提供的读取数据的方法，又具有自己特有的 API。

（1）String getAttribute(String name)：通过属性名称获得属性值。

（2）NodeList getElementsByTagName(String name)：输入标签名称，以 NodeList 形式返回指定标记的元素，若无，则返回空集合；该方法只适用于本元素的子元素。

（3）String getTagName()：得到元素的名称。

（4）boolean hasAttribute(String name)：判断该元素是否存在某个名称的属性。

既然 Element 是 Node 的子类，也可以使用 Node 中的属性和方法。

下面用例子来说明该问题，将价格大于 10 的所有鲜花 id、名称和价格显示出来。

ReadElement.java

```
package dom;
import javax.xml.parsers.DocumentBuilder;
import javax.xml.parsers.DocumentBuilderFactory;
import org.w3c.dom.Document;
import org.w3c.dom.Element;
import org.w3c.dom.Node;
import org.w3c.dom.NodeList;
public class ReadElement {
    public static void main(String args[]) throws Exception{
        DocumentBuilderFactory dbf = DocumentBuilderFactory.newInstance();
        DocumentBuilder db = dbf.newDocumentBuilder();
        Document doc = db.parse("flowers.xml");
        //查询所有鲜花
        NodeList list = doc.getElementsByTagName("flower");
        for(int i=0;i<list.getLength();i++){
            Element flower = (Element)list.item(i);
            Node priceNode = flower.getElementsByTagName("price").item(0);
            String strPrice = priceNode.getTextContent();
            double price = Double.parseDouble(strPrice);
            if(price>10){
                String id = flower.getAttribute("id");
                Node nameNode =
                flower.getElementsByTagName("name").item(0);
```

```
                    String name = nameNode.getTextContent();
                    System.out.println("id:" + id);
                    System.out.println("name:" + name);
                    System.out.println("price:" + price);
                    System.out.println("----------------");
                }
            }
        }
    }
```

运行程序，显示效果如图 20-9 所示。

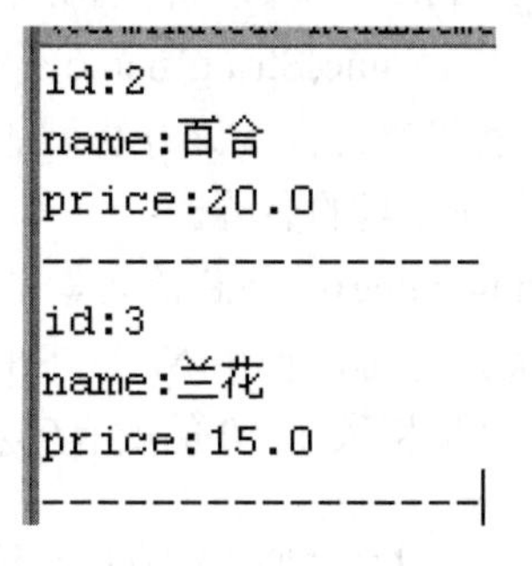

图 20-9　ReadElement.java 程序运行效果

20.3　利用 DOM 修改数据

20.3.1　XML 文件保存

利用 DOM 修改数据，顾名思义，是将 XML 文件内容在内存中进行修改之后，保存在硬盘上。因此，首先需要讲解的是文件的保存。

XML 文件只有载入内存才能被操作，首先载入 flowers.xml，载入的文档是 Document 对象。同样，将文档保存在硬盘，也是将该 Document 对象写入硬盘。保存文档的过程如下。

（1）实例化 import javax.xml.transform.TransformerFactory，并通过 TransformerFactory 实例化 importjavax.xml.transform.Transformer，为了保证支持中文，通常还需设置 Transformer 的 encoding。

```
TransformerFactory tf =TransformerFactory.newInstance();
Transformer transformer = tf.newTransformer();
transformer.setOutputProperty("encoding","gb2312");
```

（2）通过 javax.xml.transform.dom.DOMSource 将 Document 对象封装为 DOM 源，通过 javax.xml.transform.stream.StreamResult 包装 java.io.File 对象，确定输出的目标。

```
DOMSource source = new DOMSource(doc);
```

```
File file = new File("newFile.xml");
StreamResult result = new StreamResult(file);
```

（3）利用 Transformer 的 transform 方法将源输出到目标。

```
transformer.transform(source, result);
```

本例中载入的是 flowers.xml，并将其保存为 newFlowers.xml。代码如下。

WriteXML.java

```
package dom;
import java.io.File;
import javax.xml.parsers.DocumentBuilder;
import javax.xml.parsers.DocumentBuilderFactory;
import javax.xml.transform.Transformer;
import javax.xml.transform.TransformerFactory;
import javax.xml.transform.dom.DOMSource;
import javax.xml.transform.stream.StreamResult;
import org.w3c.dom.Document;
public class WriteXML{
    public static void main(String args[]) throws Exception{
      //载入文件
       DocumentBuilderFactory dbf = DocumentBuilderFactory.newInstance();
       DocumentBuilder db = dbf.newDocumentBuilder();
       Document doc = db.parse("flowers.xml");
       //保存文件
      TransformerFactory tf =TransformerFactory.newInstance();
       Transformer transformer = tf.newTransformer();
       transformer.setOutputProperty("encoding","gb2312");
       DOMSource source = new DOMSource(doc);
       File file = new File("newFlowers.xml");
       StreamResult result = new StreamResult(file);
       transformer.transform(source, result);
       System.out.println("保存成功");
       }
    }
```

程序运行，效果如图 20-10 所示。

保存成功

图 20-10　WriteXML.java 程序运行效果

20.3.2　利用 Node 修改数据

Node 是所有各种类型节点的父接口，Node 提供修改数据的方法，可以通过 Node 对象的各个 API 来获得相应的信息，最常见的 API 包括以下几个。

（1）Node insertBefore(Node newChild, Node refChild)：在现有子节点 refChild 之前插入节点 newChild。

（2）Node removeChild(Node oldChild)：从子节点列表中移除 oldChild 所指示的子节点，并将其返回。

（3）Node replaceChild(Node newChild, Node oldChild)：将子节点列表中的子节点 oldChild 替换为 newChild，并返回 oldChild 节点。

（4）void setTextContent(String textContent)：设置此节点的文本内容。

（5）Node appendChild(Node newChild)：将节点 newChild 添加到此节点的子节点列表的末尾。

下面用案例来表达上述的问题，将 flowers.xml 中价格大于 15 的鲜花删除，将其他鲜花的价格减去 5。代码如下。

WriteNode.java

```
package dom;
import java.io.File;
import java.util.ArrayList;
import javax.xml.parsers.DocumentBuilder;
import javax.xml.parsers.DocumentBuilderFactory;
import javax.xml.transform.Transformer;
import javax.xml.transform.TransformerFactory;
import javax.xml.transform.dom.DOMSource;
import javax.xml.transform.stream.StreamResult;
import org.w3c.dom.Document;
import org.w3c.dom.Node;
import org.w3c.dom.NodeList;
public class WriteNode {
    public static void main(String args[]) throws Exception {
        DocumentBuilderFactory dbf = DocumentBuilderFactory.newInstance();
        DocumentBuilder db = dbf.newDocumentBuilder();
        Document doc = db.parse("flowers.xml");
        // 查询所有价格
        NodeList list = doc.getElementsByTagName("price");
        ArrayList arrayList = new ArrayList();
        Node flowers = null;
        for (int i = 0; i < list.getLength(); i++) {
            Node priceNode = list.item(i);
            String strPrice = priceNode.getTextContent();
            double price = Double.parseDouble(strPrice);
            // 获取该价格的父节点(flower)
            Node flower = priceNode.getParentNode();
            // 获取 flower 的父节点(flowers)
            flowers = flower.getParentNode();
```

```
                if (price > 15) {
                    arrayList.add(flower);
                } else {
                    // 修改价格
                    String newPrice = String.valueOf(price - 5);
                    priceNode.setTextContent(newPrice);
                }
            }
            for (int j = 0; j < arrayList.size(); j++) {
                Node flower = (Node) arrayList.get(j);
                // 从 flowers 中删除 flower
                flowers.removeChild(flower);
            }
            // 保存入文件
            TransformerFactory tf = TransformerFactory.newInstance();
            Transformer transformer = tf.newTransformer();
            transformer.setOutputProperty("encoding", "gb2312");
            DOMSource source = new DOMSource(doc);
            File file = new File("newFlowers.xml");
            StreamResult result = new StreamResult(file);
            transformer.transform(source, result);
        }
    }
```

运行程序，则可在 newFlowers.xml 中看到最新结果。

20.3.3 利用 Document 修改数据

Document 是 Node 的子接口，首先，其具有 Node 内提供的所有功能。但是提供的修改数据的方法，又具有自己的特有的 API，如下。

Element createElement(String tagName)：创建指定标签名称的元素。

其他还有很多和 create 有关的方法，但是使用较少。

注意，由于 Element 是接口，由于接口不能直接实例化，因此如果需要创建 Element 的话，只能通过该方法。

20.3.4 利用 Element 修改数据

Element 是 Node 的子接口，首先，具有 Node 内提供的所有功能。但是提供的修改数据的方法，又具有自己的特有的 API。

（1）void removeAttribute(String name)：通过名称移除属性。

（2）void setAttribute(String name, String value)：给定属性名称和值，添加新属性。

下面用例子来说明该问题，将所有鲜花的 id 属性改为编号属性，然后在 XML 文件的最后添加节点。

```
<flower 编号="4">
    <name>康乃馨</name>
    <price>23</price>
</flower>
```

代码如下。

WriteElement.java

```
package dom;
import java.io.File;
import javax.xml.parsers.DocumentBuilder;
import javax.xml.parsers.DocumentBuilderFactory;
import javax.xml.transform.Transformer;
import javax.xml.transform.TransformerFactory;
import javax.xml.transform.dom.DOMSource;
import javax.xml.transform.stream.StreamResult;
import org.w3c.dom.Document;
import org.w3c.dom.Element;
import org.w3c.dom.NodeList;
public class WriteElement {
    public static void main(String args[]) throws Exception{
        //载入文件
        DocumentBuilderFactory dbf = DocumentBuilderFactory.newInstance();
        DocumentBuilder db = dbf.newDocumentBuilder();
        Document doc = db.parse("flowers.xml");
        //查询所有 flower
        NodeList list = doc.getElementsByTagName("flower");
        for(int i=0;i<list.getLength();i++){
            Element flowerElement = (Element)list.item(i);
            //获取 id 属性
            String id = flowerElement.getAttribute("id");
            //删除 id 属性
            flowerElement.removeAttribute("id");
            //添加"编号"属性,值为原先的 id 属性值
            flowerElement.setAttribute("编号", id);
        }
        //创建一个新元素
        Element newFlower = doc.createElement("flower");
        newFlower.setAttribute("编号", "4");
        Element newName = doc.createElement("name");
        newName.setTextContent("康乃馨");
        newFlower.appendChild(newName);
        Element newPrice = doc.createElement("price");
        newPrice.setTextContent("23");
        newFlower.appendChild(newPrice);
```

```
        //得到根节点
        Element root = doc.getDocumentElement();
        //在根节点中添加 newFlower
        root.appendChild(newFlower);
        //保存入文件
       TransformerFactory tf =TransformerFactory.newInstance();
        Transformer transformer = tf.newTransformer();
        transformer.setOutputProperty("encoding","gb2312");
        DOMSource source = new DOMSource(doc);
        File file = new File("newFlowers.xml");
        StreamResult result = new StreamResult(file);
        transformer.transform(source, result);
    }
}
```

运行程序，可以在 newFlowers.xml 中看到相应效果。

20.4　SAX

20.4.1　SAX 介绍

SAX 是 Simple API for XML 的简称，其最先出现在 Java 上，和 DOM 相比，用 SAX 解析 XML 文件，无须将文档读入内存。

SAX 提供了基于事件的 XML 解析的 API。SAX 解析器是从文件的开头出发，从前向后解析，每当遇到起始标记或者结束标记、属性、文本或者其他的 XML 语法时，就会触发事件，因此开发者所需做的工作就是在相应的事件方法中加入程序代码。

SAX 操作，在 JDK 中最重要的包为 org.xml.sax。

SAX 和 DOM 相比，其优点是节省内存，效率较高；但是也有一些缺点，如编码不直观，只能对 XML 文件进行读，无法进行修改等。

20.4.2　载入文档

在 SAX 中，载入文档并不是将文件读入内存，只是将文件路径进行包装。首先载入 flowers.xml。载入文档的过程如下。

（1）实例化 javax.xml.parsers.SAXParserFactory，并通过 SAXParserFactory 实例化 javax.xml.parsers.SAXParser。

```
SAXParserFactory spf = SAXParserFactory.newInstance();
SAXParser saxParser=spf.newSAXParser();
```

（2）通过 SAXParser 的 parse(File f, DefaultHandler dh)方法传入文件和 DefaultHandler 对象绑定。

由于 SAX 的解析是基于事件机制的，因此，DefaultHandler 在此处充当了事件处理器的角色。

下面将讲解事件处理器的编写。

20.4.3 编写事件处理器

实际上，DefaultHandler 是最常用的 SAX 处理器，实现了 ContentHandler 等接口。从底层讲，SAX 方式解析 XML 文件最重要的类是 ContentHandler。ContentHandler 类的方法无须调用，它们就像一个个事件监听器，在解析 XML 文件的过程中会自动触发相应的事件来调用方法。

DefaultHandler 类的常用方法有以下几种。

（1）void startDocument()：当文档开始时，自动调用。

用以下代码进行测试。

SAXStartDocument.java

```
package sax;
import javax.xml.parsers.SAXParser;
import javax.xml.parsers.SAXParserFactory;
import org.xml.sax.SAXException;
import org.xml.sax.helpers.DefaultHandler;
public class SAXStartDocument {
    public static void main(String[] args) throws Exception{
        SAXParserFactory spf = SAXParserFactory.newInstance();
        SAXParser saxParser=spf.newSAXParser();
        saxParser.parse("flowers.xml",new SAXParse1());
    }
}
class SAXParse1 extends DefaultHandler{
    public void startDocument() throws SAXException {
        System.out.println("开始解析 xml 文件");
    }
}
```

运行程序，显示结果如图 20-11 所示。

开始解析xml文件

图 20-11　SAXStartDocument.java 程序运行效果

说明 startDocument()方法自动调用了。

（2）void startElement(String uri, String localName, String qName, Attributes attributes)：当元素开始时，自动调用，比较常见的是参数 3 和参数 4。参数意义如下。

qName：元素名称。

attributes：附加到元素的属性。如果没有属性，则其将是空的 Attributes 对象。

用以下代码进行测试。

SAXStartElement.java

```
package sax;
import javax.xml.parsers.SAXParser;
import javax.xml.parsers.SAXParserFactory;
import org.xml.sax.Attributes;
import org.xml.sax.SAXException;
import org.xml.sax.helpers.DefaultHandler;
public class SAXStartElement {
    public static void main(String[] args) throws Exception{
        SAXParserFactory spf = SAXParserFactory.newInstance();
        SAXParser saxParser=spf.newSAXParser();
        saxParser.parse("flowers.xml",new SAXParse2());
    }
}
class SAXParse2 extends DefaultHandler{
    public void startElement(String uri, String localName,
String qName, Attributes atts) throws SAXException{
        System.out.print("发现元素,标签名称为" + qName + "        ");
        for(int i=0;i<atts.getLength();i++){
            String attName = atts.getQName(i);
            String attValue = atts.getValue(attName);
           System.out.print(attName + "=" + attValue + "   ");
        }
        System.out.println();
    }
}
```

运行程序，显示结果如图 20-12 所示。

```
发现元素,标签名称为flowers
发现元素,标签名称为flower          id=1
发现元素,标签名称为name
发现元素,标签名称为price
发现元素,标签名称为flower          id=2
发现元素,标签名称为name
发现元素,标签名称为price
发现元素,标签名称为flower          id=3
发现元素,标签名称为name
发现元素,标签名称为price
```

图 20-12　程序运行效果

说明每遇到元素，该方法都会自动调用。

（3）void characters(char[] ch, int start, int length)：当遇到元素中字符数据时，自动调用。注意，遇到空白字符串系统也会触发事件。

使用如下代码测试。

SAXCharacters.java

```
package sax;
import javax.xml.parsers.SAXParser;
import javax.xml.parsers.SAXParserFactory;
import org.xml.sax.helpers.DefaultHandler;
public class SAXCharacters {
    public static void main(String[] args) throws Exception{
        SAXParserFactory spf = SAXParserFactory.newInstance();
        SAXParser saxParser=spf.newSAXParser();
        saxParser.parse("flowers.xml",new SAXParse3());
    }
}
class SAXParse3 extends DefaultHandler{
    public void characters(char[] ch,int start,int length){
        String data = new String(ch,start,length).trim();
        if(data.length()!=0){
            System.out.println("发现一个字符串:" + data);
        }
    }
}
```

运行程序，显示结果如图 20-13 所示。

```
发现一个字符串:玫瑰
发现一个字符串:10
发现一个字符串:百合
发现一个字符串:20
发现一个字符串:兰花
发现一个字符串:15
```

图 20-13　SAXCharacters.java 程序运行效果

说明每遇到字符串元素，该方法自动调用了。不过，程序中略去了空白字符串。

（4）void endElement(String uri, String localName, String qName)：元素结束时，自动调用。

（5）void endDocument()：文档结束时，自动调用。

20.4.4　实现解析

由上面的例子可以看出，SAX 的优点在于速度快，节省内存；缺点在于无法随机访问，对查找支持不太好。但是对于需要建立 XML 文档格式的数据，还是比较有用。现在用例子将 flowers.xml 中的数据原样打印出来，代码如下。

ReadFlowers.java

```
package sax;
import javax.xml.parsers.SAXParser;
```

```
import javax.xml.parsers.SAXParserFactory;
import org.xml.sax.Attributes;
import org.xml.sax.SAXException;
import org.xml.sax.helpers.DefaultHandler;
public class ReadFlowers {
    public static void main(String[] args) throws Exception{
        SAXParserFactory spf = SAXParserFactory.newInstance();
        SAXParser saxParser=spf.newSAXParser();
        saxParser.parse("flowers.xml",new SAXParseFlower());
    }
}
class SAXParseFlower extends DefaultHandler{
    public void startDocument() throws SAXException {
        System.out.println("<?xml version='1.0' encoding='gb2312'?>");
    }
    public void startElement(String namespaceURI, String localName,
String qName, Attributes atts) throws SAXException{
        System.out.print("<" + qName);
        for(int i=0;i<atts.getLength();i++){
            String attName = atts.getQName(i);
            String attValue = atts.getValue(attName);
            System.out.print(" " + attName + "='" + attValue + "'");
        }
        System.out.print(">");
    }
    public void endElement(String namespaceURI,String localName,String qName)
throws SAXException{
        System.out.print("</" + qName + ">");
    }
    public void characters(char[] ch,int start,int length){
        System.out.print(new String(ch,start,length).trim());
    }
}
```

运行程序，显示效果如图 20-14 所示。

```
<?xml version='1.0' encoding='gb2312'?>
<flowers><flower id='1'><name>玫瑰</name><price>10</price></flower
```

图 20-14　ReadFlowers.java 程序运行效果

由于篇幅限制，图 20-14 没有显示所有内容。

小　　结

本章学习了两个 XML 解析器：DOM 和 SAX，它们功能强大，而且十分易用。本章首先讲解了 DOM 的基本原理，用 DOM 读 XML 文件和用 DOM 修改 XML 文件，然后讲解了利用 SAX 解析文件的方法。

上 机 习 题

本章使用的 XML 文件如下。

```
<?xml version="1.0" encoding="gb2312"?>
<books>
    <book bookid="1">
        <bookname>ASP</bookname>
        <bookprice>100</bookprice>
    </book>
    <book bookid="2">
        <bookname>JAVA</bookname>
        <bookprice>200</bookprice>
    </book>
    <book bookid="3">
        <bookname>PHP</bookname>
        <bookprice>300</bookprice>
    </book>
</books>
```

1. 添加第 4 本书的信息。
2. 将所有书本价格变为原来的 1.2 倍。
3. 查询 10 元以上的书本的信息。
4. 查询书本“PHP”的价格。

图书资源支持

感谢您一直以来对清华版图书的支持和爱护。为了配合本书的使用，本书提供配套的资源，有需求的读者请扫描下方的“书圈”微信公众号二维码，在图书专区下载，也可以拨打电话或发送电子邮件咨询。

如果您在使用本书的过程中遇到了什么问题，或者有相关图书出版计划，也请您发邮件告诉我们，以便我们更好地为您服务。